田園生活の教科書

辛口のカントリーライフ入門書

Outdoor Sports Writer
齊藤令介

目次

第2章　田園生活に必要な大道具、小道具

第3章　田園生活ベーシック

装丁・レイアウト——志野原　学

田園生活の教科書

辛口カントリーライフ入門書

まえがき

私は42歳の時、隠れ居る〝隠居〟ではなく、隠れ去る〝隠去〟と称して、東京から北海道に移住した。あれから9年、一度も東京に戻らず、田園生活に浸りきった。私は東京での仕事のすべてを断り、体の中に足りなかった何かを充塡、充足、堪能した。田園地帯で、果てしないほど多くを学び経験をした。そして今、エネルギーは満ち溢れ、外に向かって流れ出し、この田園生活の教科書という形に結実する。

子供を子供らしく育てたい。
家族と共に協力しあって生きたい。

犬を自由に野山を走らせてやりたい。
美味しい水が飲みたい。
理解のできる食物を食べたい。
肺いっぱいの深呼吸がしたい。
人間らしく生きたい。
男として生きたい。
釣り三昧、狩猟三昧がしたい。
自然のリズム、速度で生活がしたい。

この中の一つでも実践してみたいと思う人は、田園生活をスタートする時がきている。私はこの本が、田園生活を求めている人々の良き入門書になることを心から願う。

齊藤令介

撮影協力／齊藤知子、加藤武彦

序章
田園生活を始める前に

プラス思考で発想の転換

「物事は考えよう」と昔の人は言った。その通り。これができなければ田園生活は不可能に近い。楽天的に、すべてを自分の都合の良いように考える。肉体的重労働はスポーツだと考えられる。いやなことがあっても、その先のもっと大きないやなことや、交通違反でつかまっても、事故を防げたのだと考えられる。そんな能天気な心、これが重要なのである。

田園生活には、無駄としか思えない仕事が山ほどある。雪国には春が来れば解けてしまう雪を、雪が降るたびに雪捨て場に運ぶような、多くの労働力を費やさねばならない仕事がある。完璧に水と化す雪のために時間を奪われるのは、雪国育ちの人々でさえ腹立たしく思う。それを都会生活者がやるのだ。「これはエアロビクス！　運動不足解消のために神様が与えてくれた雪なのだ！」。そう思える心がなければ続かない。

この能天気な心があれば、インターネットよりもはるかに膨大な情報量を含んだニュアンス付きのカントリー電話ネットワークや、集会所ネットワークにさらされてもだいじょうぶだ。田園地帯に住む若い男女に聞くと「田舎はすぐにうわさにされるからいやだ」と言うが、うわさイコール広報活動をほかの人が無料でしてくれていると、思える心。これがなければ、田園生活は耐えることができない。だから、なによりも良いように考える発想の転換をすべきなのである。

音楽をボリュームを上げて聴ける。音を立てられる。大声を上げられる。走れる。犬を放せる。暴れられる。作れる。収穫の喜びを味わえる。考えようによっては良いことばかり、それが田園生活だ。このように思うことからすべてが始まる。

北か南か、海彦か山彦か

人間だれしも指向性がある。だれがなんと言おうと

も山が好き、いや私は海が好き、暑いところはいやだ。暑いところが最高。寒いところが好きなんだ……。ひとり、考えるとすぐに自分の指向性がわかる。

山が好きな人は海が見えなくても、海がなくても山の中の生活だけで満足する。このような山彦的指向性がある人は、山の近くで田園生活を始めるべきだ。一方、海がなければならない、海彦的指向性のある人は海の近くに決まる。夫婦共に同じ指向ならこれで問題は解決だが、妻は山、夫は海という場合は、海と山が接している場所となる。

この心の導きに従って場所を選び、田園生活を始めると不満が少ない。だが、流行だから、有名だからといって移住地を間違えると、心の欲望が満たされないことになる。すると違和感を感じつづけ、またほかの場所を探すことになる。私は街に近く、大好きな狩猟ができる猟場と鱒《ます》のいる川が近くにある田園地帯を探して、今の場所を見つけたのである。

家族の理解がなによりも大事

田園生活を始めようと思っても、すぐには始められない。女房、子供がいれば家族の説得が必要になる。独身者であれば、父母を説得しなければならないこともある。まずは女房を説得する。女房も同じ指向を持ち賛同者になれば子供の説得は難しくはない。多くの美しい写真を見せ、最高のシーズンに家族旅行をし、家族全体で「こんなところで生活したいね」という欲望を持たせていくのである。「あせらない」。これがすべてのコツである。

当然、悪い情報は小出しにするのは言うまでもないことだ。子供には「リスが庭に来たらいいね」とか、「小鳥が窓のそばに集まるよ」「ウサギが窓の外で跳ねるよ」とか、良いイメージを植えつけるのが効果的である。美辞麗句で田園生活を飾りたててもウソにはならない。田園生活が始まれば、家族はあっというまに環境に順応してしまう。女、子供の環境に順応する速さは男の比ではない。子供たちは学校に行き、女はガーデニングに、ＰＴＡの会合で、母親同士が仲良くなり、各種サークルで仲間を作りはじめる。

私たち家族が移住したのは、北海道・十勝の音更《おとふけ》町という場所。私の家の敷地の隣には、映画撮影でよく使われる白樺並木で有名な農水省の牧場がある。５キロほど離れた駒場という街には、帯広市や音更町のべ

ッドタウンがあり、坪約5万円という土地の安さから多くの若い夫婦が家を建てている。当然、学校には転校生も多く、子供たちもすぐに仲良しになってしまう。農林技官の子供、農家の子供、商人の子供、サラリーマンの子供……、多くの異なる職業の父母がいて、先生1人に対して30人ほどの児童、私の考える理想の小学校があった。

この教育環境も場所を選ぶ大事な事項である。子供たちや女房を啓蒙するにあたって最重要項目である。学校に通えないようなところに家族は移住しない。これを忘れないように（P16写真）。

正義感ばかりでは暮らしにくい

もしあなたが都会的正義感の持ち主で、不正は許せない、だから清らかな田園生活を始めるのだと考えている方なら、田園生活は難しい、とアドバイスすることになる。本の中のグラビアページだけを眺め、夢だけにしておいたほうが良いかもしれない。カントリーにはカントリーの正義があり、法でさえ踏み込めない風俗慣習がある。

　田園地帯には、必要悪と呼ばれる多くの事柄がある。そのような中に入り住みはじめると、憲法がどうの、民主主義が、自由が、正義がと言っても、のれんに腕押しということになり、失意と絶望に見まわれることになる。選挙、不正行為、各種補助金の無駄使い……。正義感に満ちあふれている人には、耐えられないことばかり。田舎生活も、きれいな空気の中での生活も、別荘を持ち〝ウイークエンド田園生活〟だけにしておいたほうが無難である。

　必要悪を認め、正義感を弱くといっても、なにも日光の東照宮に飾られている3匹の猿のようになる必要はない。しかし、村落には村落ごとの正義があり、ときには片目をつぶらねばならないことが多くある。それができる人、自分はだいじょうぶと断言できる人が、田園での永住生活を始めることができる。にごり酒を好きこのんで飲む必要はない。しかしにごり酒を少し飲む器量は、田園生活では必要なのである。

塀も壁もない門柱だけののどかな駒場小学校

腰は鍛えておきたい

　あなたがお金持ちで、力仕事は人を雇ってやってもらう。そう思っているのならば、この項は飛ばしてもいい。しかし、いろいろな作業を自分で行わなければならない人々は、腰がすべてだ。「腰が痛くて」という人々は、田園生活は難しい。無理をして田園生活を始めるより、田園の近くの街で生活をしたほうが良いと思われる。街なら腰を使わずに生活することができる。しかし、田園生活では腰を使う作業ばかりなのである。

薪割り、除雪、穴掘り、家庭菜園の土運び……。腰を使わなくてもよい仕事などない。腰は田園生活でも要《かなめ》なのである。腰に不安はあるが、それでも田園生活をしたいという人々は、防護用の腰ベルトを腰に巻き付けて作業をしなければならない。

腰が弱いにもかかわらず、多額の借金をして新規就農した揚げ句、腰を痛めて離農したという話がよく耳に入る。腰と足首は、都会生活者は非常に弱いのである。平らなアスファルトとコンクリート、整地されたゴルフ場しか歩いていない人は、足首と腰が鍛えられていない。デコボコ道は、一歩ごとに違う方向に360度足首が曲がり、それを腰が支える。だからデコボコ道を歩かず、重いものなど持ったことがない人には、田園生活は難しい。もし真剣に田園生活を望むなら、田園生活に入る前に十分な足腰と筋力のトレーニングをするべきである。

実行に移さなければ絵に描いた餅

「カントリーに行きたいなァ。田舎に移住したいなァ。田園生活を始めたいなァ」。多くの人々はこのように思っている。しかし実行できずにいる。それは実行に移そうとしないからだ。「やれ仕事が、やれ家族が、付き合いが」と、言い訳ばかり。このような人々は、永久に田園生活を始めることはできない。

田園生活を始めるにあたっては「田園生活を始めるのだ！」と決定することである。たとえば「渋谷に行きたいなァ」と思っても、だれも行動に移さない。しかし「渋谷に行ってくる、行くんだ！」と決定すると、バスや電車の切符を買い、ときには飛行機の切符まで買い求め渋谷に向かう。これと同じこと。「田園生活を始めるのだ」と決定すると、あとはステップを踏んで行けるのである。まずあなたが決定することである。そのあなたの決心次第で家族は反対もするし賛成もする。友人たちも、あなたが本気なら、いろいろと協力してくれるのである。

場所選び

まずは役場へ。役場は情報の宝庫

場所選びは通常、雑誌やテレビで見た景色から始まる。そして広告の出ていた不動産業者に問い合わせることになる。しかし、その前に役場に電話をすることだ。田園地帯の多くの役場では、移住者が来るのを歓迎している。多くの優遇制度まである。これは過疎に悩む地方自治体ほど優遇制度が豊富である。あなたが商店を開きたいと思っているのなら、多くの優遇制度があちこちの地方自治体で用意されているのである。

子供を出産すると50万円、2人目を出産すれば10 0万円の祝い金を出す自治体もあるのだ。商店を開いてくれれば1年間も家賃が無料、移住して来るならば無料で土地を提供する……。このような優遇制度は町

音更町駒場

音更町役場の案内板

役場に問い合わせれば、すぐにわかる。

町役場には企画課や企画振興課というようなセクションがあり、移住希望者の質問に答えてくれる。そして、何よりも重要な、離農した空き農家の新しい情報が入手できる。空き農家は当然、家が建てられる農家宅地。あなたでも買えるし住める。家だって建てられるのである。その離農した農家を見てまわって、良い条件の家と土地があり、持ち主と交渉が成立すればそれで決定だ。不動産業者を通す必要はなくなり、多額の仲介料をセーブできる。実際、私はそうして今の土地と家を手にしたのである。自治体によっては、〝空き家地図〟なるものを作っているところもあるほどだ。だから、まずは役場に行くことである。

最初、農地は買えても借りること

ニュースをよく見ると、「新規就農者のための催し」「新規就農のシンポジウム」といった催しが、農水省や農水省の外郭団体の主催で行われている。その中では、各都道府県の担当者が、新規就農者の移住を募集している。UターンありIターンあり。

上は日本経済新聞、下は十勝毎日新聞から

今、地方では、耕作放棄された畑や後継者のいない高齢な農家から放出される農地の増加に頭を痛めている。現在は農業公社が買い上げているのだが、じきに追いつかなくなるのは明白。どこの町も村もである。そうすると農地の価格が下がることになる。価格が下がれば、農協の不良資産の増大となり金融危機の再来となる。だから、新規就農者を募集する。

農業のプロたちは、良い畑が売りに出されたら、見逃さず争って買い求める。しかし、2等地や3等地の畑には手を出さない。倒産した農家の畑、夜逃げをした農家の土地。これらが新規就農者の入手できる畑なのだ。これらの畑を欲しがる人には、農業委員会もわりと簡単に農業従事者の認定を与え、農地の購入許可を出すのである。

しかし、農業のプロが倒産した土地。代々のノウハウをもってしても、借金の山を作り逃げ出した土地なのだ。多額の借金をして新規就農しても、素人が農業経営を軌道に乗せるのは難しい。

だからまずは借りる。買うことを考えてはだめ。離農農家の土地は、これからも増大する。農地は放置すると、あっというまに荒れ地になってしまうのである。だから貸し手が増えるのである。「年貢などいらない、ただでもいいから借りてほしい」という離農農家が増大するのは明白だ。

農地は3年間放置し雑草や雑木が生えはじめると、雑種地に地目も変えられるようになってしまう。そうなると困るから、農業公社も余りはじめた中古農機具を安く貸し出す、土地も貸してくれる。農業を目指す人は、借りた土地と農機具で農業を始めるか、農業法人に就職してサラリーマン・ファーマーとして経験を積んだ後に方向を決めたほうが絶対に良いと確信する。

そして新規就農者へアドバイス。最近は、設備の整った箱物の農業研修施設が盛んに造られ、最新型の機械を使って快適に農業を学べる時代になった。しかし、人間は一度、快適な機械を使ってしまうと、自らの手を煩わすことが面倒になる。新規就農して、それらの設備を購入したら間違いなく借金の山になり、返すことが難しくなる。だから知らぬが仏。最新式の農業研修施設で、勉強や体験をしないこと。

農家宅地が狙い目

私が気に入り最初に買ったのは、音更町の役場で教えられ、ひと目見て気に入った丘の上の土地だった。農家宅地が１５００平方メートル。原野が４０００平方メートル。帯広飛行場まで車で約40分。帯広の街まで18キロ、車で約20分。最寄りのバス停まで1キロ。景色は最高、防風林があり、廃屋もあった。周りは牧草畑3万３０００平方メートル。この牧草畑は、初めは借りて2年後に農業従事者認定を受け、そして購入した。合計3万８５００平方メートル、１万１６６０坪である。

このように農家宅地を購入してから田園生活を始める人々が増えはじめている。農地と違いだれでも買えるし、家が建てられるのである（農地に勝手に家を建てることができないのはだれでも知っていることとも思うが）。

さらに、このような畑に囲まれた農家宅地は、建築確認が要らないケースもある。その場合、大きなログハウスを個人で建てることもできる。

また家を建てなくても廃屋があり、生活を始めることもできる。借りる人もいれば、安いから買う人もいる。都会の感覚からしたら人間の住んでいた宅地、帯広市の中心街まで車で15分の土地が、坪当たり1万円以下で買えるとしたら買ってしまうのである。

広すぎる土地は、憧れがあっても買わない

都会育ちの私は広い土地に憧れがあった。だから「安いから買ってしまえ」という結果になった。春になると山菜が豊富に採れる。景色がきれい。犬を放せる。庭で凧《たこ》を揚げられる。庭でキャンプができる。子供と野球ができる。良いことも多いのだが、広すぎる土地は管理するだけで大変だ。ゴミの不法投棄を四六時中警戒しなければならないし、春先は野火が心配だ。勝手に生えてくる大麻を焼却処分するために、しょっちゅう抜かなければならない。夏になれば雑草が繁茂する。５００坪ほどの庭に植えた西洋芝は、毎日1時間は芝刈りをするのだが、1周したときにはまた伸びているのである。足首の鍛練と思って行っているから耐えられるが、最初は人工芝に張り替えたいと真剣に考えたほどである。

私は最初、農業を行おうと思ったのだが、農機具や農業用資材はアメリカ、カナダの約3倍の値段がする。そして何をやるにも補助金がつく。改めて、麦、米、砂糖用甜菜《てんさい》の異常な高さの政府買取価格に驚いた。当

1等の農地

然、日本のメディアや国民の反感は強い。さらに農業人口の減少イコール農民票の減少という風向きのなかで、政治家の顔の向きも変わりつつある。これらの優遇措置は徐々になくなると予想し、本格的に農業に従事することをペンディングにしたのである。

農家の人々が「同じ土俵に上がりたい!」と運動を起こし、他の農業国と同じ経費で農業を行える補助だけを求めれば、やる気のある農家には見返りが大きくなる。そして、農産物の価格を世界価格に近づければ、国民の理解も得られ農業をする人も増えるのに、残念ながらその気配は見えない。

農業をしないのならば、広い土地は買うべきではない。そして、私の経験からのアドバイス。良い農地とは、景色が良くない平らな水はけの良い肥沃な土地ということである。景色が良いということは、風が吹くということ。水はけが悪く平らではない土地は、トラクターがぬかるんでは使えなくなり農作業が遅れる。また表土が薄く、痩せた土地は、作物を作るのに多くの肥料が必要になり経費がかかる。だから農地を買う場合は、シャベルで表土の厚みを調べる必要があるのだ。しかし、何度も言うが、良い畑は地元の人が先に買ってしまう場合が多いということを忘れないでほしい。

有名観光地にもなっている丘で有名な土地も、トラクターが作業しづらく、日当たりも一定ではない。作物には決してベストではない。畑としては、どちらかといえば2等、3等地なのである。このことを忘れないように。

転売ができる場所に限定すること

田園生活を始めるために移住を考える人々は、移ろいやすい人々。すなわちボヘミアン的傾向が強い人。一カ所に根を下ろし定住しようという感覚が薄いから、また移住をしようとする。引っ越しの大好きなアメリカ人の多くと同じように、新天地を求めるのである。ゆえに、転売がままならなければ移動は難しくなる。土地を買わなければ移動は可能だが、買おうとしている人は、後で売ることを考えて買わなければならない。

日本がバブルのとき、原野商法で多くの人々が、使いものにならない原野を購入した。そしてそのまま塩漬けとなり、荒れ地のまま放置されている。地元の人はもちろん、都会の人もだれも買わない。交通の便も悪く、水はけもひどい。景色も悪く、水も出ない。これでは転売など不可能である。土地は、これらのチェック事項をかならず確かめ、飽きたときに転売できるかを考え買うべきである。地元の人は買うか、地元の人は買わなくても、都会の田園生活願望者なら飛びつく土地か、よく確認してから購入することを勧める。

季節風をチェック。騒音・悪臭地の風下は避ける

日本の冬は季節風が吹く。赤城おろしや六甲おろし。各地に冬の季節風の強さを表す言葉がある。この季節風を忘れてはならない。一般に家や土地を見学するのは、春から秋にかけて。大多数の人々は、冬の状態を見ないし、見られない場合も多い。だから風を意識しない。ところが冬は風が吹きつづけ、音やにおい、土砂を運ぶ。風上に騒音を発する工場や、独特のにおいを発する澱粉《でんぷん》工場やパルプ工場、牛舎、豚舎、鶏舎があると、においと音が絶えず襲ってくる。

あなたが欲しいと思った土地を、2万5000分の1の地図で確認し、その風上にこれらの発生元がないかを確認することは、とても重要なことである。風向

きは地方の気象台に問い合わせればわかる。地方紙にも掲載されているので、縮刷版で調べることができる。

ところで、土砂の飛来の問題は、害よりも益のことが多い。なぜならば、周りの農地の表土が飛んでくるからだ。この表土が集まるところは肥沃な土地が多い。

田園生活も物騒。警察の近くに！

多くの農家は農繁期に空き巣に入られている。忙しいあまりに戸締まりもそこそこに畑に出る。その間に入られてしまうのだ。隣家まで離れているのが狙い目なのか、変質者、盗人もカントリーに現れる。だから、多くの事件が起きる。山の中や草原、海辺の釣り場でも車上荒らしがばっこし、止めておいた車を餌食にしている。現金がなければ金目のものをすべて外して持っていくほどである。

物騒な世の中になったと嘆いても始まらない。警察に近いところは、盗人も縄張りにしたくないようで、事件が少ないのも事実だ。心配ならパトカーが5分以内で到着するような駐在所や警察の近くにするべきである。

自衛隊演習地の近くは爆弾に大砲の騒音地帯

私の家から鹿追町《しかおいちょう》にある自衛隊の然別《しかりべつ》演習地までは40キロも離れている。ところが砲声の音が響いてくることがある。あと20キロも近かったらどうなっていたのか、ホッと胸をなで下ろしているのが現実である。土地を探しているときには、演習地のことなど頭の片隅にもなかったのである。

演習地の近くに行ってみると、ヘリコプターが乱舞し、大砲が炸裂し、機関銃が連射されている。都会の街中をヘリコプターや飛行機が飛んでもそれほど気にならない。しかし、田園ではいくら離れていても、周りが静かだから、とんでもない騒音に感じるのだ。

さらに民間の飛行学校や自衛隊のヘリコプターの訓練空域にも注意しなければならない。あなたや地元の人も知らないうちに、訓練空域に設定され、頭の上をヘリコプターや飛行機が行ったり来たり、クルクルと乱舞することがある。一過性の騒音には、人間はまだ耐えられる。しかし、何度も頭上で回られると腹が立つ。これらは航空管制所に問い合わせ文句を言うと解消されるので、堂々とクレームをつけよう。

厄介なのは、米軍の訓練である。自衛隊のジェット戦闘機は、日本の陸地の上空で訓練はできないのだが、米軍は自由自在に訓練ができる。だから、アメリカ合衆国に敵対する国の目標物の地形、要人の住居や基地が、コンピューター上で日本国内の地形と酷似一致していれば、国立公園の特別保護区だろうが、世界遺産に登録されている白神山地の奥だろうがジェット戦闘機がやって来る。そして急降下に急上昇、超低空飛行といった攻撃訓練を行い、暴力的な騒音をまき散らすのである。これが現在各地で問題になっている。これらは、米軍戦闘機が田園地帯や山岳地帯で訓練をするための理由と、私は勝手に考えている。日本の制空権を握っているアメリカに対し、われわれは抵抗する術がないのである。我が家の上も80メートルほどの高度で戦闘機が通り過ぎていったことがあった。このときは、爆音の嵐が通り過ぎるのを待つしかなかった。

景色の良い丘は嵐が丘

猿となんとかは高いところに登りたがる。なぜか高いところに惹《ひ》かれてしまうのが男の性。物見やぐら、教会、城、偵察衛星……、高いところに登り眺めてみれば、多くの情報が目に飛び込んでくる。丘の上に建てた我が家の窓には、さまざまな情報とともに、刻一刻と移り変わる美しい景色が広がる。それは専用の美術館のようだ。

我が家の窓から見える景色

道をふさぐ吹き溜まり

しかし、一度風が吹けば、丘の上は嵐のようになる。冬はブリザードに吹き溜まり。春は砂嵐。しかし防風林がある場所で、新築の気密性の高い家ならば恐るに足りない。問題は雪の吹き溜まりだ。

積雪地方に住んだことのある人はだれでも知っているが、雪国で育ったことのない人には、吹き溜まりの恐ろしさが理解できない。柔らかい雪のはずなのに、セメントのように固まって、人間が乗ってもビクともしない。車が進入しようものなら、車体を持ち上げ、車輪を亀の子にし前進不可能にしてしまう。土地を選ぶときは、このことを念頭に置いておかなければならない。

あなたの土地に行くルートに吹き溜まりになりやすいところがあるならば、冬は厄介である。町や村が除雪ルートに認定している道ならば、絶えず往来ができるように除雪してくれる。しかし認定から外れていたら、大変なことになる。自分たちで除雪をしなければならない。ときにはブルドーザーが必要になる場合もある。積雪地帯に移住を考えている人々は、土地を買う前に、かならず各自治体に問い合わせる必要がある。冬季に除雪をしてくれるのか、否かを。

子供や老人のいる家庭はバス停近くに

子供は学校へ、年寄りは病院へ。バス停が近くにないと、あなたや家族が車で送り迎えをしなければならなくなる。だから、このことは重要な条件にしなければならない。電車の駅まで歩いて行ける場所であれば最高だが、大多数の田園地帯は、民間のバス路線を利用しなければ行けない。このときに、バス路線があるからといって安心してはならない。時刻表の確認が必要である。昼間は何も走らないという路線があるからだ。観光地とつながっている路線ならば、廃止される恐れは少ないが、北海道のように冬場は本数が減らされるという場合もある。

平日9本、日曜祝日2本の路線

そしてさらに注意しなければならないのが、近い将来、廃止路線になる予定があるかないかである。現在、各種の規制が緩和されて、バス会社は赤字路線を自由に廃止できるようになったので注意が必要である。この情報は地元の人や、役場に聞けばわかるので確認する。

家を建てる、家を借りる

気に入るまでは、借りるのがベスト

基本的に田園生活を始めるのに、ローンは組めないと考えたほうがいい。土地を買う、家を建てるにも、担保価値が低いので、銀行は貸し渋る。街の中なら、銀行が差し押さえて転売も可能だが、野中の一軒家では転売に手間がかかるし、維持するだけでも負担が大きい。だから家や土地を買いたい人は、現金を用意する必要がある。現金を用意できない人は、土地や家を借りることから第一段階をスタートさせる。しかし、田園地帯には空き家はあっても貸家は少ない。

だから、親戚、人づて、友人の紹介、インターネット、ありとあらゆる方法を駆使して、目的地の近くの空き家を借りる。北海道なら、家主に気に入られれば、家賃は数千円程度、ただ同然で借りられる。そして数年、周りの人々にも気に入られるように生活する。

第二段階は、その場所が過疎に悩む村や町なら、土地を破格の安値で払い下げてもらえるので購入し、そこに地域の森林組合から丸太を原価で分けてもらい、ログハウスを建てる。丸太の皮を剥くのも、組むのも地元住民のボランティアに頼り完成させる。丸太の購入価格は、40坪ほどのログハウスを建てる量でも100万円ほどしかかからない。

第三段階は、〝ログハウス人格〟に変わり、環境保護論者に変わることだ。そして流行のログハウス・コーヒーショップを開き、手作りのチーズケーキをサービスする。これで、地方の新聞やマスコミが訪れ記事になり、環境破壊された都市に住んでいる住民が訪れ安泰となる。さらにハーブと手製のメープル・シロップ、パッチワーク、木工細工が加われば環境保護を訴える雑誌の中の憧れの世界となりパーフェクトとなる。

このような僻地の名士となる方法で、破格な安さで移住を成功させている人が増えているのである。最初に家を借りる利点は、いやになったらほかへ移れるということ。田園生活に少しでも疑問があったなら、まずは借りて試してみることを強く勧める。

自分で建てるか、頼んで建てるか

田園生活をする人々の中には、家を自分で建てたという人が多い。ログハウスのキット、皮付きの丸太からのログハウス製作、角材、線路の枕木製の家……、どれもこれも工夫がこらされ、安上がりに建てられている。

私は、太い丸太で作られるログハウスは、資源の無駄使いと思っていたし、森から切り倒された太い丸太が発するパワー（精気）に圧倒されてしまうので、ログハウスは候補に挙げていなかった。ログハウス人格になった人が、急に環境保護論者になって、枝から作られる割り箸でさえ反対などと言う姿も見てきた。そのようなエセ環境保護論者と同列の人間に見られたくなかったのも事実である。

そこで私は、ソーラーハウスを建設会社に頼んで建ててもらったのである。これは各自の趣味、そして予算と時間があるかないかの問題である。土地を買う際に1年以内に家を建てなければならないというような条件がある場合は、自分で建てたくても不可能な場合が多い。臨機応変に対処してほしい。

水はけ、季節風……、建てる場所の注意事項

昔、といってもつい最近まで、田舎ではゴミは敷地に埋めていた。営林署は作業員宿舎を壊したゴミや、車検切れの車を山に放置した。環境保護を訴える山の中の有名温泉旅館は、ゴミを国有林に違法に埋めつづけた。農家は牛が死んでも、家畜が死んでも埋めていた。知らずに家を建てはじめると、このような残骸が大量に出てくることがある。薬のびん、古い農機具……、ありとあらゆるゴミが出てくる。だから土地を購入する場合は、元の持ち主に処分したゴミの情報を聞いておく必要がある。死んだ牛をどこに埋めたか、羊をどこに埋めたか。これを聞いておけば、人間の白骨死体と勘違いすることもなくなる。工事がストップすることもない。

ガラスびんは古いガラスびんを集めるのが趣味の人には、宝の山となる。私はそのような趣味がなかったので、明治時代のきれいな瑠璃《るり》色の化粧びんや多くのびんを捨ててしまった。あとでもったいない、高く売れたのにと言われても後の祭り。

春の雪解けのときに水が流れる場所も要注意である。ふだんは何も流れていないのに、雪解けのときだけ流れる場所がある。地表を流れる場合もあるし、見えない地表の下を流れる場合もある。このような水脈の上に家を建てると、地盤が崩れたり、家の中が湿気だらけになる。

◆法的に家を建てられる場所か
◆良い水が出るか
◆水はけが良いか
◆季節風が直接当たらないか
◆ゴミ捨て場の上ではないか
◆家畜の死体捨て場の上ではないか
◆悪臭を発散させる場所の風下ではないか
◆雪の吹き溜まりの場所ではないか
◆騒音を発する物体、訓練場、工場が近くにないか
◆交通の便は良いか、バスなど廃止予定はないか
◆進歩的な村落か、排他的な村落か
◆警察や病院、子供の通う学校は近いか
◆転売ができるか

以上が場所選びのチェックポイントである。

家を建てる、家を借りる

収入を得る方法

住み慣れた場所を離れて田園生活を始めるということは、あなたが長い間に築き上げたネットワークのかなりの分を失うということでもある。こんな仕事、あいつに頼めば安くしてくれたのに。こんなこと、あいつならすぐに片付けてくれたのに……。子供のときからの友人、中学・高校・大学の友人。そのほとんどを失い、新しく作りだすのである。といっても昔の開拓時代と違い、電話もあるし、ファックス、eメールなどの電子コミュニケーションがある。だから、それらを利用できる仕事は、田園でも僻地でも可能である。

「コンピューターなど扱えない。何か良い仕事は？」という人は、本人の適性に合った仕事を作り出したり、探し出さなければならない。事務処理能力があれば、役所で仕事を見つけることもできるし、喫茶店、手打ちそば店、ペンション、作業員、山子《やまご》……、ありとあらゆる仕事が本人の能力で得ることができる。

私と同じ年に、東京から北海道に単身移住してきた知人は、無料の家を借り大好きな狩猟で生活をしている。猟期中は〝流し〟のハンティング・ガイドをして日当2万5000円を稼ぎ、春までは鹿肉を販売して稼ぎ、春からは山の中で行われる電線工事などの見張りで稼いでいる。この見張りはヒグマが襲いかかってこないようにライフル銃を持って見張る仕事で、日当が3万〜4万円という山では破格に良い仕事である。そのほか、蕗《ふき》や行者ニンニクなどの山菜採りも、一日の収入が3万〜4万円ほどになるのである。この知人が言うには1年間に28万円あれば悠々と暮らせるそうだ。

案ずるよりも産むが安し。本人に働く気があれば、人間どこでも食っていけるのである。

農業従事は肉体労働である

農業がしたい。酪農がしたい。このような言葉をよく聞くようになった。写真や各種雑誌のグラビアページは美しく、悪臭やハエ、吸血アブは映しだされない。朝から晩まで重労働が続き、生き物相手の休みのない体力勝負の仕事であることも紹介されない。農業が機械化されたといっても、機械を動かし、整備をし、畝《うね》ごとにタイヤを換えたり移動させたりするのは人間なのである。

私は23歳と26歳のときに、カナダの農場で働いた。中学・高校で習ったカナダやアメリカの農場は機械化されていて、労働力が軽減されているはずだった。ところが、雑草抜きに始まり機械の修理、水まきパイプの移動……、その多くの仕事が人力だったのである。若さと、毎日のビーフステーキのおかげで体力は増強し、耐えることができた。しかし日本に帰ったときは、友人たちに〝肉体労働者〟といわれるほど筋肉モリモリになったのであった。だが、現在の体力なら、絶対がつくほど不可能と断言できる。初日で腰を痛め、筋が伸び、リタイアという羽目になるのが明白である。

農家のおじさん、おばさんたちが軽々とこなしている仕事でも、都会の文民生活者にはできないのだ。

「負荷を考え、バランスを考え、かならずストレッチをするように。無理をしないように」。だが、このように指示してくれるトレーナーはいない。自然相手の農業にはそのような時間もないのである。それどころか無理ばかりが農業である。だから前述したように腰を痛めてリタイアする新規就農者が出ることになる。

農家の人々はタフである。代々、体が鍛えられているから、毎日の仕事が続けられる。漁師の世界も同じこと。肉体労働が必要な職業に就く前に、かならず鏡の前に立ち、自分の筋肉をチェックすることである。

農業は、プロでも倒産する。アイデアが勝負

大豆で当てた、人参で大もうけ。タマネギでやられた。長芋で破産。このようなうわさ話が、田園生活をしているわれわれの間に流れる。倒産、夜逃げ。倒産した牛飼い農家から債権者に差し押さえられる前に、牛舎の牛を安値で買いたたき、一晩で数百頭の牛を運び出し処分する業者もいる。借金をすれば億単位があたりまえ、農業経営は甘くはない。

新規就農者が農協の指示どおりに農薬をまき、肥料を与えていたら、かならず赤字になるといわれている。農協に勤めている人に話を聞くと、農家の収入の約8

割は、農協への支払いになると豪語する。農協認定の眼鏡販売業者から眼鏡を買っても、農協にペイバックされる。農機具も味噌も、何もかもだ。さらに農協向けの価格はあらかじめ高く設定されている。さらに国際価格より4倍も6倍も高い麦や米を買わされている国民の反感も忘れてはならない。このような中で農業を始めるには、アイデアがなければ倒産する。

私は移住したばかりの頃、近くの農協に頼まれた講演で、40年ほど前の〝昔の野菜〟が狙い目と話した。だれもが笑い、ほんの一部の農家の人が興味を示しただけだった。8年前のことだ。あのときは早かった。しかし、日本でも昔の野菜の販売を始める農協が出てきたのである。人間の郷愁、ノスタルジーに訴える物はかならず売れることを、多くの農家は理解できなかった。井戸で冷やしたトマトの味はいくつになっても決して忘れない。もぎたてのキュウリに味噌をつけて食べるおいしさ、歯ごたえのあったトウモロコシ……。

ここで、もう一つのアイデアを紹介しよう。それは〝神様の野菜〟、〝おいせさまのお供え野菜〟だ。種子は、神様が枕元に運んでくれるか、鳥が運んでくれるかもしれない。神官たちが栽培しているお供え用の野菜の栽培・販売権を得たなら、かならず全国に売れる。お供え用はまだだれも目をつけていないので早い者勝ち。農業はまだまだ目のつけ方でもうかる可能性が大きい。

農作物は究極の消費材でもあるので、大手企業が続々と参入している。しかし、目先を変えればいくらでもビジネスチャンスはある。大手企業はかならず、農地を買わなくてもすむ無菌室による無農薬栽培工場を主流にする。そうなれば、〝太陽と風にあたった元気な野菜〟や〝自然の野菜〟というキャッチフレーズで売り出すこともできる。大手企業の参入が増えれば増えるほど、隙間はいくらでもできる。

あなたがビデオ撮影と編集ができるならば、〝農村の名人たち〟というシリーズを作り、大根や白菜、人参などの苗の育て方から肥料の混ぜ方……、各地の名人のノウハウを写し、ビデオにして販売することもできる。これなどは、家庭菜園好きの人々に受けること間違いなし。本当はNHKが、農村の名人たちが生きている間に作っておいてほしい番組なのだが。

農業従事者になる方法

農業従事者の認定がなければ農地は買えない。この認定を受けるのは難しい。なぜならば農地を買い、勝手に宅地やホテル用地に転用されるのを防ぐ目的があるからだ。それが日本の農地を守る『農地法』の役目なのである。しかし、農業への情熱があり、計画性を持ち着実なステップを踏んでいけば、農業委員会は許可を下ろすのである。

最初は借地でもいい、農業法人に雇われてもいい。まずは農業を始めることだ。農業委員会に書類を提出できるのは、最低6カ月間（厳密には年間150日以上）、農業に従事した経験者である。

書類を提出するときは、どのような農業をするのかを記した綿密な計画書を作成する必要がある。書類を提出する前には、日本のまつりごとの常識に従い、地元選出の農業委員の家に挨拶をして、各種アドバイスを求めておいたほうが良い。そのときに提出の時期を乞うのである。これができなければ地域の和を乱しかねないと思われ、許可が下りない可能性も高まるのである。農業委員会の総会で許可が出れば、農地を買い求めることができるようになる。あせらず、ゆっくりと地元に認知されるように努力していくことだ（P36・37営農計画　収支計画書サンプル）。

近所付き合いは、“あせらず、急がず”

田舎では、村落を守るシステムがある。それが他者を敬遠する素因だ。昔、よそから流れてくる人間は、良い情報だけではなく、悪い情報も持ち込んだ。流れ者は、敵の斥候《せっこう》だったこともあっただろう。だから、すぐには歓迎しないのである。

人には、人付き合いが好きで好きで、家の中に集会場を作る人もいる。そのような人は、自分から村落の仲間になろうとする。私は違うコンセプトを持っていた。村落の人と無理して、背伸びしては付き合わないと決めていたのだ。人と人とが仲良くなるのには長い時間が必要である。その村落のシステムに溶け込むのも同じこと。子供たちは、同じ小学校、中学校に通ううちに、同じクラブや気の合った仲間でキャンプをして、同じ釜の飯を食い、多くの友達を作る。そこで選択もし情報ネットワークも作りだす。だから、大人になっても、村落全体の人間が理解できる。しかし、大人の男の移住者にはそれが無理。わからない相手と無理して付き合うのは、人間の精神衛生上、悪影響を与

営農計画　収支計画書サンプル

営農計画　収支計画書

この計画書は私、齊藤令介が、音更町北誉で営農を開始するにあたって、
音更町農業委員会事務局の要望に応じて、書き上げた計画書である。

---

(1)営農計画

音更町○○○○	北○線○番地○		○○○○○㎡
	北○線○番地○		○○○○○㎡
		計	○○○○○㎡

上記の農地は現在、○○○○氏所有。この農地で農業を営むための拠点となる家は、上記農地内にある農地宅地（齊藤令介名義）内に無借金にて新築済。そこに齊藤令介は家族と共に10月17日に移住、現在に至る。…(略)…小さな畑を作り、各種作物を植え、農業技術の基本を勉強中。

(2)家族構成及び農業経験

齊藤令介（44歳）東京都出身。1973年と1976年にカナダ、アルバータ州ボウアイランドのポテトとシュガービート、小麦農場にて2年間働いた経験を持つ。最終学歴　専修大学法学部法律学科中退。

齊藤知子（36歳）富山県出身。妻の祖母が畑を持っており、実際に農作業を手伝いながら育つ。最終学歴　日本女子大学理学科卒業。

齊藤○○(○○歳)、齊藤○○(○○歳)、齊藤○○(○○歳)。

(3)営農を行うための基本ポリシー

小規模で減農薬、無借金で隙間を狙った農業。この理由は以下に述べる。

言うまでもないことだが、現代及び未来の日本農業を取り巻く環境は厳しい。…(略)…

このような中で、農業従事者がいくら反対しても、農産物の自由化は行われてしまうことになると思われる。また、大資本を持った日本の企業は参入の認められてこなかった農業に参入しようと、すでに準備段階に入っている。…（略）…これによって大企業は、工業生産のノウハウを使って究極の消費材を生み出すことが可能になるのである。当然、企業は種苗会社を併せ持ち、特色をもった作物を独占的に宣伝・販売することになるだろう。また、資本力で無菌ハウスを作り出し、農薬を使わず、経費が少なく、なおかつ消費者ニーズに合った無農薬作物を作り出すと予想される。

これに対して農水省の方針は、農家の大規模化で乗り切ろうとしている。しかし農業用の機械や資材、人件費の高い日本では、一般農家が大企業や安い人件費のもとで作られる外国産農作物に対抗するには、私には不可能に思われる。……(略)……この結果、日本では大規模化に成功する一部農家と、大企業の経営する農業法人が国産の作物を支配することになると思われる。さらに競争原理が働き、産地同士の競争が激しくなることも予想される。しかし、どの業界もそうなのだが、大企業が支配した業界では必ず隙間が生じ、そこに隙間産業が発展するのである。これに対応するのが小規模農家であると思われる。

温室育ち　NO！NO！NO！太陽を浴びて育った“強い野菜”

味覚神経の鋭い食通人のために手間隙かけて作った“昔の野菜”……。

このようなことができるのが、借金に左右されない無借金の小回りの効く小規模農家であり、私が進めようとしている農業の計画である。

（4）収支計画

現在の農業を取り巻く環境の中では、厳密な収支計画を作成することは不可能。…（略）…

経験のない素人といえる新規就農者がこれらの作物を作るために、楽観的な予測で収支計画を立て、借金をし、土地を買い、機械を買い、資材を買い、作物を作ろうと思っても必ず失敗することになる。利子すら返すことができなくなるであろう。…（略）…

私の場合は（1）で挙げた農地を無借金で買い求める予定なのは、借金をすると新規農業には大きな負担となると考えるからである。また、農業には常に“お天とう様次第”という側面があり、収支ゼロという事態も起こりうると考えるからである。農業共済も新規就農者を助けることは、制度的に不可能。さらに産地間の競争が激しくなれば、他の産物のプロパガンダによって北海道の農業製品はまるっきり売れなくなることもあり得ると考えるからである。「北海道の農産物はキタキツネによってエキノコックスに汚染されている」…（略）…。こうした情報がマスメディアを通じて流されたら、生食用の野菜はおろか乳製品まで売れなくなってしまうことになる。このような事態になっても乗り切れるのが、無借金の小規模農業といえる。

農機具は鍬、鎌にはじまりすべてを購入せねばならず、徐々に揃えているところである。現在は、マッセイファーガソン135とブラウを購入済。その他の機械はデイスクモア、ロータリー、鎮圧ローラーを、農地の名義が変わり次第、中古で安価なものを買い求める予定であり、音更農協整備工場に注文し探してもらっている。…（略）…また法的には第2種兼業農家に当てはまるので、その他の事業の収入（著述業など）で、農業が赤字になった場合でも補うことができる。

すでに農地の一部にはリンゴの木を50本植え、年々増やしていく予定である。これは、リンゴジャムを加工販売するための準備のためである。ジャムならば、ぼけリンゴでも虫食いリンゴでも収入に結びつけることが可能だからである。また大学時代から特に親しい友人が〇〇地方で最大の食品問屋を経営していることも、1つの要因である。

農業を知る人なら、数字を挙げた計画が机上の空論であることを理解できることであろう。以上が数字を挙げない私の営農計画及び収支計画である。

1993年6月24日

河東郡音更町〇〇〇〇〇〇〇

齊藤令介

音更町農業委員会　〇〇〇〇　印

上記の「営農計画　収支計画書」は、私が農地取得のため農業委員会に93年に提出したものを、一部省略して本紙に掲載した。本来は4ページに渡ってつづったものである。あくまでも参考にしてほしい。あなた自身の農業に対する考え、将来の展望、現実の取り組みなどをアピールすることを勧める。

えるのは明白。だから私は「徐々にいこう。スロー、スロー」と思い、自分から「村十分でもいい」との気持ちを持って移住した。

体力も違う。生活のパターンも違う。酒の飲み方も違う。神社仏閣への考え方も違う。冠婚葬祭への考え方も違う。同化するのに無理をしない。私はそう考え実行し、それなりに村落との付き合いはうまくいっているのである。畑で人に会えば自然に話しはじめるし、山菜採りで出会えば、また話が始まる。自然に私の行動がうわさになり「悪い人間ではないみたい」と伝えられていく。変人、奇人の類に思われているのかもしれないが、うまくいくことが大事なのだ。

訪問者に酒をふるまうな

田園生活で問題は酒の付き合いだ。酒が好きで好きで、酒の飲み友達が欲しいと思う人は問題ない。しかし酒が嫌い。飲めない。酒を強制されて飲むのはいやだ。献酬《けんしゅう》は不潔でいやだ。そういう人々は、最初にはっきりと断る必要がある。最初が肝心である。「あの人の杯を受けたのに俺のは受けないのか、あいつとは飲んだのに俺とは飲まないのか」。村落の人々は平等に扱われないと、プライドが傷つく。だから飲まないのなら、初めから飲まない。飲むなら最後まで飲む覚悟が必要である。

移住してしばらくの間は、好奇心が旺盛な訪問者が来る。次いで酒飲みが、酒びんを持ってやって来る。このとき、酒を出したら、あなたの家は酒飲みの訪問ルートの一つに加わることになる。農繁期は忙しくてそれどころではない農家の人々も、農閑期は暇で暇で、時間を持て余している。村落のメインの住人は、農家の人々であることを忘れてはならない。そして、訪問ルートの一つになると、絶えず違う呑み助たちがやって来ることになる。だから、夕方や夜に酒びんを持参して来ても、有り難く頂き、ブラック・コーヒーを出す。ここが肝心なところである。

都会人は礼儀知らず、酒びんを持参してもコーヒーしか出ない。砂糖も出ない。「われわれに奉仕するつもりはないなァ」と思わせるのが肝心なのだ。こうすれば海老で小魚も釣れない感じになり、経済的に割に合わないと思い、酒飲みたちはやって来なくなる。

焼酎、日本酒、ウイスキー、ブランデーは人目につくところに置かないのも肝要だ。目をつけられたら出さなければならなくなる。断ればケチ扱いをされる。ねだられたら、断る意志の強さも必要だ。断れないと思う人は、96度のウォッカ・スピリットでも用意しておいて、これしかないと宣言し、コップになみなみと注いであげることだ。一口で火を吐く。そこで「胃袋に穴をあけないように一気に飲んでください」と言う。それでショックを受け二度とただ酒を飲みには来なくなる。

村落の礼儀正しい人々は、決して、ふいに酒を飲むために押しかけては来ない。

女房のサークル活動で情報が入手できる

田園生活を始めて朝から晩までガーデニング。これが多くの女房族の夢らしい。しかし、秋から冬はガーデニングもお休み。冬も楽しめるガラス張りの温室は、高価すぎて夢の世界。そこで各種サークル活動に参加することになる。町村で主催しているサークル活動は、びっくりするほど種類が豊富。英会話から陶芸、ダンス、ソーセージ作り……、ありとあらゆる種目がある。ここに女房族が参加を希望したら、迷わず参加を勧めること。

同じ趣味を持った人間は仲良くなるのが早い。すると、一気に地元のネットワークにつながることになる。この地方では「カッコウが鳴くまで苗を植えたらだめ」「あの山に2回雪が積もったら、こっちにも雪が降る」……。本にも書いていないような貴重な情報が女房を通じて雨あられとなり、一気になだれ込んでくる。

もともと、村落部の情報ネットワークは助け合い、互助会みたいなもの。皆で情報を共有するのに抵抗はない。観天望気から種子、肥料、先生の評判……、山ほどの情報が得られる。まずは女房を自由にさせることである。もちろん、男が参加しても良いのは言うまでもない。

選挙の協力は節度を持って

国政選挙、道・県議会選挙、町村議会選挙。田園生活と選挙は切り離せない。○○を応援する会、△△の園遊会、××の名刺交換会、□□の新年会、☆☆の忘年会……。東京の区部から離れ島、日本全国津々浦々、選挙は同じ。記帳ノートを持った勧誘員が署名捺印を求めにやってくる。私の場合は、村落の代表を出す選挙には協力をするが、あとの選挙はすべて棄権することにしている。

選挙後、だれが棄権をして、だれがだれに投票したかという情報が流れるのが田園地帯の選挙。支持者たちが車で連なり候補と行動を共にするのが、田園地帯の選挙。候補の関係者が配る弁当箱の裏に1万円札がつくこともあるというのが田園地帯の選挙。だから私は棄権する。ほかから来た者が深入りするべき世界ではないのである。あなたが、強く支持している政党がある場合は、その政党に入れればよい。しかしその場合でも不在者投票で、役場の中で投票するくらいの用心をしたほうが良いのである。もちろん、投票は日本国民の義務と考えている人々は、本人の意思に従えば良いのは言うまでもない。

大問題！ゴミ処理は自分の手で

田園生活者だろうと、都会生活者だろうと、環境保護論者だろうと、生活をすればゴミが出る。人間、生きているかぎり排泄物を出すのが定めだ。昔、日本の

田園生活には欠かせない小型焼却炉

村落部ではゴミを流す川が決められていて、水に流すのがあたりまえだったそうである。そこから〝水に流す〟という言葉が生まれ、人間生活をうまく営む言葉として現在に伝わったそうである。化学物質のない時代なら、最良の方法であった水に流す方法も、現在では害になるのはだれでも理解できること。そこで都市部なら、行政がゴミを集めて一括処理をしてくれる。ところが田園では、集めてくれない自治体が多い。

生ゴミ処理には労働力が必要だが、コンポストという便利な容器が、生ゴミを有機肥料に変えてくれる。問題は燃えないゴミと大量の雑誌や新聞の紙類である。田園生活では、どこの家でも小型の焼却炉を据えつけてあり、燃えるゴミは、自分のところで処理をしていた。ところが、そこにダイオキシン問題が発生。「燃やしてはだめ」という通達が出たのである。集めに来ない、燃やしてはだめ。我が家は、燃える紙類は燃やし、生ゴミは肥料にする方針に決定した。そして燃えないゴミやダイオキシンが発生するゴミ類は、焼却施設に持ち込むことにした。

これが大変なのである。ゴミを車に積み込み、書類を書いて提出し、ゴミの審査を受け、誤りがあれば文句を言われて分別をやり直し、それでも機械が壊れるということで簡単に捨てさせてくれないのである。街では一緒に集めてくれるゴミでも、田園生活では持ち込むと「ノー」の声が出る。公のゴミ箱は設置されず、逆に撤去されるばかり。コンビニや高速道路のゴミ箱が満杯になるのもあたりまえ。捨てる場所がないのだ。田園生活の最大で最後の問題はゴミである。油断をしていると見えないところに不法投棄される。これからは産業廃棄物の不法投棄が、ますます問題になることは間違いない。田園生活を始めよう、始めるのだと考えている人は、この問題を忘れてはならない。

環境保護論者だろうと、自然保護論者、動物愛護論者のだれもがゴミを出す。このゴミをどこに、どのように捨てるか。処理をするのか。これが快適な田園生活を続ける大事な要素なのである。

不法投棄されたコンクリート

コラム

生ゴミを堆肥にするコンポストは2個必要

生ゴミは肥料になる。コンポストという容器に生ゴミと土を入れるだけで良質な肥料ができあがる。ただし1つのコンポストでは、いつまでも肥料を取り出せなくなる。毎日生ゴミが入るからだ。そこで2つ並べる。1つが満杯になったら、もう1つのコンポストに生ゴミを入れる。その間に満杯のコンポストは放置しておけば肥料ができあがる。肥料は畑に鋤混み、空になったコンポストは、隣が満杯になったら生ゴミを入れる。これでいつも熟成した肥料が使えるようになる。

コンポストを設置する場所は、家の風下にしたほうが良い。においが発生するからだ。またネズミやキツネに荒らされないように、必ずふたをして重しを載せておくこと。

コラム

停電に備えて、無停電電源、発電機を

田園地帯は停電が多い。風が吹くと停電、何かあると停電。都会とは比べようがないほどよく停電をする。地元の人に聞くと昔より良くなったという。20年ほど前、農家は停電すると、ビニールハウスの保温や電熱器のためにトラクターで発電機を回したそうである。

田園地帯でコンピューターやワープロを使っていると、停電とともにこれまでの苦労が水泡に帰することもある。だからコンピューター用無停電電源を用意する。私はこれで2〜3度助かった。停電しても電源が数分間持つので、その間に作業をしていたファイルを保存・終了することができるからだ。コンピューター・ネットワークも電気がなければ動かない。電気店で、かならず購入しておくべき田園生活の必需品である。ただしコンピューターもワープロも持っていない人には関係のないことである。

われわれの住む田園地帯では、数時間に及ぶ本格的な停電も時々起きる。この場合は、発電機で対処しな

ければならない。我が家にはＥＧ９００というホンダの８００ワットの発電機を用意してある。これさえあれば、長時間の停電でも冷蔵庫と井戸用の水中ポンプに電気を供給できるので、田園生活に支障はでない。備えあれば憂いなしである。

コラム

ペール缶のゴミ箱を作ろう

ゴミを敷地に捨てられる。風でビニールが飛んでくる。地面からも出てくる。とにかく田園生活ではゴミが多く出る。発見次第、母屋のゴミ箱まで運んでいられない。そこであちらこちらにゴミ箱を置く。しかし購入していたら、高くつく。そこで廃品利用のゴミ箱を作る。使用するのは、オイルが入っていた金属製やプラスチックのペール缶。田園地帯では不法投棄された缶が目につくし、ガソリンスタンドでもただでもらえる。我が家は、屋外用にはプラスチックのペール缶。ゴミ捨て場に燃えないゴミを出すときは、金属のペール缶に金属類を集めている。

❶金属の場合はふたをマイナスドライバーで外す。ふた外し専用の道具もカーショップで売られている。プラスチックのペール缶も同じようにしてふたを外す。

❷プラスチックや金属のペール缶は、内側からクギを打ち抜き穴をあける。プラスチックの缶はバーナーで炙《あぶ》り熱した釘であけてもよい。穴を外側からあけるとバリが内側にでて完全に水が抜けなくなる。すると水が溜まり蚊が発生することになるので、内側からあける。これで水抜きの穴があきゴミ箱の完成だ。

第1章
田園生活の楽しみ

歩けば広がる田園生活

歩くとなぜ人間は健康になるのか。澄んだ空気を吸い、犬とともに歩く。寒さを肌で感じ、春の訪れを福寿草の花の色と鳥のさえずりで感じる。夏の暑さを喉で感じ、秋は赤い葉が目に入り、鹿の鳴き声が耳に響く。

友人が我が家を訪れる。私は庭を散歩している。「何をしているの？」と聞かれる。私は「散歩」と答える。私は1日に何度も散歩に出かける。腰ベルトには折り畳みナイフ、ポケットには小さな袋を入れ、双眼鏡を首に吊るして歩く。

庭を一周して約1キロ。歩くのが好きなのか、何かをする前にひと歩き、終えてもひと歩き。心の欲望は満たされ、心が安定する。原始時代の名残なのか、狩人の血がそうさせるのか、森のにおいを嗅ぎ、沢水の流れる音を聞きながら歩くと安心する。

珍しい鳥がいると忍び寄り双眼鏡でのぞく。ノゴマ、ノビタキ、キビタキ、コマドリ。キツツキの音に目を向ければ、アカゲラが木をたたき虫をくわえだす。樹上をリスが走り、ウサギが地面を跳ねる。ときにはカメラを持ち、かわいい動物たちを写し取る。

顔を出しはじめたウド

落ち葉の積み重なった地面を見れば山菜が顔をのぞかす。ナイフの刃を広げ、優しく切り取り、少しだけ袋に入れる。夕げのビールの友の分だけあればいい。そしてまた歩く。今日も明日も、あさっても。

自然《ネイチャー》ウォッチング

バードウォッチングだけでも趣味。自然を眺めるのも趣味。しかし野生動物たちは、人間の接近を許さない。小動物を観察するには肉眼ではよく見えない。だから鷹の目の代わりが必要である。重いスポッテング・スコープがなくても、良い品質の双眼鏡があれば楽しめる。しかしレンズの品質の差は、驚くほどの違いを生む。色の違い、にじみ、コントラストばかりが強くなる映像……、二流品は真実を伝えない。
良い双眼鏡を持つことを勧める。私はツアイスの8×30Bを主としてよく使う。見たいものがよく見られる。大きな双眼鏡が邪魔に感じるときは、倍率は少し高いがコンパクトな10×25Bの双眼鏡を使用する。ともに私は最高の双眼鏡と信じ使用している。

【良い双眼鏡の選び方】
●倍率が8倍ないしは10倍のブランド品にすること。双眼鏡の品質はブランドの知名度にほぼ比例する。
●レンズをチェックして傷や汚れがないかを調べる。次に双眼鏡の中をのぞき、フレーク状のゴミがないかを振ったりして調べる。
●対物レンズを固定するネジの部分に油が残っていないか調べる。日本のブランド品でも油だらけの双眼鏡を見たことがある。油が残っていると、レンズを磨くときに油がレンズに付き除去するのに苦労する。
●回転部分がスムーズに動くかを調べる。
●遠くのビルの屋上のような、横に直線状の物体を見て、左と右のレンズの中央の位置が合致するかを調べる。色のにじみが虹のように物体の端に出ていないかを調べる。これらに合格したら購入する。

【鳥に近づく】
❶カモフラージュ服を着る
鳥は鹿や熊と違い、色を判別できる。だから鳥に近づこうとするときはカモフラージュ服が必要である。田園生活のカモフラージュは、戦争用ではなくファッション性を重視しよう。各アウトドア・ウエア・メーカーから、多くのデザインが発売されている。この服を着ていると、鳥を怯えさせることなくバードウォッチングができる。ただし狩猟期間中は禁猟区や保護区だけが安全である。

左が8×30B，右が10×25Bの双眼鏡

ネジ部分に油が残っている双眼鏡

獣の場合は色を判別できないので、大柄の格子模様でもカモフラージュの役目を果たす。人間の輪郭を壊すことが、カモフラージュ服の役目である。

⬆色を判断できる鳥にはカモフラージュ服
⬅獣は格子模様でOK

だから、狩猟とともに発達したアメリカのアウトドア・ウエアは、赤と黒の格子模様や緑と黒の格子模様の服が多いのである。

❷静かに、顔を向けずに近づく

野生に生きているから野鳥。その野鳥に、ドタドタと人間が群れて近づいたら逃げるのはあたりまえ。静かに、鳥が自分のほうを見ていたら近づくのをストップし、動きを止める。鳥がほかのことをしはじめたら近づく。常に鳥と目を合わせないように、まわり込むように近づく。

時計の12時のところに鳥がいるとして、あなたが6時の位置にいると仮定しよう。まずは3時か9時の方向に向かう。無事に到着したら、再度同じ仮定をし3時か9時の方向に向かう。これを繰り返し行い徐々に鳥に近づいていく。このようにすると警戒されずに近づくことができるのである。いつでも目線を向けずに横目で近づくこと。

鹿やほかの獣に近づくときも同じである。

［鳥を呼ぶ］

鳥は笛で簡単に集まる。とくにシジュウカラやコガラのカラ類は、アウトドア・ショップで売られているバードコールという笛でも集まってくる。

上がバードコール。
五円玉２枚でも音が出せる

［庭に鳥を呼ぶ］

田園地帯はどこにでも鳥がいる。あえて見に行きたくない。家の周りに呼びたいと思う人は、虫がつきやすい木や、実のなる木を植えることだ。

歩けば広がる田園生活

●白樺や楓《かえで》…甘い樹液が虫を呼び、虫を食べる多くの小鳥たちが集まる。
●リンゴ、梨、桑、サクランボ…虫もつくし、実もなるのでシーズンごとに違う鳥たちが集まる。しかし、人間が実を食べる前に鳥たちに食べられてしまうことが起きる。

私の家ではえさ台はあえて作らなかった。鳥を簡単に呼べるのはえさ台だが、人間にえさをもらう鳥にしたくないという私の思いからだ。餌付けされた鳥は野鳥ではない。これは私の持論である。

【野鳥の巣箱の設置方法】

毎年、愛鳥週間になると各地で巣箱の設置が小中学生の手で行われる。それがテレビニュースとして放映される。巣箱は、彼らの掛けやすい場所、テレビクルーの撮影しやすい場所に設置され、鳥のことは二の次となっている。しかし野鳥は、人目につきやすい場所や子供でも登れる場所には、巣を作らないのである。野には卵を襲う蛇がいる。表面がザラザラしていて蛇が登りやすい木、階段状に枝が多い木、カラスや鷹の目につきやすい木には巣を作らない。キツネでさえ枝が多いと木に登るのである。食べられやすい場所に巣箱を設置し、警戒心の薄い鳥が巣を作ったとしよう。それは、ひなを狙う蛇や肉食鳥、肉食獣へ食卓を提供しているようなものだ。

カラスは産卵シーズンになると、小鳥や鳩の巣を探して、木の周りをヘリコプターのようにホバリングし上下に飛ぶ。巣を見つければ卵を飲み干し、ひなは食いちぎって食べてしまう。巣箱は、ひなを育てるならどこが安全かを考え設置する。これがすべてである。巣箱の大きさ、入り口の大きさは多種多様。鳥たちが勝手に選び改築をする。気に入らなければ、入らない。安全にひなの巣立ちを迎えられた巣は何年も使うこともある。

小鳥によって、
入り口を小さく
改築された巣箱

［鳥の寄せ方］

鳥を寄せるのは、食べるための獲物として呼び寄せるのと、平安時代以前からある飼養のために生け捕るものがある。そして、ここ30年ほどで流行した鳥の姿を見て楽しむための呼び方がある。古来から行われてきたのは、捕獲のためであり、多くのノウハウが培われ文化として伝承されてきたのである。

●ズク引き

フクロウやミミズクの模型や剥製《はくせい》を利用して鳥を呼ぶ〝ズク引き〟は、夜にフクロウやミミズクに食べられてしまう鳥たちが、昼間、彼らを見つけ復讐をする性質を利用した呼び方である。かわいい顔をした小鳥でさえ、昼間にフクロウやミミズクを見つけると、かならず攻撃をする。カラスともなると集団攻撃をしかけ、傷を負わせ放逐する。だから、フクロウやミミズクの模型や剥製を置くと、簡単に復讐心に燃えた鳥たちが寄ってくる。

●笛で呼ぶ

笛を吹くと鳥たちは簡単に寄ってくる。安心の笛、縄張りを伝える鳴き声、ラブコール……、情報伝達を鳴き声で行っている鳥たちは、笛の音にのる。キジ笛は、狩猟に笛を使うのが法律で禁止されている唯一の笛。鴨やカラスは多くの言語があり、その言葉を笛でまねすることによって集まってくる。シジュウカラの類は、5円玉を2枚重ねて「ツーイ・ツーイ・ツーイ」と吹けば簡単に寄ってくる。エゾ雷鳥も5円玉を2枚重ねた笛や、音が出るように調節した犬笛、手作りの専用の笛で「ピーーィ・ピーーィ・ピーィ」と3回吹けば寄ってくる。ほかの多くの鳥たちも、鳴き声をまねさえできれば寄ってくるのである。

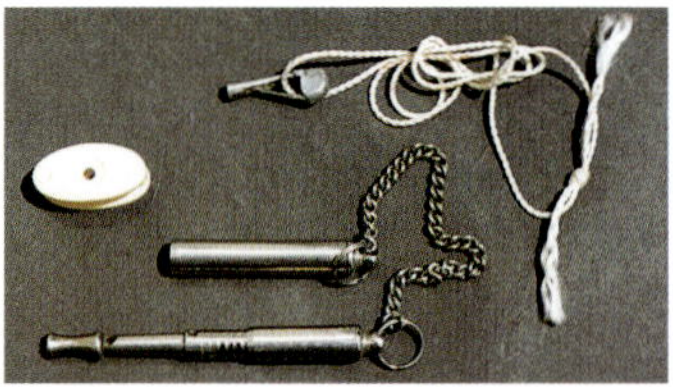
左がキジ笛、上が雷鳥笛、下が大笛

●囮《おとり》で呼ぶ

縄張り意識の強い鳥たちは、縄張りの中に生きている囮を置けば、簡単に寄ってくる。囮が入っている籠の上に落とし籠（鳥が籠の中の木に止まると、籠のふたが閉まる仕掛けになっている）を置けば、簡単に捕獲できる。また囮の近くに鳥餅を付けた枝をセットすれば簡単に捕獲できる。ただしメジロはすぐに回転をしてぶら下がり、重力で鳥餅を外す行動をとる。囮を使うと簡単だが、囮の管理は大変である(現代の日本では禁止されている猟法)。日本の鴨猟は、囮鴨として生きている合い鴨を使ってきた伝統があった。

●えさで呼ぶ

いわゆる餌付けである。加工された食物をまいて与えるのが主流。餌付け用のえさには人工的に薬品を付けたり、放射線を照射して芽の出ないように加工された穀物がある。さらに環境を汚染するパンくずや季節外れの穀物、ポップコーンが池や湖川にまかれている。

こうした餌付けが行われるそばには、有名観光地があり観光施設もある。ゾロゾロと人間が入るのぞき小屋がある。えさがなければえさのあるところに野生の鳥たちは飛んで移動するのだが、観光の目玉や寄付金集めの稼ぎ手として、餌付けで引き止められているのである。

田園地帯では鳥を呼ぶのに餌付けはしないほうが良い。周りには豊かな自然があり、自然の中でえさを取るから野鳥なのである。そして鳥たちは、えさがあり子育てをしやすい場所を見つける。その素晴らしき自然に鳥は集まってくるのだ。餌付けは自然を破壊する行為だと私は思っている。

コラム

弱った野鳥を救うための餌付け方法

ガラスにぶつかり動けなくなった野鳥、巣から放り出された野鳥のひな。子供たちが助けてあげたいと思うのは当然の心。「窮鳥懐に入れば、猟師これを撃たず」、有名な言葉である。助けを求めるものには助けを与える。といっても相手は野鳥。えさを簡単には食べてくれない。野鳥のえさは、昔からスリ餌と決まっている。スリ餌はペットショップで入手できるが、鳥が食べてくれなければ落ちて(小鳥が死ぬのを、枝から落ちることから落ちるといわれてきた)しまう。そこで食べさせるテクニックが必要になるのである。

◆籠に風呂敷

竹製の鳥籠に黒や濃紺、茶系統の暗い色の風呂敷をかぶせて、その中に餌付けする鳥や弱った鳥を入れる。鳥は暗くするとすぐにおとなしくなる。鳥籠がなければダンボール箱を代用してもいい。

◆水分の多いスリ餌に虫を入れる

スリ餌を作り籠の中に入れる。スリ餌は水分を多くして、水代わりに飲むような感じに作る。そしてスリ餌の上に生きている虫を載せる。虫は釣り具店で購入できるヤナギ虫やエビヅル虫でいい。これを食べれば、虫とともにスリ餌も一緒に口に入り、えさの味を覚え餌付くことになる。

水は入れておかないこと。えさの位置は、鳥の足の高さにする。これで回復力の強い鳥はえさの味を覚え、スリ餌を食べるようになっていく。あとは徐々に濃いえさを作り与えればよい。元気になったら、空に返せばよい。

◆強制給餌

どうしても食べない、食べられないほど元気がない場合は、強制的にえさを胃袋に送り込むしかない。スリ餌をスポイトに吸い取り、鳥を優しくつかみ、嘴《くちばし》の根元から押し開き、スポイトを差し込みえさを胃袋に入れる。鳥の口を開くと胃袋が見えるのですぐに理解できる。これを1日に5～6回行う。回復力が残っていれば元気になるが、ない場合は死ぬことになる。

フォト・ハンティング

カメラが流行しているそうだ。しょせん男は男。獲物を求める本能が形を変えて、カメラを持っての狩猟行為をいざなう。獲物を追い詰めファインダーに捉え、狙いをすまし、シャッターを押す。シャッターを連写し、獲物は射止められ、焼き付けられ、額縁に飾られる。そして得られる満足感。動物や鳥類保護を騒ぐ人々が、動物や鳥を追い求め野山に分け入り、何も獲《と》らないために欲求不満に陥り、攻撃的になる例があるが、フォト・ハンティングをする人には、獲物を得た充足感が与えられるのである。この楽しみが、毎日の散歩中に楽しめるのが田園生活だ。

私もカメラが好きで、帝国ホテルのコンタックス・フェアで一流のフォトグラファーと一緒にスライドショーを行った経験がある。コンタックス・プロカードも所持している。写真は狩りなのだと思うと、すべてがうまくいくのである。

［フォト・ハンティングの基本］

●基本は銃と同じ

引きがねを引くのも、シャッターを押すのも同じこと。引きがねは瞬間的にガクびきをしてはだめといわれるが、シャッターも急に押してはだめ。カメラも銃もしっかりとホールドして優しく引き金を引く、シャッターを押す。これで獲物を外す、写真がブレることはない。

●ブッシュカメラと望遠カメラ

森の中に入るには、ブッシュカメラと呼ばれる小型のカメラが必要だ。ポケットに収まる小型カメラは、撮りたいときに撮れる。望遠レンズ付きのカメラは、距離がある遠い獲物用。遠射

［伏射］

[膝射]

[立射]

用ライフルと同じく、重さがあっても獲物に肉薄するためには我慢をしなければならない。そしてカメラを振動させることなくホールドするには多くの練習が必要である。

●ハンティング・ウエアがベスト

愛用の一眼レフ(右)と防水カメラ(上)

カメラを持ち野山に入るときには、ハンティングと同じ行動パターンがある。そこで行動しやすい服と足元を確保してくれる靴が必要だ。これには歴史のあるハンティング・ウエアや靴が最適である。

●冬はレンズの曇りに注意

寒い屋外から屋内に入ると、冷えきったレンズが曇る。水滴が付く。だから一気に室内に入れてはだめ。段階的に温めなければ、故障してしまう。ライフル・スコープも同じこと。

●極寒の寒さのときは体で保温

カメラの保温用品も豊富に見かけるようになったが、歩き回るフォト・ハンティングは懐に入れて保温するのがベストである。瞬時にカメラを取り出すことができ、撮影後はすぐに懐に戻せる。体温はカメラの電池をダウンさせない。

●良い写真は目が光る

鳥でも、動物でも、目にキャッチライトが入っていないと、死んだ動物のようになる。一瞬が勝負のフォト・ハンティングでも、目に光が入った写真が撮れるように、アングルと太陽の位置を考慮して接近、撮影をする。

自然の恵み・山菜採取

田園を散歩していると、春には山菜を発見する。これは人間に大きな原始的な喜びを与えてくれる。とくに女性は太古の昔から続く、天から与えられた仕事のように夢中になる。男は狩猟、女は採取という生活形態がなくなってから久しいが、体の中にはその記憶が残っているのだろう。男たちは棒を振り回し、野山を駆けめぐるゴルフに夢中になる。女たちは山菜採りやガーデニングに夢中になる。どちらもできないコンクリート・ジャングルで生活する都会の女たちは、フッと我を失ったとき、根源的な欲求で店で無料採取行為をしてしまうことが、まれに起こるのではないか。なにはともあれ野山で山菜を採取すると、根源的な喜びが沸き上がり、ストレスが解消される。

[春の山菜]

多くの山菜があるが、私はこの6種だけを採取して酒の肴として食べる。

行者ニンニク◆1分煮て、冷水で冷やしながらへたを取り、しょうゆにつけて食べる。垂涎もの。

へたを取った後、小分けにしてラップに包み冷凍しておく。いつでも食べたいときに食べられる。

歩けば広がる田園生活

タラの芽◆天ぷらにしてビールを飲む、極楽。

ビールとの相性が
最高な山菜の一つ

ミツバ◆茹でて出し汁で食す。日本酒が旨い。

野生のミツバの香りは別格

ノビル◆生のまま味噌をつけて食べる、美味。

ノビルの辛味は大人の味

ウド◆味噌につけて食べ、ぬたにして食べる。いい香り。

細かく切り
水にさらす

野生の採れたての
ウドの香りを楽しめる
のは田園生活の特権

ワラビ◆ワラビといえば煮物。ただしアク抜きが必要である。

ワラビとジャガイモの煮物は
田園生活のスタンダード

アク抜きはストーブの灰を
かけて一晩水に
浸けておく。
ストーブの灰は1年中
保存しておく

［秋のキノコと果実］

私はキノコは苦手、本能的に嫌うのか、キノコの採取はしない。ただキノコ狩りが大好きな友人は多い。初心者は、図鑑ではなく、キノコ狩りの名人に実地で習うべきと、名人たちは口をそろえて言う。それは、採れる時期や場所で、同じキノコでさえ色や形が違い、別のキノコに見えることが多いからだ。図鑑では判別不可能。これは私も実感している。

山ぶどうは果実酒作りに使ったが、ワインに比べると心からおいしくないと私は思う。コクワやそのほかの果実は、野生鳥獣にあげたい。素直においしくないから。

［イラクサには触れない］

山菜として食べられるイラクサだが、さわると痛くなる。とげに含まれる毒液が蟻酸《ぎさん》と同じ成分で痛みを起こすらしい。虫に刺されたように赤くなる。素手でさわると痛くて子供は泣きだしそうになる。すぐに川の水で洗い落としても30分は痛みが続く。犬も体につくと痛いようで、イラクサが群生している場所には入らない。これはイラクサが自らを守る自然の術なのだ。

しかし山菜好きの人間は、痛みは軍手で防ぎ採取する。大自然が作るバリアーも関係なし。イラクサは茹でて和《あ》え物にするとおいしいらしい。私は蟻酸と聞いただけで食欲がなくなる。

〝蕁麻〟と書いてイラクサと読むのだが、蕁麻疹（ジンマシン）は、この草の毒液の症状がボツボツになることから名付けられたそうだ。

触れると痛いイラクサ

［大麻を発見したら保健所に］

野山には野生の大麻が群生することがある。手のひらを広げたような掌状複葉と呼ばれるノコギリ状の葉をつけた高さ1～2メートルにもなる一年草だ。麻薬になるのは、小鳥のえさや七味唐辛子に入っている麻の実をつける雌の大麻。これを発見したらすぐに、保健所や警察に通報することである。保健所は、大麻が自生する場所をデータとして把握しているので、時々見回りをしている。田園生活を始めて大麻を発見して、よからぬことを考え栽培、所持、売買をすると、大麻取締法によって簡単に逮捕されることになる。

大麻の葉

大麻の実

群生する大麻

地図およびコンパスの活用法

[2万5000分の1の地図を1万分の1にする]

2万5000分の1の地図は1センチが250メートル。私には半端である。イメージが湧きにくい。だから私は常に拡大する。老眼の人もやるべきだと思う。方法は簡単、コピー機で250パーセント拡大コピーをすればできあがり。個人の使用だから著作権違反にはならないし、原本の地図も温存される。コピーした新しい地図は、1センチが100メートルになり計算しやすく、イメージが湧きやすくなる。最大用紙がA3までのコピー機が大多数なので、地図が複数に分かれ小さなサイズになる。折り畳んでポケットに入り、かえって使いやすくなると私は思っている。

[防水地図の作り方]

通常売られている地図は紙製品。一度ぬれると摩擦ですり切れ、破れやすくなる。そこで防水にする。地図専用の防水液が売られているが高価である。そこでほかのものを流用する。それがゲレンデ・スキー用やスノーボード用の液体ワックスだ。シーズンオフのセール時には1缶300〜500円で購入できる。

❶新聞紙を広げ、その上に地図を広げる。缶入りの液体の場合は、ティッシュペーパーや筆に含ませ地図の表面に塗り、しみ込ます。缶の先端のスポンジ状の部分を押すと、ワックスの出てくるタイプは、押しながら塗っていく。

❷しみ込んだら、表面に残る余分なワックスを、ボロ布やティッシュペーパーでふき取る。あとは乾燥させて防水地図が完成する。コピーした地図も同じように防水にできるし、布製の帽子やスパッツ、テントの雨漏りのする箇所も、このスキーワックスで防水にすることができる。もっとも安上がり、そして簡単。アウトドアで紙製の地図を使う人は、この防水処理をすべての地図に施すべきである。

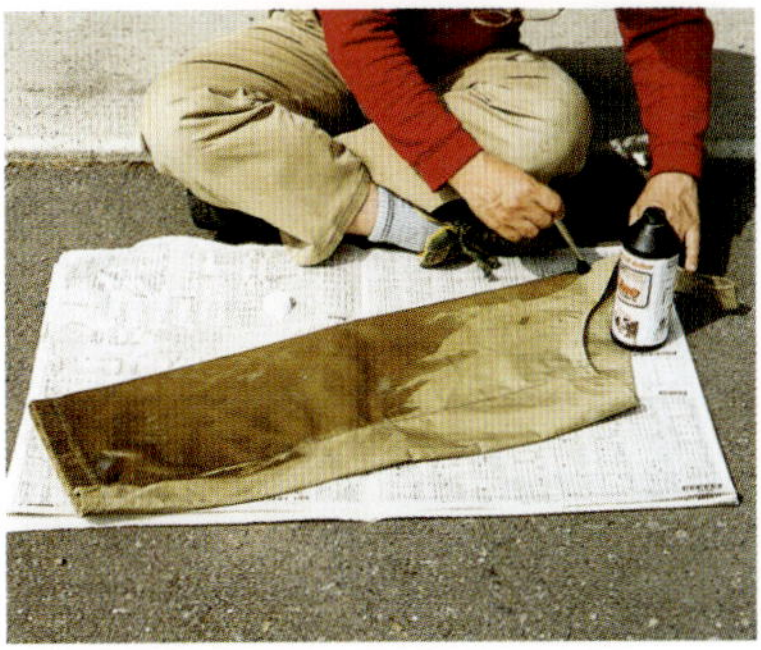
チャップスもワックスで防水にする

ロウソクのロウが入手できる人は、ガソリンにロウを削って入れて溶かすと、同じようなワックス系の防水液が作れる。昔は、キャンバス地の防水は、このガソリンにロウを溶かした液体を塗り施したのだ。ただし、乾燥するまでは火に用心をしなければならない。

［コンパスの使用方法］

コンパスの使用方法は難しくない。しかし敬遠される。東西南北がわかる人なら、コンパスを持って山に入ることだ。私は腕時計に小型のコンパスを常に装着している。田園生活では山菜採りや、植木探し、樹林の中に入ることが多い。そのとき、コンパスがなければ、北も南もわからなくなる。したり顔で太陽を見ればわかるという人もいる。太陽と時計を合わせれば、方角がわかるとアウトドアの本には書いてある。ところが、野外では常に太陽は出てくれないのだ。

●地図を持たずコンパスだけ

林道の好きなところに車を止めて山菜採りに山に入る。このような場合、地図を持たないことが多い。早速コンパスを見る。入る方向は何度の方角か？　回転ベゼルがついたコンパスは、磁石の針とコンパス内に描かれた北を合致させ、進行方向の角度を見る。この回転ベゼルがついたコンパスは非常に便利なので、購入するときは、このタイプを勧める。帰るときは、入るときと反対の角度に向かって歩けば、ほぼ同じ林道に出てこられるのである。

絶えず方向を変え、山深く入り込むときは、できるだけ山の位置の方向を見ておくとさらに帰りやすくなる。コンパスがあればこのように簡単に方角がわかるのだが、なければ、方角さえわからず、迷うことになる。昔から〝ワンデリング〟といって堂々巡りをすることが知られているが、人間は利き足のキック力が強いために、右足が利き足の人は左へ左へと偏って進む。だから回ってしまうのだ。

回転ベゼルのついたコンパス

●倒した獲物を探すコンパス利用方法

狩猟時に獲物に向かって発砲し、獲物が倒れた。落ちた。その場所に行っても見つからないことが多い。目印にした木の形も、近くに行くと同じような木ばかり。自分の来た方向や撃った方向さえわからなくなる。撃った場所から見て覚えたつもりの景色は、あたりまえのことだが、その場所に行ったらないのである。遠くから富士山を見て形を覚えても、富士山を登りはじめたら、絶対に富士山の形が見られないのと同じことだ。同行者がいればひとりが残り、探す人に指示すれば獲物に到達できるが、ひとりではコンパスを利用するよりほかにない。

回転ベゼル付きのコンパスは外側に進行方向を表す矢印がついている。この矢印を獲物に向け、コンパスの北と回転ベゼルの北を合わせ角度を調べる。次に、現在位置に蛍光テープを巻き付け、遠くからでも発見できるようにする。狩猟用の蛍光テープは紫外線で分解し、環境を汚染しない素材のものが市販されているので、これを使うと環境破壊にはならない。

そして、獲物の倒れている方向に向かう。山だから、まっすぐには行けない。沢を登り、まわり道をして推定地点に到達したら、蛍光テープの位置の角度を調べる。たとえば、獲物の位置が60度の方向だったら、２４０度の方向に蛍光テープが見えれば、獲物に対して直線上に到達したことになる。その角度を維持して探せば、獲物が倒れている場所や、傷を負わせていれば血痕を発見できる。

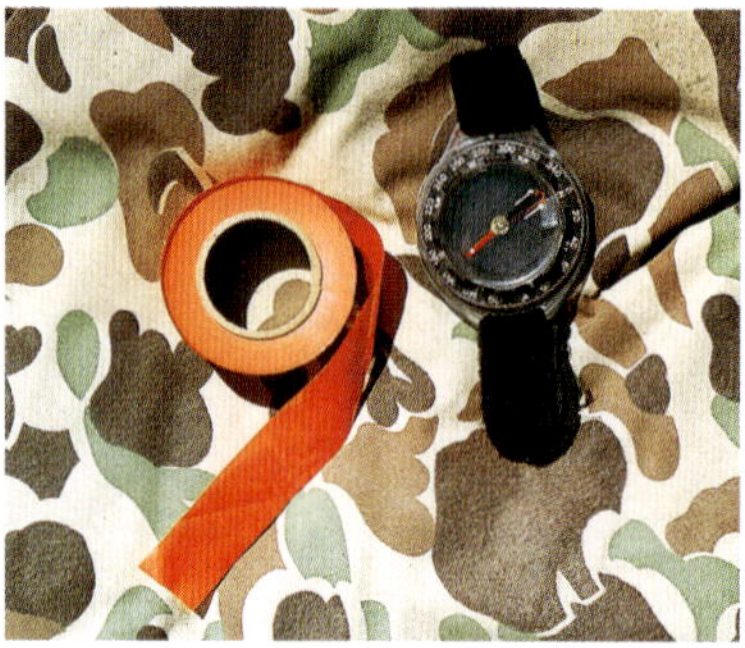
紫外線によって分解する蛍光テープと腕に巻き付ける大型のコンパス

●地図とコンパスの利用方法

地図の真北と、磁石の指す磁北は違う。日本では磁針方位は西偏5～10度

歩けば広がる田園生活

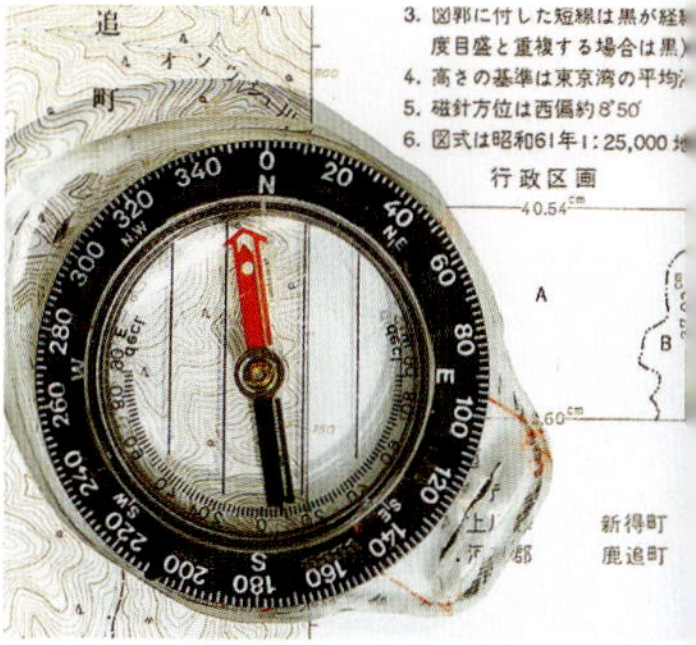

磁針の西偏85度に
コンパスを合わせる

くらいでズレが少ないが、国によっては60度も違う場所を指すことがある。だから最初に真北と磁北のズレを知らなければならない。コンパスによっては最初に修正できるものも売られている。地図の描かれている偏差を修正して地図を見る。これは簡単で難しく考えない。地図に西偏7度と書かれていたら地図を右側に7度だけずらしてみればいいだけだ。磁北はカナダのハドソン湾にあるので、カナダで地図を使うときは、磁北は東に偏っている。だから地図は左側に傾けて使うことになる。そして目標物の角度を割り出す。次にもう1つの目標物の角度を割り出し、地図上に2本の線が交わった点が現在位置となる。

地図は、新しい版のものが出版されたら購入することを勧める。衛星からの写真撮影とGPS（全地球測位システム）測量により、より精密に作られているからだ。等高線も細かくなり、小さな池までも表されている。

私は常に最新の地図を持ち、西偏の修正をしたコンパスをジャケットの上に巻きつけ（改造した磁石）、腕時計にもコンパスを装着している。さらに最近は、未知なる山に入るときは、マゼランGPS315という位置確認機器をポケットに入れている。これは、現在日進月歩で開発されているハンディーなGPS機の1つである。

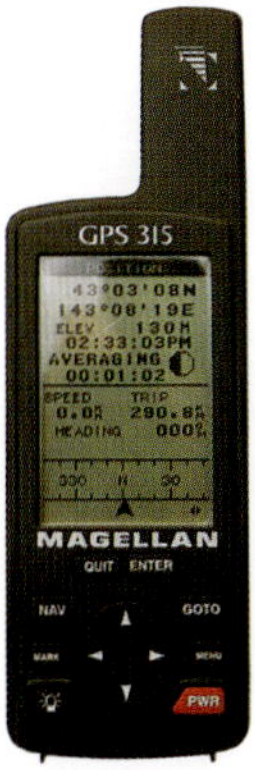

コラム 飲み物、食べ物を保温しよう

野外で熱いお茶を飲む。釣りの最中に冷たい飲み物を飲む。リュックの中の飲み物やサンドイッチが凍らないようにする。すべて保温だ。冷たい缶飲料は、缶がすっぽりと入る保温材に入れ保温する。魔法びんのサーモスは、昔のままのねじ込みキャップの口の狭いガラスびんのほうが、圧倒的に保温能力が優れている。ワンタッチで口が開く金属びんは保温能力が低い。

ジャガイモやタマネギの保温には、クーラーボックスがいい。クーラーボックスの内側に段ボール箱を入れれば、保温性能が向上し凍結はしない。アメリカ製の大型のクーラーボックスは、キャンプシーズンの終わる在庫一掃セール時に買う。大型ゆえに倉庫保管に場所ばかり取るので、捨て値でセールされるからだ。我が家は鹿肉の熟成も、冬は内部にすのこを敷き段ボールを入れ、温度管理をしてクーラーボックスで行っている。

　車で移動中の食料の保温は、柔らかいクーラーバッグが最適だ。狭いところでも置けるし、フレキシブルゆえに使いやすい。キジ猟のときは、たっぷりと保冷材を入れ出かける。キジの尾羽根を傷めることなく保冷して家まで運べる。

コラム

行動用サンドイッチの作り方

　おにぎりが弁当という人が多い。しかし、真冬には米の弁当やおにぎりはリュックサックの中で凍りつきシャーベットとなる。だから私は1年中、弁当はサンドイッチを持つ。

[作り方]

　厚さ3センチのパンを2枚トーストにする。バターをたっぷりと塗る。アルミホイルを敷きパンを載せ、キャベツを炒めて載せる（春から秋は生、レタスでも可）。両面焼きの目玉焼きを載せる。カリカリにしないで焼いた厚いベーコンを4枚載せる。塩と胡椒《こしょう》をたっぷりとふり、ケチャップ、マヨネーズ、マスタード、しょうゆをかける。そしてパンで挟み、アルミホイルで包んでジップロックのビニール袋に入れて完成（写真❶〜❻）。

❶

❷

❸

❹

❺

❻

ボリュームたっぷりのサンドイッチだが、食べるのは3分の1から半分まで。残りは常に非常食として残しておく。どんなに空腹でも残す。これが習慣となっているので、半分くらいは家に持ち帰ることになり、犬へのお土産となってしまう。

塩分を多く使うのは、汗を大量にかくためだ。私は単独で狩猟に出かけるときは、常に3～5キロ痩せて家に戻ってくるほど、水分と脂肪を消費する。だからサンドイッチは塩分を多くして作る。水はポカリスエットの500ccを1本持つだけ。ただし出発前にコーヒーのブラックを500ccほど飲む。

ポカリのペットボトルは、冬は凍らないように断熱素材でくるむ。北海道では行政の怠慢によるエキノコックスの蔓延のために、沢のおいしい水が飲めなくなったのが残念である。

コラム 着火にはオイルライターを

風、低温。どんなときでも着火するのがジッポ・オイルライターだ。私のジッポは銀製を改造してひも付きにしたもの。ステンレス製はひも付き用が売られているが、銀製にはないので、蝶番《ちょうつがい》のピンをステンレスの針金に交換してひもが付けられるようにしたのだ。これで手袋をしていても、ポケットの中に手を入れなくてもひもを引っ張るだけでライターが出てくるし、なくすこともない。普通のジッポは、スルリとポケットから逃げだしていくように作られている気がする。

中を外すと綿の中に予備のフリント（石）が2個入れてある。そして、オイルは常に無鉛ガソリン。料理用バーナーも無鉛ガソリン。人からもらったときだけオリジナルのオイルを使う。それ以外はガソリンタンクから落ちるしずくをたらすなど無料給油。田園生活では、これがもっとも手っとり早い方法である。

野菜と果樹作り

土をいじると幸せな人。庭に出て植物に触れていると満足する人。狩猟行為と同じように、畑仕事も人間に喜びを与えるようだ。私の場合は動物を呼ぶための果樹を植えることに夢中になったが、妻は野菜を作ることに夢中になった。私も手伝ったのだが、わずかだけ。もっぱら採りたて野菜のおいしさを味わうだけ。

さやえんどう、採りたてのスイートコーン、枝豆などは、すべてビールの友。このおいしさは、菜園を持つものだけが味わえる極上の味。

私はトラクターを動かし、畑にロータリーをかけ土を砕く。「もっと広げようか？」との私の問いかけに、「もう十分」と畑を管理する妻はそっけなく答える。それでも小さな菜園は大きな実りを与えてくれる。そして、実りを狙う虫や鳥、獣たちにも。

油断していると、すべてが彼らに奪われてしまう。「これは鳥たちの分、そしてわれわれの分」というきれいごとを読んだことがあるが、大きな畑なら端だけの被害で済むかもしれないが、小さな菜園は、あっというまに全滅してしまう。鳥たちはおいしく実った部

採れたてのジャガイモとスイートコーンの味は格別

分だけを食い尽くし、キツネはすべてのスイートコーンの幹を倒して味見をする。野生動物には遠慮という行為はないのである。だから守る。昔ながらの方法で。そして嬉しい収穫があるのだ。

家庭菜園用の畑作り

畑を鍬《くわ》で耕すのは力がいるし、時間もかかる。ところが、トラクターだと楽だし、時間も大幅に短縮される。蒸気機関が生まれた時を〝産業革命〟と習ったが、トラクターは〝農業革命〟だったことだろう。多くの農家が借金をしてまで欲しがるわけが肌で理解できる。

昔、北海道の農家は馬で畑を耕していた。馬を1頭しか持てないか、2頭の馬を持てるかが、成功者への分かれ道だったそうだ。2頭の馬を持つ農家は、無理をせず交代で馬を休めることができたが、1頭しかいない農家は無理をさせ、大事なときに馬が病気になり、馬も農家もダウンという結果になったそうである。

ともあれトラクターがあるといくらでも耕せるので、畑を大きくしがちだが、畑の作物はいっせいにできるので注意が必要だ。人にあげるために作る羽目にならないように、広げすぎない。また、女房に言わせると「土を鍬で耕すのは、一種の破壊行為みたいで気持ちが良い」とのことなので、すべてを機械で耕さず、女房のために手仕事分を残すことを提案する。

マッセイファーガン（英国製）135トラクター

［家庭菜園の注意］

●日当たり、風当たりに注意する

北の大地の地面が温まるのは5月過ぎ。それから苗を植えても遅すぎる。そこで苗を買う。苗は農家から分けてもらうのが最上の苗を得る方法だが、コネがなければお店で買うしかない。しかし現在、店で売られている苗や種子は農薬使用が前提の品種なので、密に植えると病気になる。そこで病気にならないようにゆったりと植える。植えるのは日当たりが良く、強風が当たらない場所。これは地方によって方角が違うので、地元の人に聞くしかない。北海道の十勝は西日の当たる場所が良い。

カッコウが鳴き始めると
種まきのシーズンが始まる

●犬小屋近くに作る

収穫間際にキツネやほかの動物に奪われる。街に住む動物愛護論者は、「動物たちにも分けてあげる気持ちを持って」と言うが、とんでもない話。前述したように、おいしいところだけを横取りした揚げ句、全滅させるのが動物。まずかったらポイなのだ。資本と労力をかけて収穫のときを迎え、奪われたら憎しみを覚える。人間社会でも泥棒を許さない。だれも泥棒に収入を分けてあげる気持ちを持ちなさいとは言わない。だから守る。キツネや鹿は犬がいちばん効果がある。犬は小さな物音でも目を覚まし、においで敵を知りわれわれに教えてくれる。

●種まきや苗を植えるのは時間差で

トマトの鈴なり。さやえんどうの鈴なり。できはじめると食べきれないほどできる。それが家庭菜園。いくらおいしくても毎日毎日ではいやになる。そこで、意図的に種をまく時期や苗を植える時期をずらす必要がある。これを守らないと、人にあげるために菜園をしている感じになってしまうので要注意だ。

果樹を植えよう

移住した翌春、造園の仕事をしている友人からリンゴの苗が50本も送られてきた。外はまだ雪が積もっている。苗をむしろでくるみ土をかけ、太陽から遮断し成長をストップさせ、穴を掘りはじめた。50個の穴を掘り終えたとき、北海道も春になっていた。そして今、完全無農薬のリンゴを収穫して食べられるようになったのである。

手間隙をかけて無農薬にしたわけではなく、経費がかかりすぎるのと面倒

袋をかぶせないで育ったリンゴは、
自分で皮を厚くして身を守るようになる

だから無農薬になっただけで、何もしていない天然のスパルタ教育を施したリンゴだ。それでもおいしい。熟したときに襲いかかってくる、鳥やスズメバチと競争で収穫をしなければならないが、喜びは大きい。

[果樹の選び方]

●地域に合った果実種を選ぶ

リンゴを沖縄で育てようと思っても無理があるし、北海道でミカンは栽培できない。周りの畑の農産物の中に、植えようとしている果実があるかをチェックするとすぐわかる。また、農産物になくても、商売にはならないが少量なら収穫できるという果実種もある。それは農家の人に聞くとすぐわかる。農家の人が趣味で果実を作っている場合が多いからだ。まずは聞く。それがいちばん。

●苗木の選び方

ディスカウントショップでも苗木が売られているが、苗木は専門店で買うのが良い。太くがっしりした苗木で、芽が出ていないものが良い。芽や葉の出た苗木は、植え換えに耐えられないことが多いので、選ばないこと。根は太く長く多く出ている苗木が最良なのだが、店では根がビニールでくるまれているために、見られないことが多い。ビニールを剝がしたら根がない。そんなことは何回も経験してきた。だから信用のある専門店で買うほうが良い結果につながるのである。

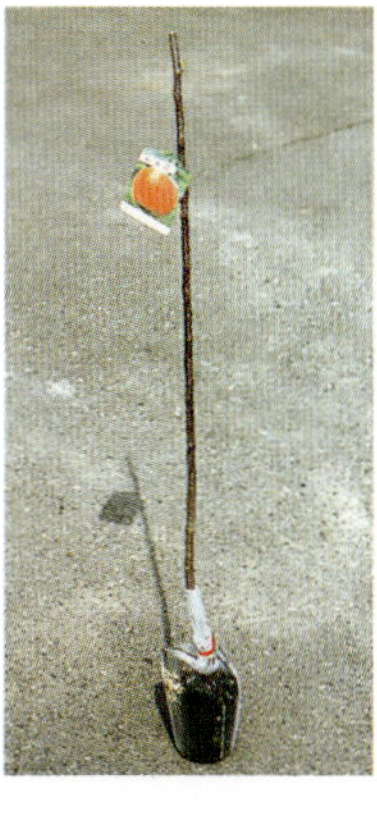

●同じリンゴでも違った品種を植える

リンゴや梨は、違った品種を同時に植えるのが鉄則。私はこのことを知らなかったのだが、友人から送られたリンゴに3種類の苗木があったことで知ったのである。どこかの国の官僚のように同じ品種ばかりだと出来が悪くなるそうである。

[苗木の植え方]

通常、秋の彼岸から春の彼岸までが

木の移植に適した季節とされている。しかし、土をたっぷりと付けた根を持つ植木や樹木は、管理さえすればほかのシーズンでも可能である。ただし果樹の苗は若木ゆえ、移植のシーズンを守るのが無難だ。

❶良い場所に穴を掘る

水はけ、日当たりがよく、冬のあいだ寒風にさらされない場所。そして家の景観ともマッチした場所が良い。それがベストの場所である。そこに穴を掘る。掘りはじめると、表土部分とその下の部分が分かれているのが見える。表土の土は再度、表面に入れる土として横に集めて置く。その下の心土と呼ばれる部分を掘り下げる。穴の直径は80センチくらい。深さも80センチくらいが適当。

❷肥料を入れる

堆肥や鶏糞《けいふん》を底に30センチほど入れ土をかける。苗木の根に肥料が直接触れないようにするのがコツ。

❸苗木を水に浸して一晩置く

苗木の根の部分を水に浸け一晩置く。バケツの中に落ちる、根に付いていた土は捨てないこと。

❹穴に水を満たし苗を植える

掘った穴に水を注ぎ満タンにする。そこに苗木を入れ、心土から穴に入れ埋めていく。このとき、バケツの中に残った土も入れる。土が根の部分にまんべんなく行き渡るようにする。最後に表土部分を苗木の周りにかける。苗木を植える深さは、品種によって違いがあるが、接ぎ木をしている部分に、雨のしずくがはねてかからないように、最低5センチは地面から上に出るようにする。

❺添え木を当てる

苗木が風に吹かれ揺れると、根づきにくいので、かならず添え木を当てる。添え木は果樹用に、じょうぶで4～5年は持つ材質にする。木は腐る。鉄は外気温によって、熱くなったり冷えすぎたりするので不適である。店で売られている専用の添え木が良い。添え木を差し込む方向は風の強いシーズンの風上側が良い。

❻剪定をする

苗木の先端から3割ほどの部分を剪定する。あとは果実が実るまで、果実や、その人に合った世話をすればよいのである。

5年で鈴なりのリンゴになる。右は植えてから半年後の姿

家庭菜園だからこそ有機無農薬栽培を

農家の自家用野菜はおいしい。それもそのはず。化成肥料を使わず有機肥料だけで育てるからだ。プロですら、有機肥料。家庭菜園は当然のごとく有機肥料。虫が食った穴があいていようが、見栄えも関係なし。虫が食うということは、大自然認定の安全印がついていること。我が家はコンポストが生み出す堆肥を利用した完全無農薬有機栽培をしている。だから味が違う。

現代の野菜は、昔の野菜と違って、ビタミンや栄養価が低いと聞いたことがあるが、田園生活をして、そのことを初めて理解できた。昔の野菜と現在の野菜は、味とにおいがまったく違う。家庭菜園の野菜は、昔の味とにおいがするのである。きっと肥料の含有成分の違いなのだろう。おおげさにいうと、子孫を末永く繁栄させようと思ったならば、雲上人《うんじょうびと》と同じように完全無農薬、有機肥料だけで育てる菜園を持たねばならないということだ。

発酵堆肥は牛飼い農家からもらう

家庭菜園でも少し広げると、コンポストの生み出す堆肥だけでは間に合わなくなる。そこで牛飼い農家で堆肥をもらうのである。牛飼い農家は、わらと糞便の処理に困っている。かつてはわざと川の近くに積んで置いて、雨が降れば流れていくようにしていたのが、野積みが禁止されできなくなった。

とくにクリプトスポリジウム原虫の川への汚染が発見されてからは、水道水の汚染防止のためにコンクリートの床・屋根付きの堆肥置場に保管しなければならないと法制化されたのである。加えて完熟していない糞便や小便を畑にまくことも禁止され、農家は本当に困っている。次から次へと牛は糞と小便を出す。1頭当たり1日15リットルの量だそうだ。大規模化された牛飼い農家は、わらの混じった糞便の山となっているのだ。

だから農家に頼むともらえるのである。ただし、完熟堆肥でなければもらってはならない。完熟堆肥は、糞便のにおいはしない。土のにおいがする。そしてミミズたちが多く入っているのですぐに判別できる。この完熟堆肥を畑に混ぜると、作物の出来が良くなるのだ。ただし、飼料用穀物を食べた家畜の糞便なので、見たこともない雑草も生えてくる。雑草抜きは頻繁に行わなければならない。

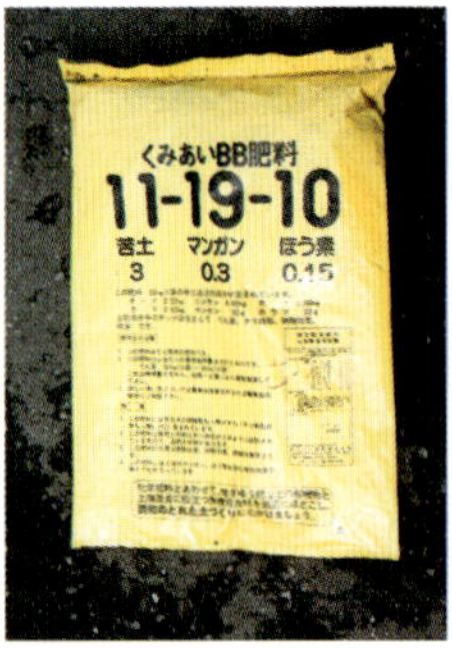

化成肥料の袋

有機肥料：家畜の糞や鳥の糞、米ぬかなどの自然界に存在する肥料。
化学肥料：化学の力で合成された硫安、硝酸カリ、石灰などの単一の肥料。
化成肥料：化学合成された窒素、燐酸、カリの3肥料が配合されたもの。袋にかならず記載されている数字は左から窒素、燐酸、カリの順で配合率を表す。

害虫対策

毛虫、アブラムシ、ダニ……、畑の害虫は数知れず。油断していると葉っぱ1枚も残らず食べ尽くされる。そこで見つけたら殺す。摘んで殺す。踏みつけて殺す。卵を産んでいたり大量に虫がいたら、その場所の葉を摘んで焼く。農薬をかけたくなかったら、この方法がベストである。殺さないかぎり菜園の野菜は虫たちに食べられる。ものの本によると益虫や鳥が来て食べてくれるとのことだが、それらが来る前に小さな菜園は全滅する。菜食主義者が、「肉食をやめて殺生はやめましょう」と言っても、虫を殺さなければ、野菜はできず畑は荒らされる一方だ。

問題は病気だ。虫は見えるがウイルスは見えない。自分の畑を消毒しても、鳥たちがほかの畑から病原菌を運んでくる。病気は数知れずあり、対処する方法は薬だけ。だから病気にならないように育てるのは、人間の子供と同じである。輪作をやめ、日当たりと適度な湿度、風通しを良くして密に育てない。

　我が家の家庭菜園は、病気になった作物は焼却処分にしてしまう。趣味の家庭菜園で、近隣の農家の作物に伝染《うつ》すわけにはいかないからだ。農作物の病気には伝染性の強い病気があることを忘れないように。

虫が多すぎると薬に頼るしかない

害獣対策

〝猪鹿蝶《いのしかちょう》〟といえば花札。蝶の幼虫は葉を食い尽くし、鹿と猪は作物を食い荒らす。北海道には猪はいないが、最近は養殖場から逃げ出した猪豚が増えはじめ畑を荒らしている。花札の絵の中なら作物を食べないので遊んでいられるが、作物を食い散らかす行為には対処しなければならない。

　カナダやアメリカでは、害獣はいつでも農園主が撃ち殺すことが認められているが、日本は違う。攻撃的な動物保護論者たちを恐れる行政は、駆除の許可を出し渋り、その間に食い尽くされる。最近も、十勝川近辺の農家の麦が春先に鹿に食われているのに、「鹿が春の麦の芽を食うことは聞いたことがない」と、駆除の許可を出し渋った。行政は被害を受けず、泣くのは農家だけ。台風や水害、冷害は保険が下りるのに、動物に食い荒らされる農業被害は、だれも保償してくれない。

　なんの被害も受けない、損害も受けない動物保護論者たちは、駆除反対運動を起こす。動物の生息環境を奪いコンクリートで固め、動物を追い出した街中に住んでいると、周りに動物がいないので、人間が本来持っているセンサーが働き警報が鳴りはじめるようだ。

春の牧草の新芽を食い荒らす鹿の群れ

「ピィピィ、動物が少ない、危ない、食料がなくなる、動物を無駄にするな、動物を守れ！」

そして、その論理を田園に持ち込む。しかし田園は動物だらけ、かわいい子鹿も作物を食い荒らすのだ。

われわれ人間は、メスや子鹿、ひな、子供を見るとかわいいと感じる。それが動物の乱獲を防ぎ、現在に至った要因である。しかし、害獣は駆除があたりまえ。映画『子鹿物語』もそうだった。われわれ田園生活をする人間は、動物を擬人化することなく対処しなければならないのだ。

【害獣への対処方法】

中途半端にしないことが、あなたの畑を守る鉄則である。

●脅す、追い払う

自然界には慈悲はない。子供、女、病人、弱いものから襲われる。かわいい顔をした小鳥でさえ、危険の少ない場所に集まり、細心の用心をしながら虫に襲いかかり、小さな虫を食いちぎる。猿もキツネも、カラスも鹿も同じこと。獣たちは危険な場所には出てこない。そして強い者は襲わない。だから襲っても抵抗のない、動物にとって安全な場所はたちまち襲われる。

脅しの初期段階で効果のあるのが、案山子《かかし》や天敵、目玉の模型だ。だが、2～3カ月ですぐに効果がなくなる。次が音。銃声や爆竹の音で脅かす。これも効果が、もって2カ月。この間に収穫が済めば問題はないのだが、残念ながらそうはならない。

石を投げ棒を振り回しても、すぐに射程距離を知り、気にもかけなくなる。

●柵を作る

柵や塀で効果があるのは、しっかりとした高さのある塀だけ。鹿は2メートルの柵や塀を一気に飛び越える。キツネは穴を掘り、自由自在に通れるトンネルを作りだす。鳥は空を飛び、障壁は関係なし。猪とウサギだけに効果がある。北海道では、農作物を鹿の被害から守るために畑と山を金網の塀で隔てる〝万里の金網塀〟の工事が延々と続いている。しかし、鹿たちは冬に雪の重さで傾いた乗り越えられる塀のある場所を見つけて往来しているのが現実。もうかるのは金網施工業者だけ。金網塀の修理維持費は農家が持たなければならないことになっている。

鹿や猪、熊にもっとも効果を上げるのが電気が流れている電柵だ。しかし維持費、とくに電気代がかかる。そして電線の下から子鹿はくぐり抜け、子鹿が中に入ると、メス鹿は万難を排して電柵を突破する。くぐれないように電線を下に張ることは、草のある畑では漏電のため不可能。ヒグマは穴を掘り、簡単に通り抜ける。

●駆除する

世界中の田園地帯で昔ながらに行われているのが、駆除。殺すのがもっとも効果的。仲間が1匹でも殺されれば、学習効果で警戒して出てこなくなる。鹿も、熊も、猪も。

都会の動物保護論者たちは、かわいい顔をした動物を保護しろと騒ぐが、人間に害をなす動物は、顔のかわいい、醜いは別として、駆除しなければならないのである。都会人たちが当然のごとく行っている、ドブネズミや、野犬、ゴキブリ、蚊などの害虫・害獣駆除と同じように。

晴耕雨読

畑を耕し雨になれば読書。優雅な田園生活だ。現実は、外が雨でも、遊びや仕事が多く読書もままならない。私はテレビもビデオも見る暇がないほど楽しいことがいっぱい。そこでたまに強引に車で図書館に出かけることにする。田園地帯の図書館の蔵書は農業関係の本が豊富にある。私はトラクターの運転の基本は、図書館の本で覚えたほどだ。そしてリクエストをすると、釣りの本でも遊びの本でもすぐに購入してくれる。田園地帯の図書館はサービスが良い。しかし、私が本を読むのは限られたときだけ。

春になり、フライフィッシング・シーズンが近づくと、心は魚釣りのことばかり。そして気分を鼓舞するために『フライ・フィッシングの戦術』（ダグ・スィシャー、カール・リチャーズ共著・ティムコ刊）を見はじめる。現代のフライフィッシングを覚えるには、この本にかなう本はないと思うほどの易しくわかりやすい本である。

そしてドライフライを巻きはじめる。最近買った『水生昆虫アルバム』（島崎憲司郎著・フライの雑誌社刊）を見ながら。この本の良さは、作者の書いた水生昆虫が羽化するときの変化図だ。写真も多く、撮影の苦労がしのばれるが私は写真はどうでもよい。作者のエッセンスは、このイラストにあると思う。見ていると、すべてのドライフライの飛ばし方と、流し方のイメージが湧くのである。そして私の週3回のフライフィッシング・ライフが始まる。

夏になると、すでに心は秋のハンテ

Ⓐブルーノ・リリエフォシュの画集（左上）
Ⓑカール・ランギュスの画集（左中）
Ⓒボブ・クーンの画集（左下）

ィング・シーズンに向かい、2万5000分の1の地図が愛読書になる。暇さえあれば、ホームグラウンドの然《しかり》別《べつ》の地図を眺め読み、イメージしているのだ。この沢から入り、この場所に鹿は寝ている。あの場所は、こう攻めよう。すべての山々がイメージされ地図上に浮かび上がる。鹿の姿、ヒグマの走る姿。

秋が近くなると動物絵画の画集を見はじめる。ブルーノ・リリエフォシュ、カール・ランギュス、そして私のすべてのアウトドア・ライフの始まりの元、ボブ・クーンの絵を見る。私の心は舞い上がり、飛びまわり、猟期を迎える。

冬になり、もっとも寒くなるときに猟期は終わる。長い白のシーズンである。すると銃をいじりはじめる。悪かったところを整備し、ときには新しい銃床をフランスクルミの原木から作りはじめる。見る本は『ライフルスミスィング』（ジャック・ミッチェル著）。これだけを眺め銃床を作り銃を完全整備する。

驚くほど読む本は少ない。経験主義者だからなのか、私の本はドアの外に大きく開かれているようだ。

コラム
山ぶどう酒の作り方

酒飲みから税金を巻き上げるのがもっとも簡単なのか、日本では酒を作る

ことは法律で厳しく禁止されている。そこで、すでに税金を取られている焼酎で、果実酒を作ることだけが庶民の楽しみとなる。私はラム酒やジン、ウイスキーが好きで、果実酒は好みではない。しかし訪問客に、庭で採れた山ぶどうで作った山ぶどう酒と言い、ご馳走すると喜ぶので作るのである。私の知人は訪問客用に鹿の袋角や睾丸をつけ込んだ鹿焼酎を作っている。

❶秋に山ぶどうを収穫する。我が家の場合は敷地の中に、いくらでも生えるのですぐに1キログラムは採れる。庭に生えない家では山ぶどうのある場所に採りに行く。収穫後、ゴミを取り水洗いをする。洗ったら、新聞紙の上に広げ乾燥させる。

❷市販の果実酒用のびんにホワイトリカー35度を1・8リットル入れ、角砂糖を200グラム（好みで増減する）入れる。その中に山ぶどうを1キログラム入れる。よくふたをして冷暗所に保存しておくと1年後に飲めるようになる。たまに飲むとおいしく感じる飲み物だ。

白樺の植林と剪定の方法

本州では憧れの白樺も、北海道では川原の柳と同じ扱い。それどころか、白樺の樹液が虫を呼ぶといわれて嫌われるほど。しかし、都会人が求める田園生活のシンボル的な樹木である。

[白樺の植え方]

北海道の川原には、自然に増えた白樺の若木がいくらでもある。人間が植えたわけでもない、勝手に生えた自生木なので引っこ抜いてもだれも文句は言わない。田園地帯ではあたりまえのごとく、柳の若木は畑の添え木になるし、白樺は庭の木になる。そこで、春の雨が続いた後にシャベルを持ち、1・5メートルほどに伸びた白樺の若木を抜きに行く。雨上がりは白樺を抜きやすく、植え換えても根づきやすいのである。抜いてきた白樺は穴を掘り、水を入れて埋める。これで白樺は根づくのである。葉が出はじめた白樺は、枝を落とし葉を落としたほうが良い。苗木は地元の森林組合からも購入できる。

[剪定の方法]

白樺は競争木と呼ばれる。ほかの木が周りに生えていると、普通より早く上へ上へと伸びていく。陽樹の白樺は太陽光線が当たらないと育たず、枯れてしまう。だから上へ伸びる。放っておくと、ひょろひょろの白樺になってしまう。だから春に、大胆に中心の幹となる心枝《しんえだ》を剪定する。これで白樺が太くなり枝が増え、横に広がるようになる。また、白樺の根元から分岐する孫《ひこ》ばえも生えてくる。

クルミの木の殖やし方

沢クルミに鬼クルミ。日本で多く見られるのはこの2種類のクルミ。リスの主食である。リスは秋の収穫時にクルミを地面の中に次から次へと埋める。そして春から夏まで、この埋めたクルミを掘り出して食べている。リスを見ていると、においで探しているのではないような気がする。何か気化している成分を感知するセンサーを持っているのではと、私は考える。掘りはじめるとすぐに出てくるのだが、たまに出てこないこともある。するとすぐにほかの場所を探しはじめ見つける。口にくわえ木に登り、クルミをかじり2つ

左から、
落ちたばかりの
クルミの果実が
1日で茶色く変色し、
しおれ乾き、
中からクルミの実が
出てくる

に割って食べる。このリスの貯蔵方法のおかげで、食べ残したクルミの芽があちらこちらに出てくるのである。

そのクルミを苗木にするのである。土ごとシャベルですくい、植える場所に持って行き植える。これだけでクルミの林が広がるのである。クルミの木は根が張るので、家のそばには植えないこと。家のそばにリスが埋めて根が出てきたらただちに移動すること。成長が早いので油断はしないように。我が家は、〝リスが窓の外で遊んでいる〟という娘の夢のためにクルミを娘の部屋の外に植えたのだが、早すぎる成長のために切り倒したほどである。すでに3年ほどで地盤まで根が張りはじめていたのである。

松類を植えるときは日陰に

赤エゾ松を３００本植林した。しかし、残ったのは30本ほど。ほかは枯れてしまった。まさか日陰にしか植えてはならないとは知らなかった。松類は陰樹だそうだ。日陰で育ち、大きくなったとき、突然、陽樹に変わるのだそうだ。松の生きている森の中では、そうでなければ育たないのだろう。だから、赤エゾ松を植える前に白樺を植え育て、日陰ができてから植えなければならないのだ。森が燃えたときと同じことである。燃えた森林の跡地に最初は陽樹の白樺が育ち、樹林ができ、日陰ができてから松類が伸びてくるのだ。といっても、日の当たるところで一部の赤エゾ松は育ちつづけているのも事実である。自然の多様性は凄い。

白樺の陰に植えた
赤エゾ松はよく育つ

春に枯れたサクランボ

桜は、切ってはだめ

「柿は切っても桜は切るな」

　この言葉の意味がわからなかった。枯らすまで。

　私はサクランボの苗木を30本植えた。リンゴと同じように美しく剪定をした。すると木が腐りはじめたのである。そして多くのサクランボの木が枯れた。山桜も枯れた。北海道ではサクランボの枝は、氷点下25度を超えると枝が凍り、その枝が枯れてしまう。春に葉が出てこない枝は、美しくもなく邪魔なので切り取った。するとやはり枯れた。切ってはだめなのだ。何があっても桜はそのままにしておく。これがサクランボも桜も育てるコツだった。

植木は、地元のルールを守ろう

　春に美しいこぶしの花。白い大きな花が咲き乱れると春が来た証。そこで庭の遠くにあるこぶしの木を移動させた。そして地元の人に言われた。「こぶしの木は、家の住む地域に植えてはならない木だ」と。私の近くでは、良くないことを連想させる花となっていたのである。だから植えない。植林は難しくない。こぶしの木の下には必ず小さなこぶしの木が生えているので、それを春先に移植すれば、こぶしの花が咲く。好きな人で、そのような言い伝えのない地方では、自由に植えられるので、山でこぶしのなっている木を見つけたら、木の下から苗木を持ってきて庭に植えるとよい。

こぶし大のこぶしの花

野生リスの手なずけ方

　カナダの公園、アメリカの公園、どこでもリスが跳ねまわっている。リスが多すぎると害を引き起こすが、少ないとかわいい訪問者である。我が家の周りにはクルミの木が50本以上ある。だからリスたちは、よく訪問してくる。春先には、防風林のエゾ松の樹上に休憩所を作って生活をしている。私が作業をしているそばで、クルミを器用にかじって2つにして中身を食べている。私はほのぼのとしていい気分になる。しかし、それ以上はしない。えさ台を設置して、えさを与えつづければ、手乗りリスができるのを知っているが、私はしない。人間に対する警戒心を野生鳥獣には持ちつづけてほしいからだ。

　どの動物も餌付けされ手乗りになり、人間に慣れすぎると、食糧難の時代が

植林・庭作り

くれば、あっという間に人間の雲古《うんこ》になってしまうのである。だから、私は1メートルまでで十分な気持ちを持つ。リスの遊んでいる庭で犬も放して遊ばせる。犬はリスに近づき、あと少しのところでリスに木に登られ逃げられる。これでリスはキツネや犬に襲われないトレーニングが施される。そして、リスはクルミを地面に隠しつづけ、食べ残されたクルミの芽が出てくることになる。クルミは、植林をしなくても労力を使わなくてもリスさえいれば、クルミの森を作ってくれるのである。

　しかし、庭に木の実のなる木がなければリスは来ない。手なずけることもできない。だから、最初は人間が木の実のなる木を植える。クルミの木の殖やし方(P76)を読んでクルミ林の下から苗木を集めてきて、自分の庭に植える。リスが来るようになったら、喜んで知らん顔する。喜び、リスに近づいたら、リスは逃げていってしまう。知らん顔をして、リスに害のない者だと覚えさせることが第一だ。それから、少しずつ、知らん顔をして横を通り過ぎたりして人間に慣らしていく。これを繰り返すと、リスは人間から1メートルのところでえさを探したり遊んだりするようになる。我が家では、リスがブランコに乗っているのが目撃できるようになったほどだ。揺れるブランコの上でリスがクルミをかじる。田園生活の喜びが感じられるひとときである。

コラム

樹木の高さを測る方法

　助手と定規とメジャーがあれば、木に登らなくても、木の高さを測ることができる。

　木から離れ、木の全長が見られる場所まで移動する。助手は測る人間と木の90度横で待機する。次に定規の底辺を木の根元にあて目盛りを読む。目盛りがない場合は印を付ける。そのまま定規を倒し、助手を目盛りのところに立たせる。そして根元から助手の立つところまでを測れば、木の高さである。

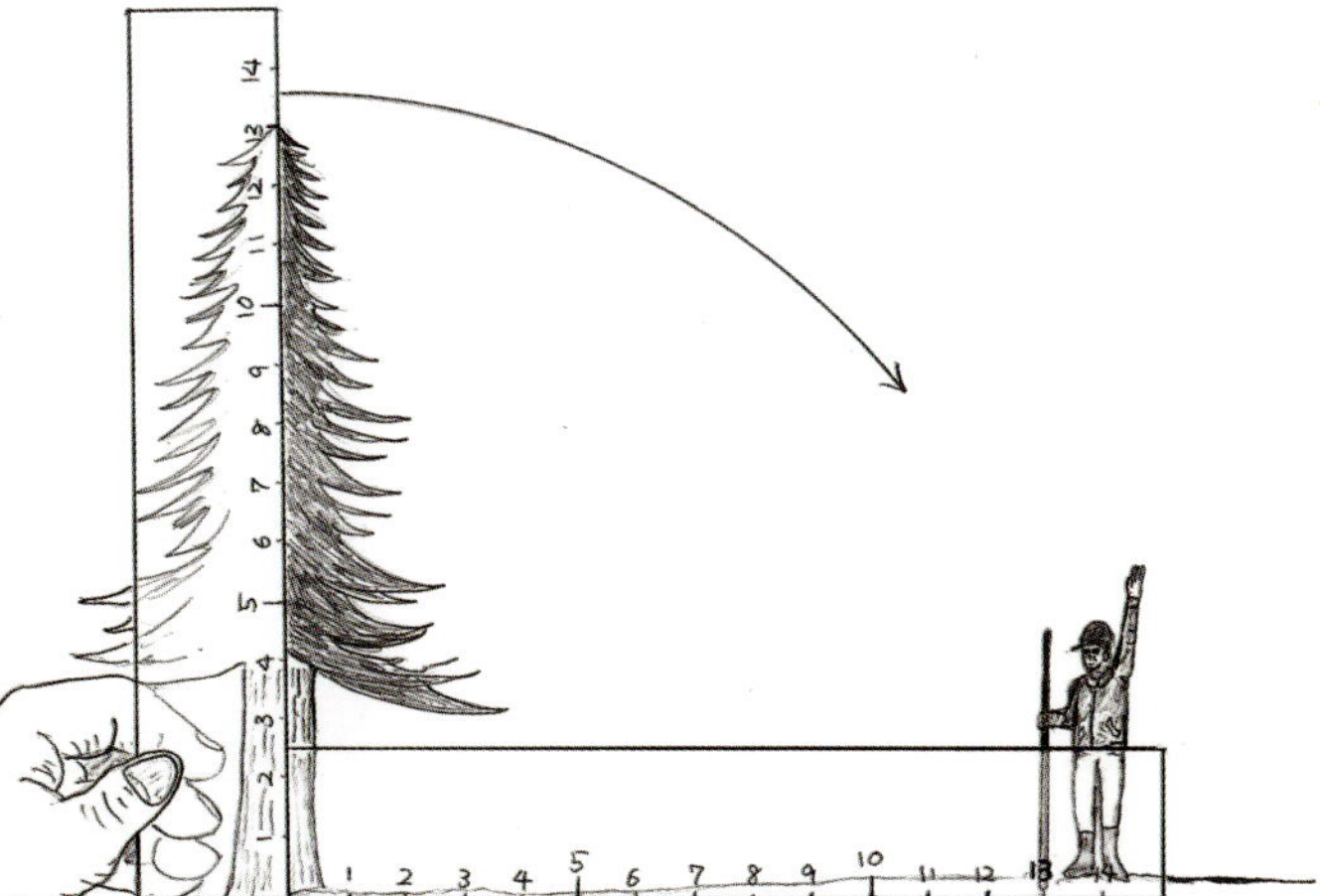

魚釣り

「うさぎ追いしかの山、小鮒つりしかの川…」。魚釣りは男たちをいつでも少年時代に戻してくれる。心はあの日に瞬時に戻る。緊張、闘い、喜び。日本は周りを海に囲まれ、おいしい魚にこと欠かない。内陸部には、ヤマメや岩魚、ニジマスなどの鱒類が豊富。私は魚釣りが好きだ。好きだからこそ、アウトドア・スポーツライターと名乗っていた。

　そして、仕事で世界中を釣りをして回った。アラスカやカナダの北極圏。シベリア、コロラド、メキシコ、アマゾン。多くの魚種を釣り上げ本に載り、テレビ放映された。今は、大好きなフライフィッシングを堪能し、野生のニジマスやブラウントラウトを対象ゲームに、充実したフライフィッシング・ライフを楽しんでいる。世界中の田園生活では、釣りは欠かせない楽しい遊びである。そしてこれなくして田園生活は、私にとっては成り立たないのである。

　私は、魚釣りをしたことのない人に強く勧める。魚釣りをすれば、心の中からの呼びかけに応えられ、幸せになれると。

餌釣りの基本テクニック

最初は川での餌釣り。これなくしてほかの釣り、ルアーフィッシングやフライフィッシングもないと、私は考えている。

●自分を魚にする

　魚のいる場所、すなわちポイントは、魚の目線から考える必要がある。川なら、自分がどこに隠れたら流れてくるえさを最小のエネルギーで獲りやすいか。魚は疲れる急流でえさを待たないのである。頭上から襲いかかる鷺《さぎ》や鵜《う》から身を隠せるか。えさを待つにも勝手にえさが口の中に入って来るようなエネルギー消費が少なくて、安全な場所。そこを魚の身になって考えれば、理想のポイントを推理できる。ベストな場所には大物が潜み、第2ポイント、第3ポイントと魚の潜む場所が続く。

　このポイントを読む能力を鍛えなければならない。餌釣りだと短い仕掛け

魚釣り

で釣りをする性質上、魚が隠れ家から出てくるのも発見しやすく、ポイントを見つける能力が向上しやすい。

●忍びが重要

ポイントを見極めたら、次は静かに忍び寄る。川はおおむね下流側から釣り上げると、上流側からえさが流れてくるのを、上流に顔を向け待っている魚に気づかれにくい。最初は水辺に立たず、離れて仕掛けを投げ込むことを心がける。

●自然と同じリズムで

深さ、速度に注意してえさを自然の流下物のように流すことを心がける。もちろん、自分の影を水面に写さないよう細心の注意をする。水面に落ちる黒い影は魚にとって、鷺や鵜、カワアイサ、ミンク、人間……。自分たちを食べる敵が来た証明だからだ。

●精神集中がすべてを決める

だらだら魚釣りをしないで神経を集中する。すると目印や浮きのわずかな変化を感じ、すばやく反応することができる。

●大潮回りに魚釣り

昔から「大潮の上げ7分から下げ3分まで」というような言い伝えがある。アメリカでは満月がベストで、満月の3日前から3日後までが釣れるといわれる。これは事実で、内陸部でも同じだ。たまにしか釣りに行けない人は、これらの日に行くべきである。以上が基本だ。

餌釣りの道具の選び方

[竿]

竿は安い竿から高い竿まで千差万別。300円のグラスの竿でも1日は楽しめるが、大物がかかったら簡単に折れてしまう。やはり5000円くらいは出したほうが、長く使える竿を入手できる。予算があれば、ブランド品のカーボンロッドを勧める。竿の長さは3メートル50センチから4メートル50センチまでの範囲にしておくと使いやすい。また長さが換えられる竿も売られている。仕舞い込んだ寸法は、40センチ内外が使いやすい。

[仕掛けと針]

仕掛けは竿の長さに応じて自分で作らなければならないが、針は出来合いのハリス付きのものが使いやすい。対象魚によって針の種類は多くあるので、自分の田園近辺の魚に合わせること。釣り具店に聞けばすぐに教えてくれる。またどこの町村にも〝釣りキチ〟がいるので、聞くとすぐに教えてくれる。

[参考] 針とハリスと対象魚

ニジマスやブラウントラウト…2号の道糸。サイズ9か10の鱒針がついたハリス1・5号。

ヤマメや岩魚…1・5号の道糸。サイズ7のヤマメ針のついたハリス0・8号。都市近郊のすれたヤマメにはさらに細いハリスが必要なときもある。

[仕掛けの作り方]

❶ループを作る(写真ⒶⒷ)

道糸に使う糸を取り出し、先端から50センチほどのところで折り曲げ、折り曲げたところに8の字結びで1センチほどの輪を作る。さらに先端から8センチほどのところに8の字結びで結び目を作る。

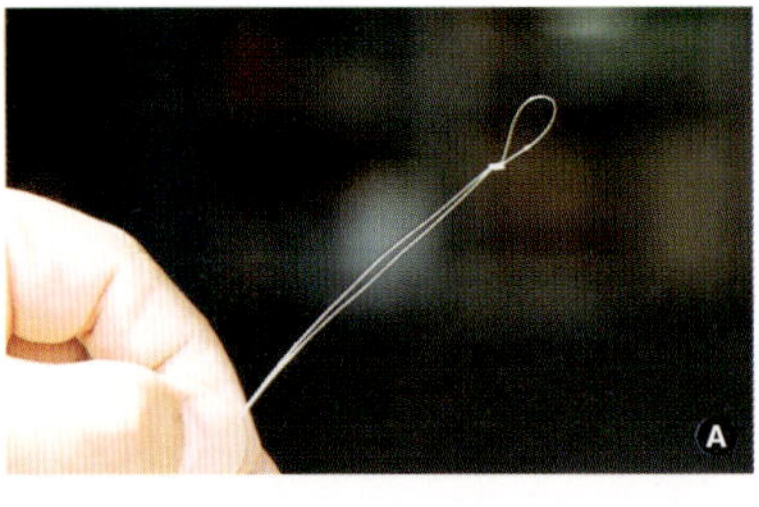

Ⓐ

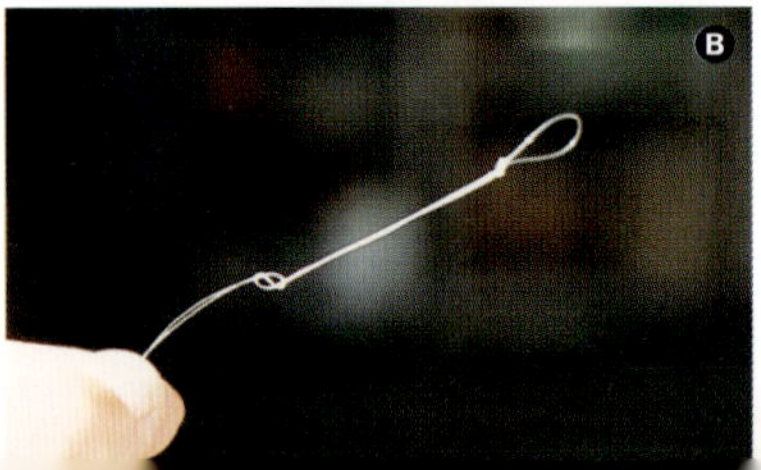

Ⓑ

魚釣り

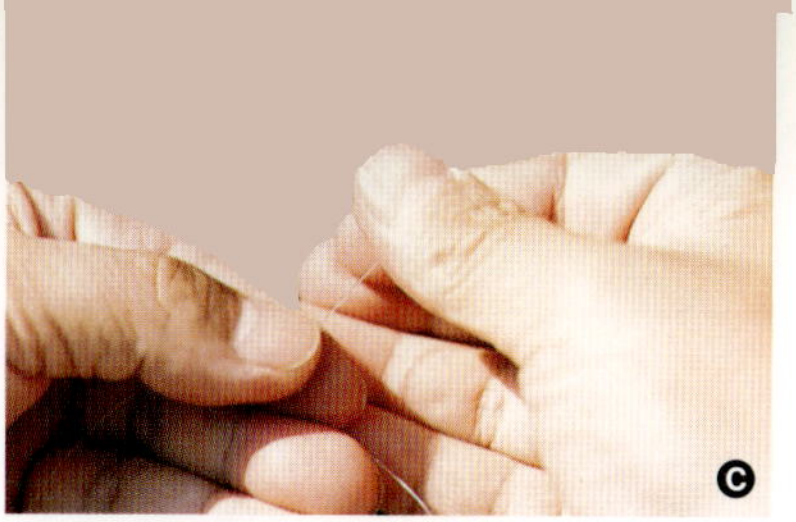

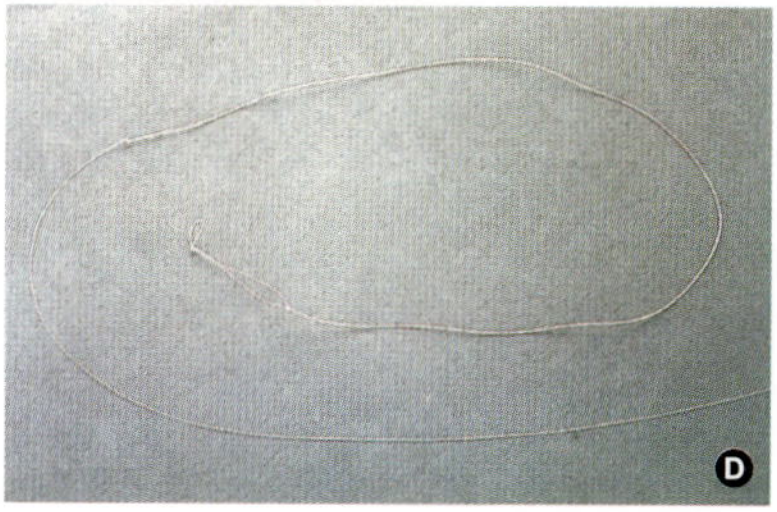

❷縒りを入れる(写真ⒸⒹ)

左手の親指とひとさし指で最初に作った輪のあたりを挟む。右手の親指とひとさし指で糸を縒ってゆく。徐々に下にずらしながら縒りを入れてゆく。40センチほど縒ったら8の字結びで結び、縒りが解けないようにする。短いほうの余分な糸を切り取る。これで竿先に糸が絡まないようになる。長いほうの道糸は伸ばしていく。

❸ハリスを結ぶ

竿の長さより少し短いところで道糸を切り、ハリスを結ぶ。結び方はサージャンズ・ノット(P95)で結ぶ。重りを最小限にし結び目の上に付ける。最初は取り外しができ、移動できるように軽く締めるだけにする。目印を道糸に付ける。高さは調節可能にする。

❹ループを取り付ける(写真Ⓔ～Ⓗ)

ループを竿先のひもに取り付ける。ひもの部分には止め結びを作っておく必要がある。ちわわの最上部の輪に親指とひとさし指を入れ、指を広げ縒った部分の糸をつまみ出し輪を作る。その輪に、竿先の先端のひもを通し、締めつける。これでいつでも簡単に道糸を取り外すことが可能になる。

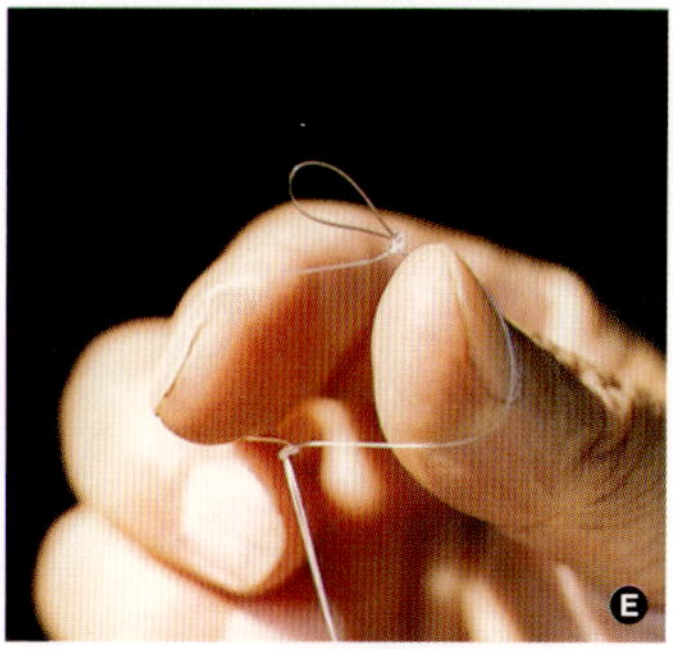

指をこのように広げ、道糸をつかみ、Ⓕのような輪を作る

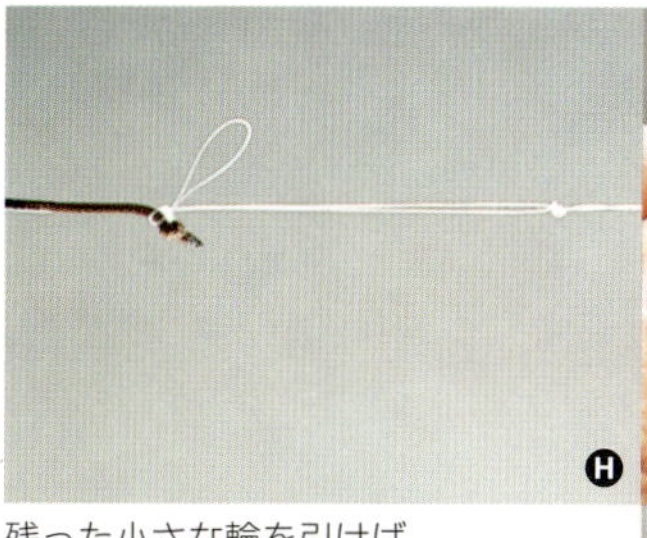

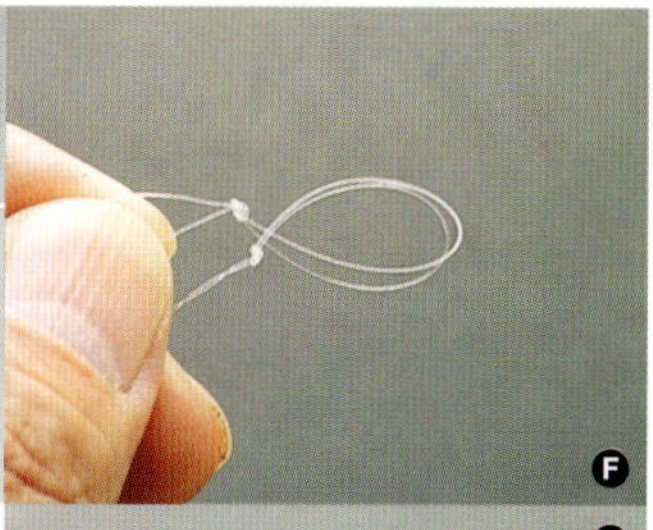

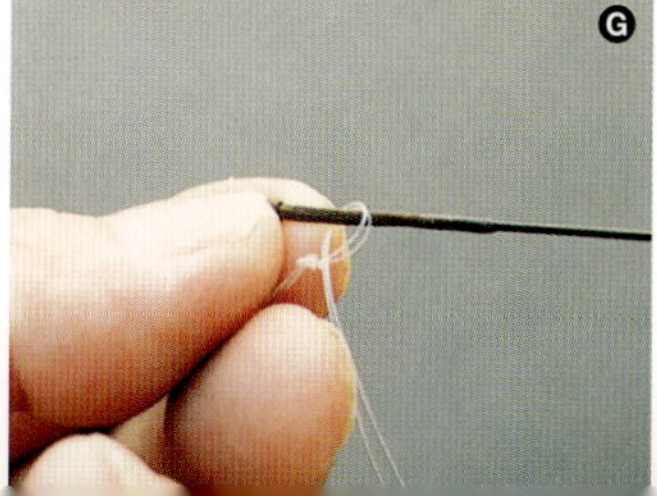

残った小さな輪を引けば、すぐに仕掛けをはずせる

川虫やミミズの捕獲方法

川虫といっても数知れず。川の中には多くの種類の虫が生息している。そのなかでもポピュラーなのが通称ピンチョロと呼ばれる、川の中の石の下に生息しているカゲロウの幼虫。石を持ち上げると動いているのをすぐに発見できる。そして黒川虫《くろかわむし》と呼ばれるトビケラの幼虫は、小石で作った巣の中に潜んでいるのが発見できる。この2種類だけで餌釣りは十分に堪能できる。

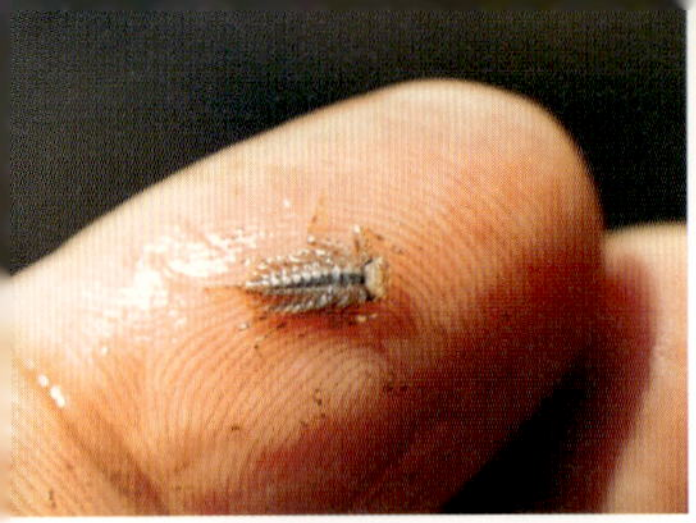
ピンチョロ

黒川虫

雑に捕獲するなら、石をひっくり返すだけでいいが、下流側にネット状の網を用意して石を返せば流下する虫を捕獲できる。石を持ち上げると同時にタオルで石をぬぐうと、多くの虫が流下することなく採取できる。巣に潜んでいる黒川虫は巣を壊し引きずり出す。

川釣りの大物キラーと呼ばれるえさがミミズ。とくに雨上がりの"笹濁り"と呼ばれる、濁っていた川の水が澄みはじめるときは効果絶大である。

ミミズは土の中にいるのだが、田園環境ではどこにでもある堆肥の中を探せばすぐに発見できる。また堆肥がない場所でも、水浸しにすると土の中にいるミミズが溺れるのをいやがり地表に出てくるので、それをつかまえてもよい。

ミミズ

このほか、えさには、紙切り虫の幼虫やヤナギ虫の幼虫、小魚、イクラ……、が使われる。

ルアーフィッシングの基本

若者に人気のあるルアーフィッシングは、リールの付いた竿で疑似餌を飛ばし、糸を巻き上げながら、魚を引きつけ、攻撃させ、引っかける釣りである。えさと違い、プラスチックや木、金属で作ったルアーで釣るために、ゲーム性が高いと人気になった。北海道を除く各地の湖や池で問題のバスも、釣り具メーカーや釣り人が、ビジネスとしてこの釣りを定着させるためと、楽しむために闇で放流した魚である。

魚釣り

釣り上げたバス

しかし、おもしろいのである。ゲーム性は確かに高い。ルアーは見ているだけで楽しくなるほどカラフルで男の心をそそるのである。日本では、このほか、ニジマスやイトウ、ブラウントラウト、雷魚、ヤマメも岩魚も鮭も釣れる。海ではシイラやスズキが対象ゲームになっている。そしてゲームの種類は増えつづけている。

戦後、日本に入ってきたルアーフィッシングやフライフィッシングでは、ほとんどの言葉が英語で使われる。魚のことをゲームと呼び、竿のことをロッドと呼ぶ。

[ルアーとは]

英語の意味は、魅力的で引きつけるものを指す言葉で、えさも含まれる。日本の釣りの世界では、毛鉤釣り以外の疑似餌釣りを指す。ルアーの種類はプラスチック、金属、木などで作られる。

●プラグ

木やプラスチックで魚の形に似せて作られたルアー。使用のコツは、弱った魚をまねするように心がければ良い結果を生む。

プラグ

●スプーン

食事中に漁師が水面に落とした金属スプーンに、魚が飛びついたことで生み出されたという伝聞のあるのが、このスプーン。その名の通り、スプーンの形に似た金属で作られたルアー。これも小魚に似た動きを与え、リールで巻き上げながら、時々手を休めスプーンの動きに隙を与えるのがコツ。この隙が魚に襲いかからせる重要なわななのだ。この方法により、良い結果を生む。金属製のために深場にいる魚を釣り上げることもできる。

スプーン

●スピナー

ブレイドと呼ばれる小さな回転部分が付いたルアー。ブレイドが、水の抵抗で回転するときのきらめきや水中音、動きが魚を引きつける。小さいながら魚をよく釣る。コツは魚のいる場所を竿先でコントロールしながら、スピナーを曳航《えいこう》するように引くことだ。決して回転を止めずにゆっくりと引く。これで良い結果を生む。

スピナー

●ソフトプラスチック・ルアー

柔らかい素材で作られたルアー。疑似餌というより、本物により近いルアーの代表でもある。柔らかく、動きも本物に近いので、魚はよく釣れる。釣り大会が金もうけの手段になってしまったアメリカでは、釣るための、これらのえさもどきルアーが主流になっている。においも本物と同じにおいをつけているほどだ。

水中に放置しておいても、水の流れで動き魚を誘惑し釣れるが、少しの動きを加えるとさらに釣れるようになる。コツは木の上から落ちてきた、石の上から落ちてきた、流木の上から落ちてきた、いずれも流されてきたという演出をすること。

ソフトプラスチック・ルアー

【ロッドとリール】

ルアーフィッシングに使用するロッドは、カーボンロッドが主流になっている。グラスロッドやバンブーロッド(竹製)は、好事家の間に人気があるだけである。このロッドの種類は数多く、それだけで1冊の本になってしまうほどである。使用するラインの強さとルアーの重さ、リールの種類、対象ゲーム、そしてロッドのアクションで選択する。初めての人は専門店で相談しながら買えばおおむね良い結果になる。

渓流の釣りにはウルトラライトのロッドが使いやすい。湖の鱒類を釣るにはライトアクションが良いだろう。鮭類を釣るには、ヘビーアクションが必要だ。

リールはロッドと組になるもので、

リールの形態の違いでロッドも変わるので、注意が必要だ。初心者はスピニング・リールが使いやすい。私は現在でもスピニング・リールを愛用している。ただし、最近主流の見えない糸と呼ばれる硬いフロロカーボンのラインを使用するには向いていない。スピニング・リールの性格上、硬いラインだと縒りが出やすいからである。

［キャスティング方法］

Ⓐ

Ⓑ

Ⓒ

Ⓓ

［キャスティング方法］

❶スピニング・リールのベールと呼ばれる針金状の部分を起こしてから、ラインをガイドすべてに通し、縒り戻しを付けルアーを付ける（ルアーの結び方は後述）。

❷竿先を目標方向に向け、ルアーをロッドの先端から20センチほど垂らすようにラインを出す。その時点で右手のひとさし指でラインを押さえ、糸を通したときと同じようにベールを起こす（写真Ⓐ）。

❸目標方向にロッドの先端を向けて狙い、ロッドを12時の位置、すなわち頭のてっぺんまで振り上げ停止する。ロッドはしなり、その反動を利用して前方に振り戻す。戻る途中の、時計盤の1時のところでひとさし指を離す。するとルアーは前方に飛び出す。ロッドを2時の位置に保持したままルアーが飛ぶのを注視し、着水する少し前からラインの出にブレーキをかけはじめ、着水と同時にストップして、リールのハンドルを巻き上げる。ベールは反転して、ラインを巻きはじめる。そして運が良ければ魚が食いつくことになる。文章にすると長いが、やればすぐにコツがつかめる（写真Ⓑ～Ⓓ）。

［ルアーへアクションを付ける］

食い気があり、すれていない魚の場合は、糸を巻き上げるだけで、だれでも簡単に魚が釣れる。初心者でさえ、スムーズに糸を巻き上げられないのが幸いして、弱った魚のようにフラフラとルアーが動くために、魚が食いついてくる。ここが肝心な点である。魚をえさとしている魚は、元気の良い逃げ足の速い小魚より、弱った小魚を狙う。大自然の弱肉強食という掟に従って行動しているのだ。だから、弱った魚のまねをしてルアーを泳がせる。それをアクションをつけるという。このことが大事なのである。

［フッキングとランディング］

魚がルアーに食いつくと、ルアーについているフックが刺さり、魚が暴れはじめる。このままにしておくと、魚がジャンプしたり反転したときにフックが外れてしまう。だから合わせをする。魚が掛かった瞬間にロッドをあおり、フックが魚の口深く刺さるようにするのだ。これでラインを切られないかぎり外れにくくなる。あとは魚とのファイトを楽しみ、ランディングをする。ランディングとは水中から陸に揚げることをいう。フックをプライヤーで外す。そして食べるために釣りをする人は魚籠に入れる。

フライフィッシングの基本

私はフライフィッシングが好きである。とくにドライフライと呼ばれる水面上に浮かべて流す毛鉤でのフライフィッシングが好きだ。魚たちを危険な水面上までおびき出し、フライに飛びつかせる喜びは大きい。

魚のいる場所に忍び寄り、ポイントを読み、狙った場所にフライを静かに落とし、わずか2メートルほど流して勝負を決する。難しい。知れば知るほど難しくおもしろいスポーツ。レベルをアップしていける釣り。それがイギリス生まれの紳士のスポーツ、フライフィッシングだ。

［フライとは］

●ドライフライ

鳥の羽や獣の毛を釣針に巻き付け虫

ドライフライ

のように作られた毛鉤。表面張力の力を利用し、水面上に浮かし流す。魚は虫と勘違いし食らいつく。作りが悪いとすぐに沈んでしまう。浮力を持続させるために鴨のお尻の上から採取した脂や、シリコンで作られた浮力持続剤を使用することもある。

ウェットフライ

●ウェットフライ

水中に沈むフライの総称だが、一般的には、イギリスのフライフィッシングに使用されるスタイルを踏襲した、水中用のフライをウェットフライと呼ぶ。

●ニンフ

水中に沈み、流れ泳ぎ羽化するために水面に泳ぎ上る水棲昆虫を模したのがニンフ。

ニンフ

●ストリーマー

水中を泳いでいる小魚を模したのがストリーマー。

大きく分けると以上の4つだが、釣り人の数と同じくらいのオリジナルや改造型のフライがあるのが、フライフィッシング用の毛鉤である。

ストリーマー

〔フライロッド〕

フライフィッシングに使うロッドは、使うラインの重さによって変わる。日本の河川でヤマメやニジマスの40センチクラスを釣るためのロッドは、4番ラインの7フィートか7・5フィートの長さのロッドが適当。湖で大物の鱒を釣るには、6番ラインの8フィートが良い。ともにカーボンロッドである。通常はこれで足りる。あとは趣味が高じたのちに買いそろえれば良い。私が勧めるカーボンロッドのメーカーは、アメリカのウィンストン、セージ、スコット、フェンウイックである。そのほか、昔風のグラスロッドや竹で作られた高価なバンブーロッドがある。私はバンブーロッドを愛用する。

　魚とのファイティング中に私がミスをしたら竹竿は折れてしまう。リスクやハンディを持ってするスポーツ。それがフライフィッシングだと私は信じている。だから私はきゃしゃなバンブーロッドを使う。当然、糸も魚が発見しやすく見やすい太く強い糸を使う。きゃしゃな竹竿と太く強い糸の組み合わせは、リスクとハンディの結果だ。

　現代の釣り糸は、昔の糸よりはるかに強く、水中での屈折率も水に近く、魚に見えない糸になってきている。昔のテグスとは違い、細い糸で魚釣りをすることがスポーツではなくなってしまった。見えない強靭な釣り糸では魚をだます醍醐味がない。

●もっとも愛用しているのがもっともきゃしゃなジョージ・ムーラー製作のバンブーロッド、スプリング・クリーク、7フィート＃3・スリーピースにリールはロンクーシー・レナードミルズ44（写真Ⓐ）。

●H・L・ジェーニングス製作のカスタム・バンブーロッド、7フィート5インチ＃5・スリーピースにリールはレオンBNS65N（写真Ⓑ）。

●C・W・ジェンキンス製作のカスタム・バンブーロッド、7フィート＃4・ツーピースにリールはレナードミルバメイメタル（写真Ⓒ）。

A

B

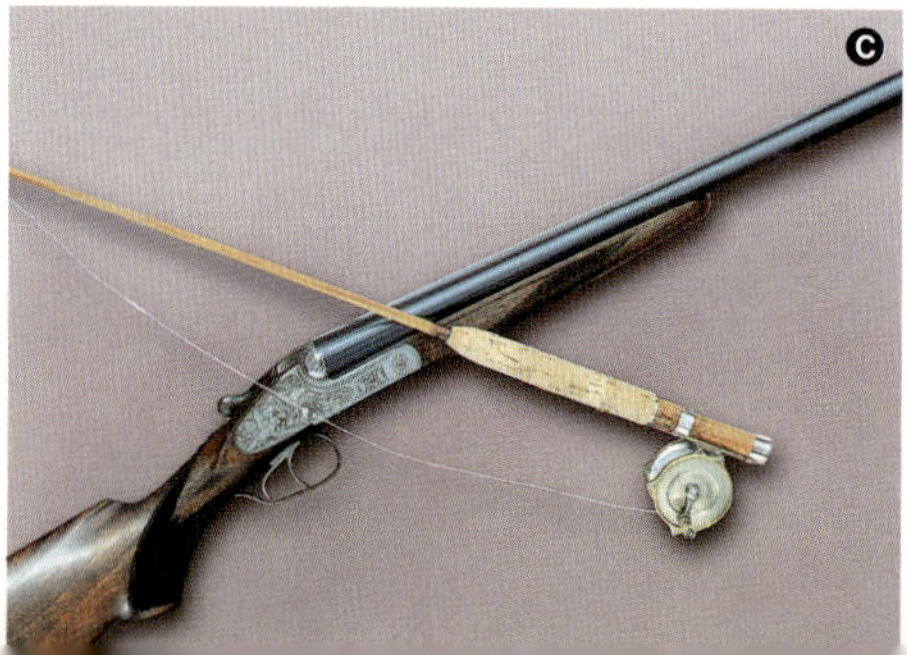
C

魚釣り

●2年待って出来上がったばかりのスウェーデンのビヤーネ・フリースのコネッサー702・#3・スリーピースにリールはベリンジャー・サルシオーネ（写真Ⓓ）。

●同じくビヤーネ・フリースのカタナ734・#4・スリーピースにリールはロンクーシー・レナードミルズ・バイメタル。ともに長く使う予感がするバンブー・ロッドだ（写真Ⓔ）。

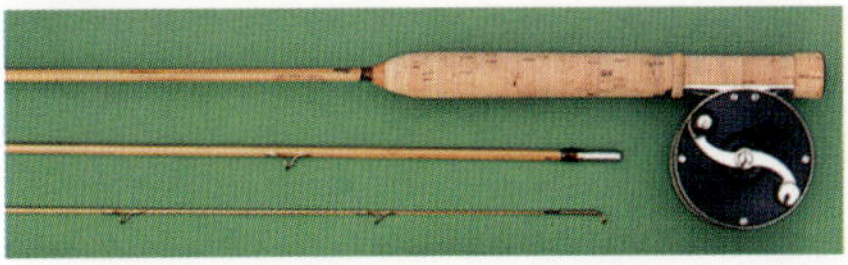

Ⓓ

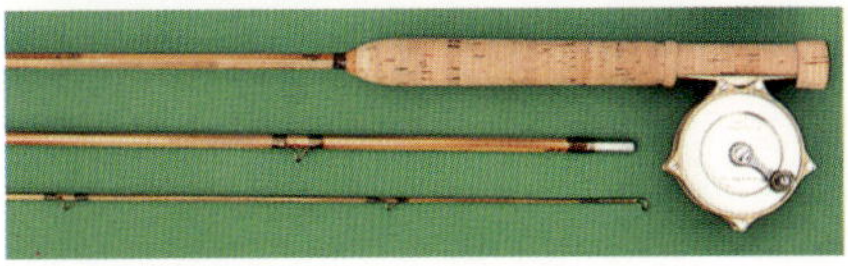

Ⓔ

このようにリールを持ち、引き押し、横ブレがないか調べる

［リール］

フライフィッシングのブームによって雨後の竹の子のようにメーカーが乱立。アルミ製、カーボン製と多くのモデルがある。基本はギアのないシングルアクションで、ブレーキは自分の手でかける方式である。魚とのやり取りは、手の力でコントロールする。当然スポーツ性が増す。

しかし最近は手を放していても、リールが自動的にブレーキをかけるようになってきている。私はリールを機械が巻き上げたり、リールが勝手にブレーキをかけて糸を切れないようにするものは使わない。フライフィッシングはスポーツだからだ。良いリールの選び方は横ブレがないものにすることだ。イギリスのハーディ社のリールを勧める。

［フライライン］

フライラインには、ダブルターパーと呼ばれる先端と後ろ端が同じ形状で細くなるラインと、飛ばすためにデザインされたウェイトフォワードという形状がある。機能の基本は浮くか沈むかである。

●フローティング・ライン

フライフィッシングでもっとも利用されるのがこの浮くラインである。ドライフライにはこのラインしか使わない。ウェットフライやニンフを浅く沈めて使う場合もこの浮くラインを使用する。

●シンキング・ライン
沈むライン。沈下速度によって、種類が分かれる。川でのニンフフィッシング、ウェットフライフィッシング、湖で多用される。

[キャスティングの方法]

子供のときに、ロープを延ばし端をつかんだまま投げ、輪を前方にずらしていく遊びをしたことがある人は理解しやすい。フライキャスティングとはあの感じである。力がラインに乗り、前に後ろに移動していく。

❶腕の前方移動に後方移動

リーダーとティペットの先に目印の毛糸を取り付けたラインを5メートルほど出す。ロッドのグリップを右下の写真のように持ち、ハンマーで見えない目線の高さの釘を打つように前方に振り出し、釘にぶつかった感じでストップする。するとラインは前方にスルスル延びていく(フォワード・キャスト)。ラインが延びきる寸前に、後方にも同じように見えない耳の後ろの釘を打つように振り戻す。するとラインは後ろに延びていく(バック・キャスト)。この練習で30メートルの長さのラインも空中に保持できるようになる。練習は芝生の上でもできる。最初は針の先を折った見やすい派手なフライを付けて練習をする。また、ビデオテープを見たり、コーチがいると覚えやすい。

[フォワード・キャスト]

[バック・キャスト]

[グリップの握り方]

❷キャスト

ラインが前方に延びきったときに左手で押さえていたラインを放すと、水面にラインが落ちることになる。少し上達したら、針先にフライを取り付けて練習する。フライを付けたときは、フライから先に水面に落ちるようにすることが重要なポイント。ラインから落ちると魚はラインを見て逃げてしまう。

[フライの流し方]

ドライフライの流し方は、魚がいそうなところに流れていくようにキャストをし、自然に流すことを心がける。川の流れにフライラインを流されると、フライがラインに引っ張られ不自然な動きをしてしまうので注意が必要である。これを防ぐテクニックもあるが、徐々に覚えることだ。

[フッキングとランディング]

ドライフライの場合は魚が音を立ててフライに飛びつくので、そのときに針がしっかりとあごに刺さるように合わせる。あとは竿が折れそうになったり、糸が切れそうになったらリールを押さえている手をゆるめ、ラインを魚に持っていかせる。魚の力が弱ったり、こちら側に向かってきたら、ラインをたぐりリールを巻く。そしてランディング。キャッチ&リリースをしたい人は、魚を陸地に揚げないでリリースする。

[私の愛用の5種類のドライフライ]

フライを巻くのも楽しみ。私はこの5種類のドライフライを順番に使用して、シーズンのほとんどを楽しんでいる。

●クイルゴードン

伝統的なスタンダードなフライだ。私は4月下旬のシーズン初めの1匹目は、かならずこのフライを投げて釣ることにしている。フックはイギリス・パートリッジL4Aの14と16に巻く。

クイルゴードン

●レイジー・マラブー・テイル

箱の中に使いもしないで残っていた25年ほど前にはやったマラブーニンフ・フライ。この鉛の巻いていないフライに、浮力をつけるエルクヘアをのせて作りなおしたのがこのレイジー・マラブー・テイル・フライだった。それが大当たりだったのである。

レイジー・マラブー・テイル

ウサギの耳の内側の毛をダビングしたボディーにマラブー・テイルを付け、ファーネスと呼ばれる羽根をパーマー状に巻き、エルクヘアをのせたドライフライ。いつでもどこでもよく釣れるフライである。ボディにモスグリーンのアザラシの毛をダビングしたフライもよく使う。この場合はバッジャーの羽根をパーマー状に巻く。フックはガマカツS10―2Sの#14～18。

●マコークイル・ボディー

マコーとは金剛インコのことだ。この鳥の尾羽根は高価だが、クイルと呼ばれる羽根は高くはない。テイルにファーネスの先黒の羽根を使用する。マコークイルの表はブルーを、内側はオレンジ色の羽根を利用してボディーに巻く。ハックルはファーネスに、ウイングはジンジャー色のヘンネックを使う。美しいフライで気分良く釣りたいときによく使う。フックはパートリッジL4Aの14と16に巻く。

マコークイル・ボディー

●ローヤルコーチマン・パープル・テイル

あまりにも有名なローヤルコーチマンというフライのテイルを、パープルに染め羽根にしたフライ。私は個人的に、紫が鱒類に効果があると信じているから、紫を使うだけ。とてもよく釣れるフライだ。ハックルはファーネス、ウイングは白のヘンネックを焼いて成形したバーンウイング。フックはガマカツS10の#14～18。

ローヤルコーチマン・
パープル・テイル

●フェーザント・雲古《うんこ》バエ

孔雀のピーコックソードと呼ばれる羽根を5本ほどボディーに巻く。ブルーダンの羽根をハックル状に巻き、虫の羽根をイミテーションした合成羽根をのせる。牛の糞があり、ハエが多い牧場地帯では、爆発的に釣れるフライ。フックはパートリッジL４Aの12～16に巻く。

フェーザント・雲古バエ

糸やフライの結び方

［釣りの結び］

魚釣りの結びも数多くあるが、以下の４つの結びを覚えておけばだいじょうぶ。私はこの４種でほとんどの結びを結んでいる。

●サージャンズ・ノット

ラインを重ねて結ぶだけ。ひと結びでも十分な強度を発揮するが、ふた結びが安心する。餌釣りのとき、ハリス付きの針と道糸をつなぐ。ラインとラインを結ぶときにもっとも簡単で強い結びである（写真❶～❸）。

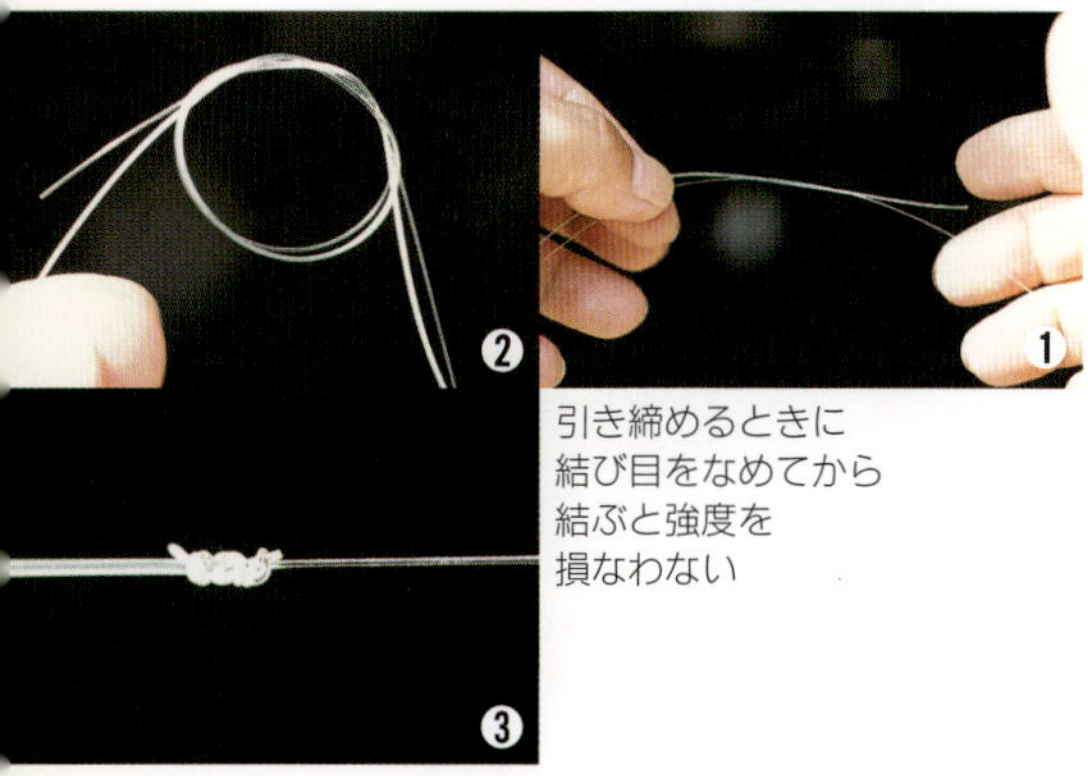

引き締めるときに結び目をなめてから結ぶと強度を損なわない

●ダブルクリンチ・ノット

アイと呼ばれる部分に２回通した後、４回転糸を巻き、アイの部分にできた輪に通す。ルアーフィッシングのときに、ルアーを結ぶ方法（写真❶～❹）。

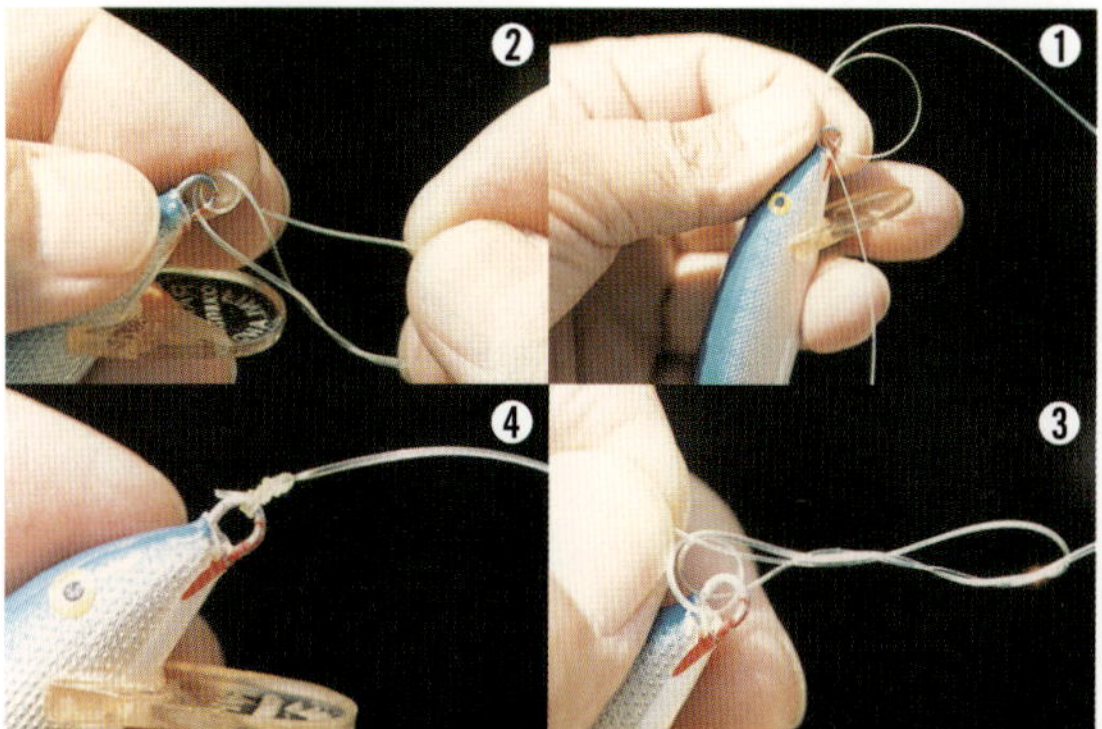

【ネール・ノット】

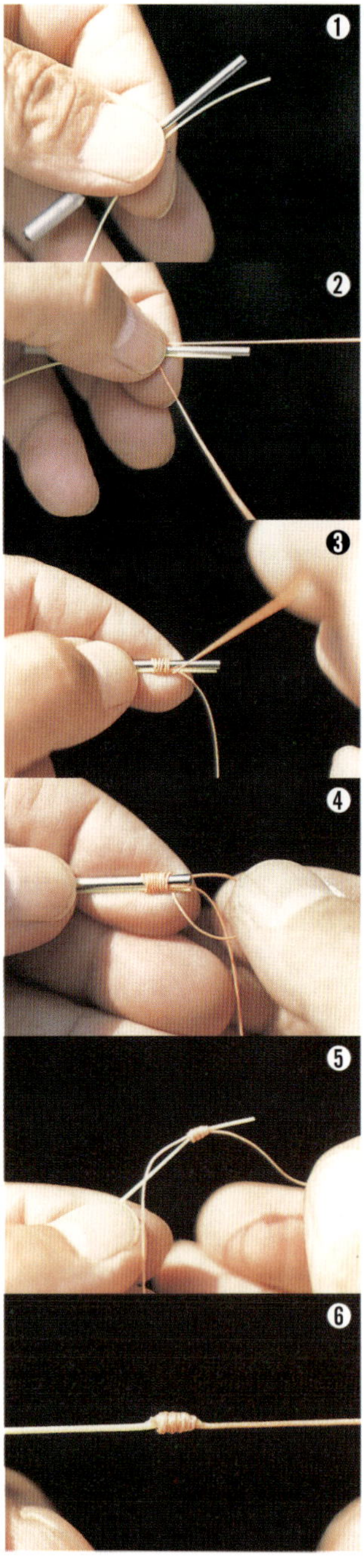

釘よりもチューブが使いやすい

【レイジー・ノット】

●ネール・ノット

フライラインとリーダーを結ぶ、バッキングラインを結ぶときに使う結び。私は結んでできたこぶに瞬間接着剤をたらし、テフロンの粉末をかけて滑りを良くする（写真❶〜❻）。

●レイジー・ノット

最後に私の考えだしたレイジー・ノット（ReiZ・Knot）を紹介する。どのような釣りの本や雑誌にも紹介されたことがなかった結び方。コロンブスの卵。やってみればもっとも簡単。フライの動きは最高。ネーミングは筆者、令介のレイと最後のZ。そして狩猟民族の末裔の証明、獲物の肉があるかぎりは働かない。だから自然が守られる。そのレージィ(なまけもの)を掛け合わせたノット。ドライフライを結ぶのには最適な結び。

写真❶◆フックのアイに糸を通す。
写真❷◆軽く縒りを入れる。これがコツ。
写真❸◆フライを持って、そのままくるっと、ひと結び。
写真❹❺◆好みの大きさのループになるまで結び目を小さくしてから締めつける。締めつけるときは、指で糸をしっかりと持たずに、指の中で縒りが解けるように引くとよい。端から2ミリほど残してカット。簡単で強度も抜群のレイジー・ノットの完成。ドライフライが風になびいてループの中でひくひくと動くので、魚は本物の虫と勘違いしやすい。

キャッチ&リリースについて

キャッチ&リリースという魚を放す行為をするか、食べるかは本人次第である。魚を食べることが好きな人は食べるし、嫌いな人は逃がす。私はヤマメも岩魚もオショロコマも、鮎も食べるのが好き。しかし、ニジマスは好みに合わないのでリリースする。

［リリースの方法］

テレビのコマーシャルでフライフィッシングで釣った20センチほどの鱒を水中で保持し、リリースするシーンがあった。馬鹿の一つ覚えといえる。そのくらいの魚は魚体に触れず、フックだけを持ち、手を裏返しすれば魚は水中に戻る。これが魚にとってももっとも良い方法である。

魚体に触れると、魚体を保護する粘膜の〝ヌル〟は取れるし、5〜10度の冷水で生きている魚に36度以上の人間の手が触れると、その温度で魚体が損傷を受けるからだ。太った大物の鱒の

このサイズは魚体に触れずにフックを外しリリース

ニジマスのリリース

場合は、水中で冷やした手でさわり、弱っていた場合にかぎり水中で魚の体を保持して放す。自分から泳ごうとする鱒は保持することなく行かせること。

ただリリースで注意しなければならないのは、リリースをすると釣れなくなるということ。魚は危険な目に遭うと、危険を知らせる物質をヌルの中に分泌するようだ。私は鱒を5000匹以上、ブラックバスも5000匹以上は釣り上げている。その経験から、小さい魚は下流に放り投げ、大きい魚は下流に持っていって放すようにしている。とくにストリンガーと呼ばれる、魚を生かしてつないでおくひもで水中に置いておくと、危険伝達物質が拡散して釣れなくなる。

[リリースするならきれいな手で]

私のロッドのグリップは毎回、滅菌処理をしたナプキンでクリーンにする。車から降り、釣り場に立つ前も手をぬぐって消毒。ロッドのグリップは、1週間に1度は滅菌洗剤でごしごし洗った後、消毒用アルコールを散布して完全殺菌する。だからいつも私のロッドのグリップは新品同様。カビや菌の巣窟にはなっていない。

消毒用アルコールは
ベストの中に常備している

私は決して魚を愛しているとは思っていない。ローマ時代の闘技場の戦いを見る人々のように、生き延びようと、死の恐怖から逃れようと必死に戦う、野生の鱒のファイトを楽しみたいから放すだけだ。

釣り人から逃げようと、もだえ苦しみ反抗する姿がもっとも美しいのがニジマス。川の中を虹が走り、水面上に虹を架ける。そのニジマス、レインボウ・トラウトをまた釣りたいから私はリリースするのである。釣り上げた鱒の体に、カビを見たくないから、手もグリップもフライも消毒するのだ。

リリースサイズのブラウントラウト

コラム

ロッドの感度アップ改造方法

針を飲み込まれたら恥。釣り人ならだれでもそう思っている。飲み込まれるまで魚の当たりに気がつかない、鈍い釣り人の証明だからだ。

だから、釣り人は当たりのわかりやすい敏感な浮きを開発したり、当たりが伝わりやすい敏感で繊細な釣り具に金をかける。

ところが西洋式のルアーフィッシングは、魚が攻撃を仕掛けてくれるので、向こう合わせになり、それから強く合わせることが多い。そこで、ロッドの設計は、ルアーを動かしやすいデザインを主に開発される。

グリップに衝撃吸収材のコルクを使用するのも、魚の当たりのことより、握りやすさが求められるからだ。しかし、現在はプラスチック・ワームを筆頭にえさ同様のルアーが主流になっている。そうなると餌釣りと同じで、柔らかいルアーを噛んだだけで当たりがわかるロッドが必要になる。しかし、市場にはコルクやスポンジのグリップの付いたロッドばかり。そこでロッドを改造する。針に軽く食いついた当たりが、糸電話のようにラインを伝わってくるようにするのだ。

❶ロッドを持ち、親指を上にして伸ばす。その位置に親指が入り込むように削っていく。誤ってロッドのシャフトを削らないこと。そしてシャフト部分が1センチ、幅5ミリほど見えてくるまでコルクだけを削る。

❷紙ヤスリで収まりが安定し、常に親指の先がロッドに触れるように仕上げる。その後、瞬間接着剤でコーティングする。これで魚の当たりは、衝撃吸収材で緩衝されることなく糸からロッド、そして指に伝わるのである。

このとき、指の皮が角質化して厚く

なっている人は、親指の皮を軽石や、紙ヤスリで削り薄くしておくと微妙な当たりを感じやすくなる。

コラム
野外での釣り竿のノウハウ

釣り竿を持ち歩く際のノウハウだ。小さなことでも知っていると役に立つ。

◆釣り竿の持ち歩き方

釣り場を移動するときは、釣り竿は振出式を勧める。仕掛け巻きにスルスルと巻き付け、すぐに移動できるからだ。ルアーやフライフィッシングのロッドは、組み立てるのが面倒なので、キツネの尻尾のように後ろ側に向けて歩く。これでロッドが木や薮に引っかからない。移動する前にルアーやフライをガイドの足に掛ける。絶対に糸の通るガイドリングに針を掛けてはならない。固く焼き入れされた針は、ガイドリングを傷つける。

◆緊急修理

釣り場で多いのが先端のトップガイドが外れること。熱で溶かす接着剤を使用しているために、暑さで溶ける場合がある。またロッドのつなぎがガタガタになり、キャスティングすると抜けてしまうことも起きる。このようなときは、森に入り、木の樹液の塊を採集して、ライターで炙り、ガイドを付ける。抜けるジョイントには、べたついた樹液を塗れば外れなくなる。周りにあるもので修理をするのが緊急修理だ。長靴の修理も、火に溶ける素材を探して、溶かし垂らせば穴は塞がる。使える素材はビニール袋、缶飲料を6個つないでいるホルダーなど探せばいろいろある。

◆ロッドを外す

長いままでは車に積めない。電車に乗れない。それでもロッドが抜けない。このようなトラブルは多い。抜くには中腰になり、10センチほど広げた膝の

❶

❷

❶の姿勢から膝を広げていけば外れる

後ろでロッドを持ち、膝を広げていけば反動もなく簡単に抜ける。また、手術用の薄いゴム手袋をポケットに入れておくと重宝する。ロッドが抜けなくなったときにはめると細い竿でも確実に握れ、外しやすくなる。

◆雷、電線、電柵に注意

現代の竿の主流はカーボンロッド。電気を通すので、電線に触れないようにすること。雷が鳴っているときは、落雷の危険もあるので手から離す。

コラム 川幅を知る方法

川の幅はレーザー距離計を使えば瞬時にわかる。だが、持っていない人が多い。距離計がなくても、激流だろうが谷川だろうが、川幅を知るのは難しくない。助手と三角定規とメジャーがあれば、川を渡らなくても川幅がわかる。

対岸側の目立つ岩や木を目標物（A点）にする。こちら側にも杭（B点）を打ち、巻尺の起点にする。次に、三角定規で狙いをつけABを結ぶ直線に対して90度の方向に助手を進ませる。10メートル進んだところに杭（C点）を立てる。そして20メートルのところに再度杭（D点）を立てる。この間、三角定規で狙いをつけ、助手が90度の線からずれないように指示すること。次に、巻尺を持ち20メートルの印のところ（D点）に行き、BDを結ぶ直線に対して90度の方向に助手を進ませる。そして対岸側の印（A点）と10メートル地点の印（C点）とが交わった点に杭（E点）を立てる。そこ（E点）と20メートルの印（D点）の距離が川幅である。B点からC点までの距離は任意の距離でいいが、かならずB点からD点の距離の半分にすること。

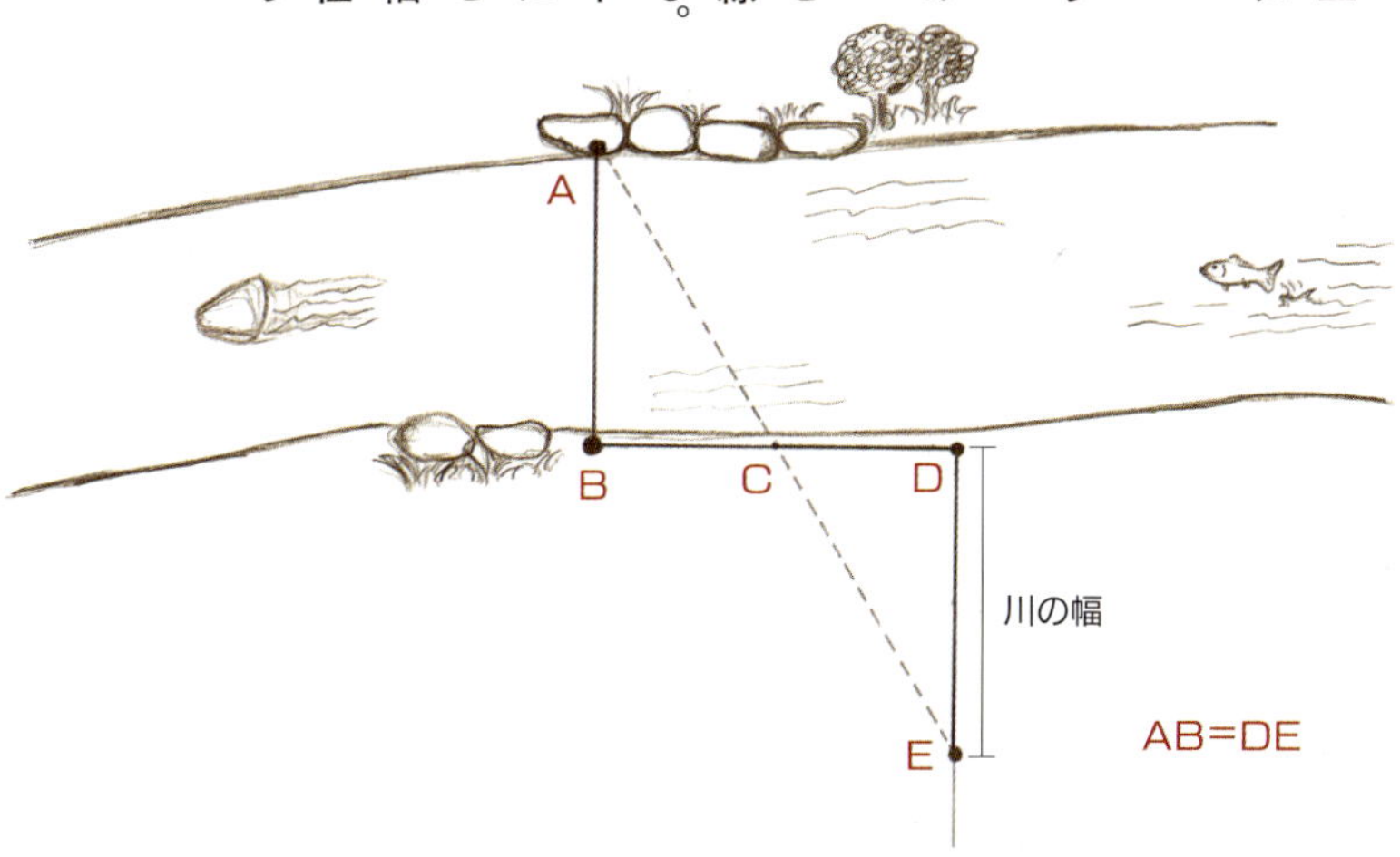

狩猟

私のもっとも好きなのが狩猟である。このために私の人生はまわり、田園生活を始めたのも狩猟と魚釣りのためだった。どうしてそんなに狩猟が好きなのかとよく聞かれるが、「それがすべてなのだ」と答えるよりほかにない。

人間は歌をうたって満足する人、料理に生き甲斐を感じる人、文章を書かずにいられない人、山に登ることで心が打ち震える人といろいろだが……。私は野に入り獲物を求めているときが、私なのである。

大自然は多様性という人類や地球を守るシステムを作りだした。この多様性の大切さを知らない環境保護論者たちが、狩猟者を攻撃しているが、ナンセンスな話である。人類を支えてきた大事な要因の一部が、狩猟だったのは厳然たる事実だ。地球上の生物のほとんどが狩猟によって生き延びているのも事実だ。

だが狩猟者は喧嘩を好まない。日本にいる18万人の狩猟者は、狩猟をしているから、男としての欲望、狩猟欲や攻撃性が満たされている。欲求不満などないのだ。むしろ狩猟の代償行為を行っている人々が、欲求不満から狩猟を攻撃するのだろう。野鳥を見るだけの人々、動物を見るだけの人々。彼らは野山に分け入り、獲物を求める狩猟行為をしながら、永久に射止められない、教育や宗教的思想によって抑圧された人々なのだろう。それが多くの人

エゾ鹿の大物、トロフィークラス

エゾ雷鳥

人が驚く暴動まで起こす、一部の動物保護団体の攻撃性の要因と私は考える。

日本はハンターズ・パラダイスといえるゲームの豊富な国だ。鹿を1日に2頭も撃てる国は日本以外にないのである。アメリカもカナダも1シーズンに1頭だ。日本では、その気になれば北海道では1シーズンに100頭以上も獲れる。さらに農業被害が多いので、田園地帯では1年中駆除が行われている。このような狩猟鳥獣の豊富な国は先進国では日本だけだ。猪、熊、ヒグマ、キジ、山鳥、鴨……。

田園生活ではイギリスもフランスもアメリカも狩猟はつきものだ。私はこのすばらしいスポーツを男たちに勧めたい。

散弾銃とライフル銃

豊臣秀吉の刀狩り以来、武器を持つことがトラブルの元、悪であるという教育を受けてきた被支配者階級の日本人は、銃を嫌う傾向がある。それゆえマスコミも、銃については詳しくない。散弾銃とライフル銃の区別もつかない記者は、無知蒙昧《もうまい》といえる記事を世に送りだす。ハンター保険の掛け金が年5000円で1億円の賠償が得られるほど事故が少ないのに、1回でも事故があると大騒ぎをする日本のマスコミ。それでも我が国は先進国を称している国なので、狩猟用途と射撃用途の銃の所持が認められている。国民の銃の所持が認められない国は、国民の自由を奪っている独裁国家か警察国家しかないからだ。

日本はまだ銃の所持ができる。だから狩猟をすることができる。散弾銃は20歳になれば持てるし、ライフル銃も、経験さえ積めば所持できる。銃の所持もできない暗黒国家にならないことを願わずにはいられない。

[散弾銃とは]

鉛の粒を火薬の力で飛ばし、鳥や小動物を射止める銃のことをいう。銃身内は平滑で、散弾は回転をしない。鉛の粒は規格で決められており、獲物ごとに適合サイズがある。散弾銃の銃身は出口のところが絞られていて、散弾の広がり具合を調節できるようになっている。有効射程は50メートルほどしかない。ただし、鹿狩りに使われるスラッグ弾と呼ばれる1粒弾や、バックショットと呼ばれる9粒弾は100メートルほどの殺傷能力がある。

●銃の形式

銃の形式は銃身が横に2本並んだ水平2連銃、上下に2本並んだ上下2連銃が一般的だ。アメリカ映画でおなじみの、銃の先台を前後に動かし連続発射するのはポンプ銃、ほかにガスの圧力で連続発射する自動銃がある。この2種類は3発しか連続発射できないように、日本の法律で定められている。

　私の所持しているキジ撃ち用の散弾銃は、サイドバイサイド（水平2連銃）と呼ばれるサイドロック機構のドイツ・メルケル・12番・両引き。サイドロック機構の引き金は、クリスプと称され最高の小気味よい引き味を持つ。クリスプの感覚は、ガラス板の細く切られた棒を手で「パキッ」と折る感じのことをいう。

　北海道のアップランドゲームの王様、鴨撃ち用の散弾銃はレミントン11―87セミオート・ショットガン（写真）。

上と右がメルケル・サイドロック
左がレミントン11―87

左が20番、真ん中が12番の散弾銃の弾

●散弾銃の口径

　口径は英語ではゲージ、日本では番で呼ばれる。12番がもっともポピュラーな口径である。次いで20番だ。この12や20の数字は、1ポンド（454グラム）の12分の1、20分の1の鉛の球の直径が通るサイズを指すのである。8番や16番の散弾銃もあるが、現在はほとんど使われなくなってきている。

[ライフル銃とは]

　ライフル銃は、銃身内にライフリングと呼ばれる溝が刻まれている銃のこと。このライフリングは弾に回転を与え、細長い弾丸をまっすぐに飛ぶようにする。映画007シリーズの始まりに、かならずトンネル状の筒に向かって歩いている男が発砲し、赤い透明な血が流れるシーンが放映される。あのらせん状に見えるのがライフリングである。あのシーンの意味が理解できたことだろう。あのトンネルは007を狙っていた狙撃手の銃身の中なのである。

　ただし、銃身の長さが20インチ以上をライフル銃と呼び、20インチ未満を

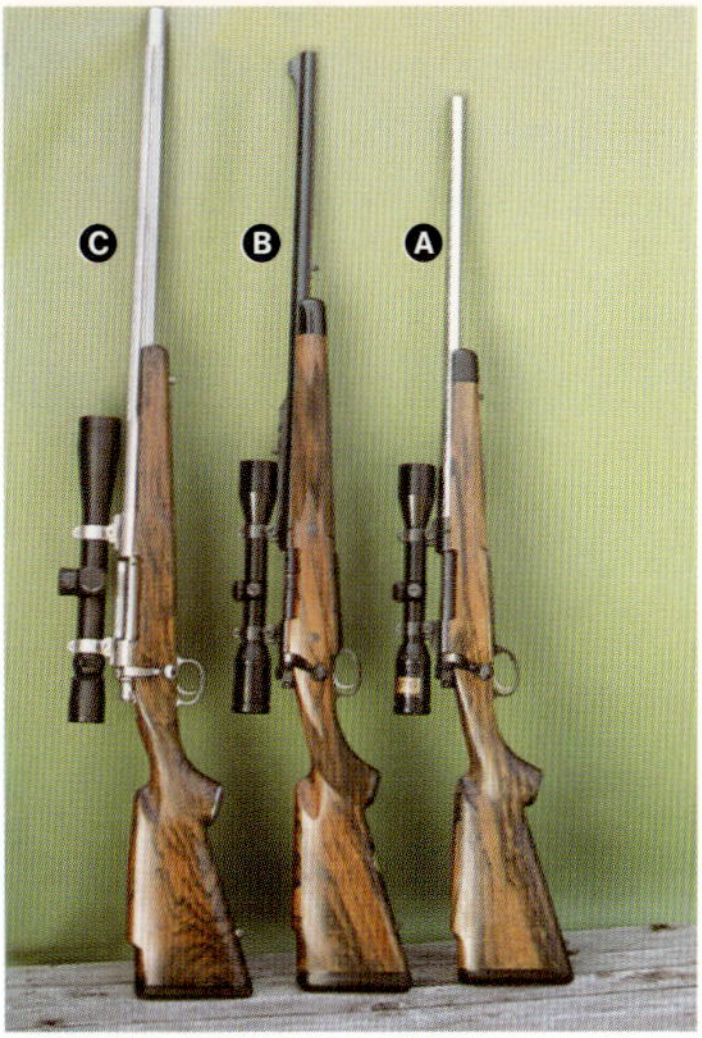

カービン銃と呼ぶことが多い。片手で持ち発砲する銃は、ハンドガンやピストルと呼ぶ。

●ライフル銃の形式

ライフル銃の形式も散弾銃とほとんど同じである。水平2連銃もあるし、上下2連銃も、自動銃、ポンプ銃もある。西部劇でおなじみのレバーアクション銃もある。しかし、主流はボルトアクション銃である。この形式は散弾銃には少ないのだが、日本ではもっとも多く使用されている。堅牢、確実、故障が少ないのが特徴。また命中精度がもっとも高いのがボルトアクション・ライフルである。

私のライフル銃は、第2次大戦前に作られたウィンチェスターM70・プリウォー。入手が困難な1939年製と1941年製のアクションを使用して作られたクラシックスタイル・カスタムライフル。口径は35ウェーレン(写真Ⓐ)と375H&Hマグナム(写真Ⓑ)。

遠射用のライフルは、アメリカ・スコット・アキュラシー製のモダンなカスタムライフル。引き金もアクションも銃身も、薬室用リーマーも銃床もすべてオーダーメードの特別製。ライフリング・ツイストの違う、替え銃身が2本ついている。口径は30―338マグナム。アメリカで1998年のベンチレスト射撃のシューティング・チャンピオンになった、ドゥエイト・スコットというトップクラスの銃工の仕事だ(写真Ⓒ)。

●ライフル銃の口径

ライフル銃の口径は、いろいろな呼び方がある。ミリがありインチがあり、考えだした人の名前、工場所在地……。

たとえば、私の愛用口径である35ウェーレンは、1000分の358インチの口径で、タウンゼント・ウェーレンという人が考えだした薬莢《やっきょう》の形の装弾を発射することができる。

30―338マグナムは、338ウィンチェスター・マグナムを30口径に絞った薬莢で発射する。375H&H・マグナムは1000分の375インチの口径で、イギリスのホーランド&ホーランド社が開発した薬莢の形ということになる。

もう理解できただろうが、口径は単に銃身の直径を指すだけで、重要なのは薬莢の形なのである。薬莢のキャパシティが小さいと火薬が少なく、威力が弱い。ラテン語の大容量という意味のマグナムは、多量の火薬が入る薬莢の形ということだ。だから、口径のあとに続く薬莢の名称が大事なのである。

日本でポピュラーなのは308ウィンチェスター、30―06スプリングフィールド、7ミリレミントン・マグナム、300ウィンチェスター・マグナム、300ウェザビー・マグナムである。

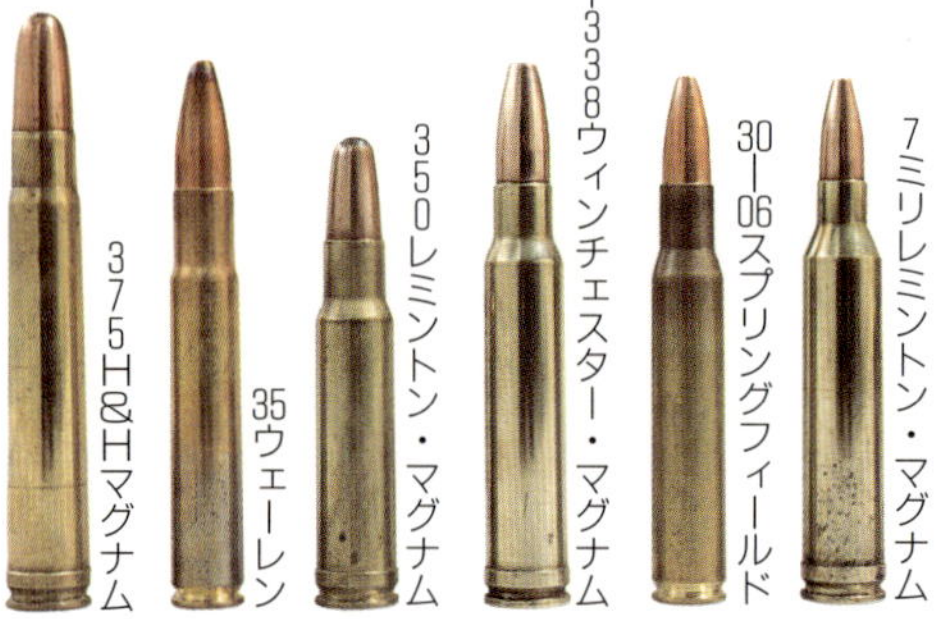

243ウィンチェスター　7ミリレミントン・マグナム　30―06スプリングフィールド　30―338ウィンチェスター・マグナム　350レミントン・マグナム　35ウェーレン　375H&Hマグナム

狩猟の方法

狩猟の用具は、現在でも世界では弓矢、先込め銃、散弾銃、ライフル銃が使用されている。日本では弓矢と先込め銃の狩猟は禁止されている。アメリカでは、難しい弓矢と旧式の黒色火薬を使った先込め銃の狩猟が、もっともスポーツマンシップにのっとった狩猟とされ称賛される。

ここで三省堂の古い辞書［三省堂ニューコンサイス英和辞典・1975年版］の一部を紹介しよう。

35ウェーレン
鹿の体内から回収された
鉛の飛散の少ない
ボンデッド弾頭

sportsman…特に狩猟家、釣り好きな人。

sportsmanship…スポーツマン精神、競技精神、公明正大な態度、狩猟（魚釣り）の技量。

［狩猟の順位］

困難な順に狩猟のランクがある。弓矢の狩猟がもっとも称賛され、次いで1発ずつ銃口から火薬を入れ弾を込める先込め銃の狩猟、単独での潜行狩猟、そしてグループ猟となる。ヘリコプターや自動車の中から発砲するのは、もっとも卑怯《ひきょう》とされ軽蔑される。ところが、ある東洋の国の人が行うシベリアの熊狩りのほとんどが、ヘリコプターからの発砲となっているそうだ。どこの国でも違法な狩猟方法ゆえ、公にされずにいるが、事実のようだ。

北海道の鹿狩りも〝流し猟〟と称し、車の中からの狩猟が主流になっている。マスコミは、車からの狩猟が最低ラン

狩猟

クの狩猟方法で、道路からの発砲も禁止されていることを知らないのか、平気で道路上からの鹿猟が放送されてしまうのである。悲しいことだがスポーツマンシップの言葉の意味から、狩猟の文字が消されるのも仕方のないことかもしれない。しかし、一部の狩猟を愛する人々は、絶対に流し猟をせずに昔からの山へ入る猟を続けているのも事実である。「車から撃つなんて格好悪いからしない」という一部の若い狩猟家も現れてきている。救いが見える。

【犬を使った狩猟】

　鳥撃ちのポインターやセッター、コッカースパニエル、ラブラドールレトリバー。獣用の多くのハウンド・ドッグやテリヤ類、アイヌ犬、紀州犬……。犬と狩猟は、ペアである。当然グループ猟の場合は、犬もひとりとして分け前の分配に数えられる。

　犬をハンドリングして野山に入る。犬と以心伝心で行動すると、原始的な心の喜びが体を包むのである。私のもっとも好きなのが、ジャーマン・ポインターとともに行うキジ撃ちなのである。

●ポインター利用のキジ撃ち

　キジは頭が良い。ヒネキジは犬を簡単に煙に巻いてしまう。散弾銃の射程を知っていて、走るだけ走り飛び去る。撃たれそうになるとわざと人家のほうへ飛ぶ。人家に向けて発砲できないことを知っているのである。だから私は夢中になるのだ。

日本キジの飛翔は美しく、そして撃つのは難しい

　1年中犬を訓練し、えさをやり、行動をともにし、解禁日にキジに向かう。野山を走り、においをかぎ取った犬は急停止し体を凍りつかせポイントする。前方にはキジがいるはず。そして、掛け声とともに犬は突っ込み、キジが美しく緑に輝き舞い上がる。特別な思いを持って発砲し、射止める時もあるし、逃がしてしまうこともある。360度、常に飛ぶ方向が違う。高さも違う。オリンピック競技のクレー射撃よりはるかに難しい。だから、世界中の狩猟家はキジに夢中になるのである。アメリカやカナダはコウライキジを、イギリスは日本キジを、北海道はコウライキジを移入した。

レトリバーをバディにするハンター

●レトリバー利用の鴨撃ち

鴨専門の犬、それがレトリーブ。回収するという意味が名前に付けられたレトリバーだ。落ちた鴨をめがけて、水温の低い極北の池や湖に平気で飛び込む。厚い密な毛は水を寄せつけず、浮力さえ与えている。傷を負い、泳ぐ鴨には潜水して回収する。キジと並ぶアップランド・ゲーム（舞い上がる鳥）のキングの真鴨猟には必要な犬である。

●獣猟犬使用の、大物撃ち

北海道犬すなわちアイヌ犬を熊猟に使う人は少ない。良い血統の犬が、バブルのときに本州の人々に買い取られたせいもある。代わりに行方不明になっても捜すつもりのない雑種犬を、鹿狩りに使用する人がいる。アメリカやカナダでは、鹿猟に猟犬の使用は禁止されている。犬に弱い動物には犬を使って追い詰めることは禁止。日本もそうなってほしいのだが。

本州では猪狩りに紀州犬やハウンド・ドッグが使われている。ブッシュの中を猪突猛進する猪は強く、きばで犬を殺し人を傷つけることもある。猪猟には複数の犬が必要であることが認識され、世界中の猪猟に犬が使われている。

[グループ猟]

複数の狩猟家が、リーダーの立てた作戦を元に、山を包囲したり、役割を決めて行う狩猟方法。もっとも効率が良いために、世界中で行われている。

複数で行う狩猟ゆえ多くのルールがある。たとえば日本では、猪は止め矢、鹿は初矢という決まりがある。これは弾に強い猪は、重傷を負わせた人よりも、とどめの弾を放った人に権利があるということ。反対に、鹿は最初に当てた人に権利があるということだ。同じグループ内では、名誉がそれらの人にあるのでおいしい部分の肉を得ることができる。そして犬もひとりとして含めて、平等公平な分配が行われる。

[単独猟]

狩猟の醍醐味は単独猟にあると、私は強く思う。大自然の中ではだれも助

鹿笛で現れたハレムのボス鹿

けてくれない。自分ひとりで、耳もよい、目もよい、跳躍する野生動物に立ち向かうのだ。一瞬のチャンスを逃がしたら、野生動物は逃げてしまう。私は単独潜行猟が好きだ。リスクが多い分、おもしろいのである。鹿の潜んでいる場所に忍び寄り、気づかれずに近くまで寄る。ヒグマの潜む森に分け入る。緊張感、スリルがたまらない。

ときには鹿笛を使用し鹿を呼ぶ。鹿との笛を介したやり取り、ソロモンの指輪を持ったような気がする。そして発砲、射獲。男として生まれた喜びが体を包むのだ。

鹿笛を使った狩猟の方法

世界中の鹿の生息地で鹿笛は使用されている。鹿笛が楽器のルーツであることも学者たちの定説である。この鹿笛を利用して鹿を呼ぶと、人間の男として生まれた喜びが体を包む。鹿の交尾期は10〜11月まで。この間に交尾期の呼びかけ、オス鹿の雄叫びを発する。すぐにほかのオス鹿の怒りの声があがり、走ってやってくる。

日本各地でも、多くの伝承された鹿笛がある。しかし、現在はアメリカ製の鹿笛が使いやすく便利である。以下の方法は私が長い狩猟経験から探し出し、日本の狩猟家に公開し絶大な猟果を上げているテクニックだ。現在の日本でもっとも使用されている笛で鹿を呼ぶ方法である。必要な笛は3種類、銃砲店や通信販売で入手できる。

交尾期にオス同士が「我ここにあり」と叫ぶ声をまねする笛が、丸い形をしたECCコール。オスの「入って来るな！　ここは俺の縄張りだ」という威嚇の声を出す笛が、赤いゴムの付いたブルコール。常に群れのリーダーであるメス鹿が安全なときに「ここは安心よ」を伝える声をまねするのが、カウトーク。この3個の笛で鹿は自由に呼べるのである。

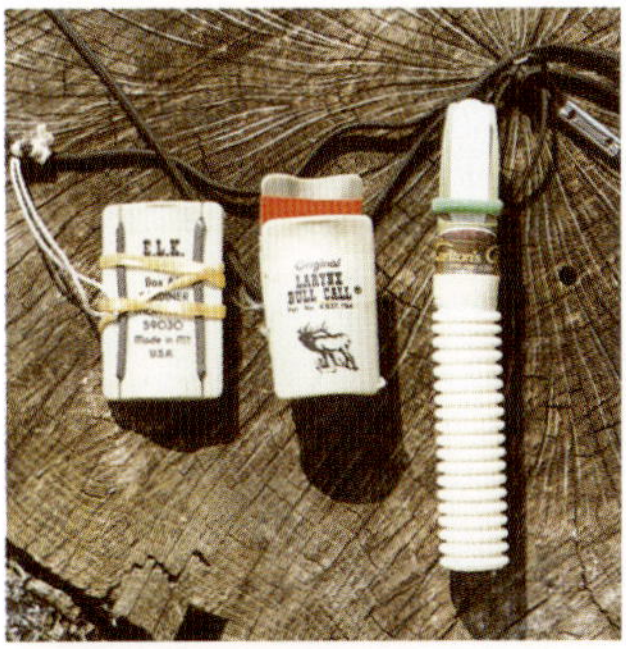
右からECCコール、
ブルコール、カウトーク

［鹿笛の吹き方］

❶交尾期に発する3声の音を発するには、ＥＣＣコールを使用する。笛を握り息を大きく吸い、腹から出すようにゆっくりと息を出すと笛が鳴り始める。その時点で吹く力を高め、高音になったところで、そのまま吹く力を保持し最後に溜め息をつくように終わらせる。この時、吹きはじめは45度の角度で空に向かい、最後は地面に向かうように吹き下げる。これを5秒・息つぎ・3秒・息つぎ・2秒、と吹く。また4秒・息つぎ・2秒の2声も効果がある（写真❶❷）。

❷次にカウトークを持ち、上部でも下部でも1センチほど親指とひとさし指の間から出して軽く握る。そして丸印の付いたところを約3分2が閉じる力で上下に噛む。そのまま軽く息を出しながら、歯の噛み締めをゆるめていく。羊の鳴き方「メェー」を思い浮かべて、同じ鳴き方になるように吹く。歯の位置を奥にずらすと少し高い音になる。しかし、音の高低にはこだわる必要はない。野鳥を囮で呼んだことのある人なら理解できるのだが、同じ種類の動物でも声に高低の差、鳴き声に優劣があるからだ。

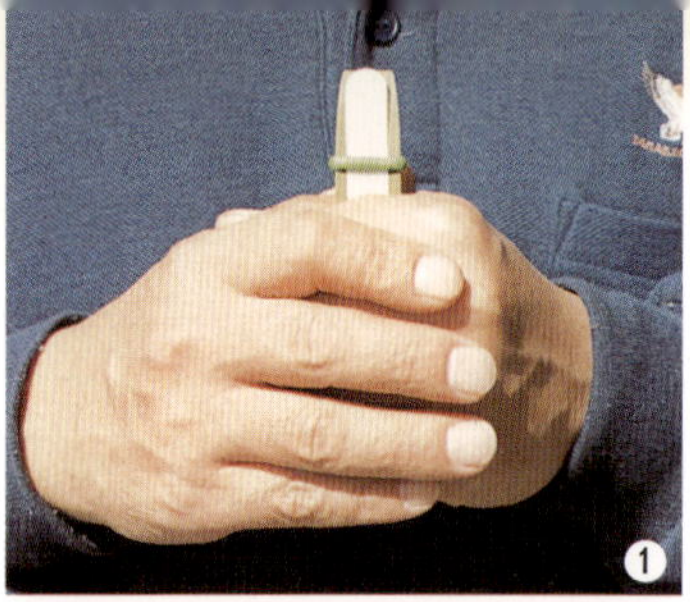

カウトークとブルコールの持ち方

❸次に赤いラリンクス・ラバーの付いたブルコールの吹き口を親指とひとさし指の間から出して、左手で握る。このときに貝の口のように開いている部分を閉じるように握る。次に口にくわえて笛を下に引くと、上下の歯が引っかかる。そこをきつく噛み締めたまま大きく息を吸い、一気に吹き出すと同時に歯をゆるめる。この吹く時の感じは、子供たちが仲間を驚かすときの「ワッ！」と同じ強さと同じ長さだ。これが、その場所のボス鹿が侵入者に対して発する威嚇音声である。ボス鹿のいる場所でこの威嚇音声を発すると、ボス鹿への宣戦布告となる。ただし相手が小さな鹿だと、音を聞いて逃げてしまうことがある。

［猟場へ行く前の注意］

忍び猟のときは問題ないのだが、待ち撃ちをするときは皮製のハンティング・ブーツをはかない。皮靴は歩いたところに臭線をつけてしまう。履き古したゴム長靴がベストだ。

銃や持ち物が光を反射しないかをチェックする。ピカピカと反射する物体を動物は恐れる。もし反射する場合は、カモフラージュ・テープを銃床と銃身に貼ることを勧める。このテープを貼ることによってさらに、大きな効果を得ることもできる。それは、カモフラージュ・テープの働きによって、銃の輪郭がバックの景色に溶け込み、鹿に気づかれない。鹿たち（とくに大物）は銃のことをカラスと同じように理解しているからだ。

［猟場にて］

猟場で車から降りる。そのとき、絶対にしてはならないのが、ドアをバタンと閉めること。ドアを閉める音は、ときには山の頂上まで届く。ドアはかならず静かに押して閉める。鹿は車を止めたすぐ上で寝ていることもあるからだ。巻き狩りでも忍び猟でも、歩きはじめるときにカウトークで「メェー」と吹く。笛の音が正しく出るかをチェックするとともに、近くにいる鹿を逃がさないためだ。それから猟の始まり。

ここで注意しなければならないのが歩き方。鹿の気配が濃厚な場所では、4歩歩いて止まり音を聞くことだ。歩きつづけると人間の耳は、小さな音を捉えることができない。そして忘れてならないのが、停止するときにかならず左足を前にして止まること。これで右利きの人は、発砲しやすくなる。

もう一つ忘れてならないのが、体をスカイラインに出さないことだ。空に浮かぶ人間の姿は、鹿たちに間違いなく人間だと気づかせてしまい、鹿笛で呼んでも反応しない。だから尾根を歩くことはつつしまなければならない。

また、早朝以外は、なるべく日の当たっていない場所を選んで歩く。日の当たっている場所は空気が暖まっていて、人間のにおいが上昇気流に乗って鹿のいる上方に運ばれるからだ。もちろん、整髪料や香水は禁物だが、山で仕事をしている人と同じにおいなら、人が入り込む山での鹿猟においては問題はない。それらのにおいは安全と鹿たちは認知しているからだ。

［待ち撃ちの場合］

待ち撃ちの場合は、カモフラージュのブラインドを作るか持っていくほうが、はるかに効率的だ。鹿がいると信じた場所にブラインドを作り、ＥＣＣコールを10分に1回、3声鳴きと2声鳴きを混ぜながら吹く。次いでカウトークを3分間に1回、吹きつづける。秋はすぐにオス鹿の返答がきて走って来る場合もある。しかし、ここで忘れてはならないのが、返答より大きな鳴き声を出さないということ。大きく息の長い鳴き声は、鹿を恐れさせる。なぜなら大きな息の長い声を出せる鹿は、肺活量が大きく体が大きいからだ。鹿は戦って勝てる相手が入り込んできたと思ったとき、猛然と怒り向かって来る。反対に自分より大きな鹿に対しては逃げてしまう。

　返事がなくても油断はしないこと。

ハンディーなカモフラージュブラインド

鹿は小さな「カサッ、カサッ」という音を立てて近づいて来る。あなたは左手で目を覆い、指の間から音のする方向を眺める。目の玉を直接、鹿に向けないように注意する。動物は輝く黒い丸を怖がることを忘れないこと。そして銃を構える動作も鹿を探す首の動きも、風になびく木の葉の動きに同調させる。

　速い動きは禁物だ。山の中での速い動きは危険の代名詞だからだ。

[音を立てて呼ぶ]

　交尾期は荒々しく声を立てるので、呼ぶ人間も荒々しく地面を靴で踏み荒らし、立木を角で押すように揺らす。枝で擦る。これで鹿は飛んでくる。後は射獲する。

　写真やビデオ撮影のために笛で呼ぶ場合は、交尾期の鹿は戦うために寄ってくるので、万が一のために武器を持って呼ぶこと。

獲物と肉

[日本のゲーム]

　日本には多くのゲームが生息している。そして捕獲されている。狩猟で捕獲されているのは、真鴨が毎年約25万羽、カルガモが約18万羽、小鴨が約13万羽、そのほかの鴨類が約5万羽、キジが約20万羽、山鳥が約7万羽、コジュケイが約8万羽、キジバトが約60万羽、タシギが約2万羽、雀類が約50万羽、カラス類が約10万羽……。

　獣類は猪が約7万頭、鹿が約7万頭、ウサギが約12万羽（注）、熊が約１０００頭、狸が約3万頭……。そのほか、狩猟以外の駆除で毎年約１００万羽の鳥類、約10万頭の獣類が捕獲されているのである（平成5～7年の環境庁統計の平均）。

　もしも日本に狩猟をする人がいなく

なったら、日本の農業や林業は大きな被害を受けることになるのは明白。でも、まだ日本には約18万人の狩猟をする男たちがいる。そして大量の肉が狩猟家と家族をはじめ多くの人に食べられるのである。これは大自然が与えてくれた野の恵みである。

注◆ウサギは昔、1羽、2羽と数えた。仏教思想で獣を食べてはいけないという教えから逃げるために、考えだした日本人の知恵である。これで山に住む日本人は、タンパク質の不足に陥らずにすんだ。今でも山の狩猟家はウサギを1羽、2羽と数えている。

[鳥の羽根のむしり方]

狩猟で射止めた鳥の羽根は、野原で温かいうちにむしるとよく抜ける。しかし、美しい獲物を家族に見せたいのが男心。そこで、持ち帰った獲物は熱いお湯につける。熱すぎると、皮が煮えてしまうので、70~80度くらいのお湯を大きなバケツに取り、冷えた鳥を10秒ほどつける。すると羽根がよく抜ける。この方法は羽根が舞い散らないので処理がしやすい。野原で抜くときは、羽根はそのまま散乱させ放置しておくこと。翌春に鳥たちが集めて巣の材料にするからだ。

[肉の熟成方法]

日本の狩猟者は肉の処理が苦手。血だらけの肉をビニールの買い物袋に入れて持ち運ぶ。人にあげるのも買い物袋に入れたまま。このようにすると肉は血漬け状態になり、臭くまずくなってしまう。だから狩猟者の周りの人間は、野生鳥獣の肉を欲しがらなくなる。

一方、肉食文化のアメリカは、大学の研究機関や政府が野生鳥獣の肉の処理の仕方、おいしい食べ方を研究し啓蒙している。私は彼らの研究を利用しておいしい肉を味わっている。

❶倒した獲物は、頸動脈を切って頭を下にしてつり下げ、放血する。動物の体の中の血が頸動脈から流れ出る。つり下げられないときは、山の斜面を利用する。谷側に頭を、山側に足を向け腹ばいに寝かす。これで、血が頭側と内臓側に流れ、良い肉のとれる背中や後ろ足の血が下がり、肉の中から出る血が少なくなる。

❷アメリカでは、肉の熟成はキャンプ地で始まっていて、獲物をつり下げるハンガーが用意されている。そして熟成される。日本では、すぐに解体が始まる。私は最初にナイフで背骨に沿って背中から割り、背ロースを2本取り、太股の肉を取る。その後、腹を割り内臓を取り出し、解体する。肉はすぐにアメリカ製のポリエステルの肉袋に入れる。この袋は通気性があり、血を吸収し虫を寄せつけないすぐれものだ。

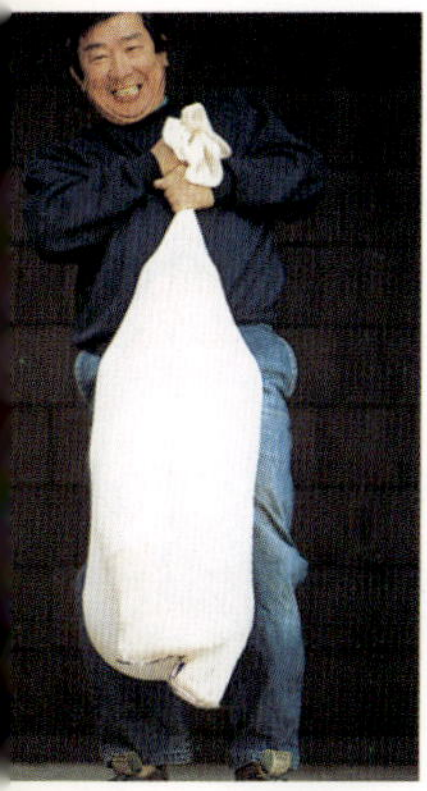

❸家に戻り、血を吸った肉袋から、新しい肉袋に入れ換える。このとき、水分が蒸発しすぎないように布でくるみ冷蔵庫の中で熟成する。この段階で冷凍してはならない。温度は2～4度をキープし、冷蔵庫の冷蔵棚に1週間置く。これでおいしいワイルドミートの完成である。家族で食べ、友人に野の恵みのおすそ分けをする。余分な肉は、冷凍焼けを防ぐワックスペーパーにくるみ冷凍する。

[ハンティング・ナイフ]

昔、ナイフに凝ったことがある。集英社から『アメリカン・カスタムナイフ』という本まで出した。今は余計なカスタムナイフは必要ない。持っているのは炭素鋼で鍛造されたランドールのアタック・サバイバル・ナイフが1本。D2鋼のガットフックナイフが1本。この2本とも、ナイフメーカーが熱処理をしているナイフだ。

焼き入れを外注に出したカスタムナイフには、どのような熱処理が施されているかがわからない。だから、アメリカの大変有名なナイフメーカーのナイフは、なんと私の目前でリノリウムの床に落ちて2つに折れてしまったのだ。有名ナイフといえども、得体の知れないものを持って山に入るわけにはいかない。

動物に刺して筋肉の収縮に刃物がつかまれて、暴れられてポキッでは、生き延びられない。だからヒグマの森に入るときは常にタイムプルーフのかかったランドール・ナイフというわけになる。

仕上げが美しいから持つのは都会人のコレクターのすること。眺めているだけで「切れそう」ではだめだ。田園生活では切れなければ役には立たない。しかし、カスタムナイフメーカーの多くは、テストのまね事をするだけ。魚を切った、肉を切っただけではテストではない。だから、アメリカのハンターたちの信頼を集めているマスプロナイフを選ぶようになったのだ。

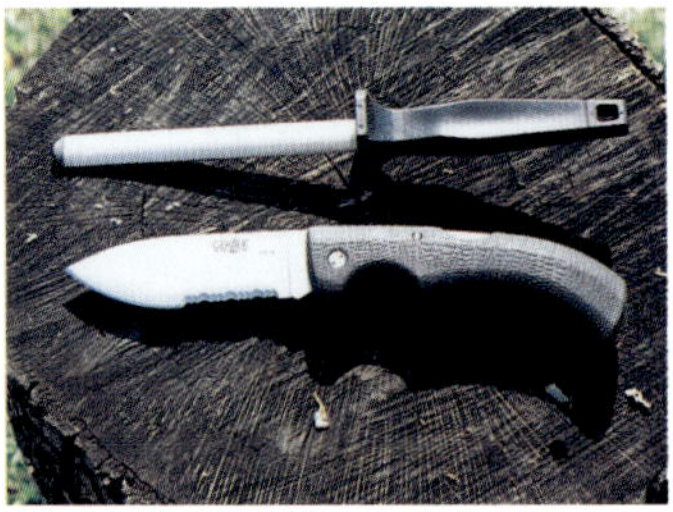

私のポケットにあるのは、マスプロの片手であけられる折り畳みナイフ。

そして車の中やリュックサックの中には、ダイヤモンドシャープナーが入れてある。これは安いマスプロナイフをあっという間にカスタムナイフと同じような切れ味にする。ハンティング用のナイフはこれがすべてだ。美しい、男心のプライドのナイフは、日本刀もそうだが、決闘用しかないのだ。

［肉料理とバーベキューの方法］

バーベキューといえば焼肉のこと。日本はタレに漬けた薄切り肉が一般的だが、アメリカ、カナダは塩と胡椒だけの厚切り肉。日本風はだれでも知っているので、アメリカ風バーベキューの作り方を紹介する。

私は白人と何度もバーベキューをした。そして何度も叱られ教わった。それは、最初に肉の両面を強火で焼き、フレーバーが出ないようにして、それから弱火にして焼くことだ。簡単なことだが、日本人には厚い肉を野外で食べる経験があまりなく、知らない人が多いのだ。これで肉のフレーバーが肉に閉じ込められ、おいしくなる。

鹿肉は、ゴマ油とサラダ油を混ぜて、薄切りにした肉を漬けて置く。こうすることで脂分の少ない鹿肉もおいしく食べられる。

［ワイルドミートの食べ方の鉄則］

野生鳥獣の肉は、細菌や寄生虫の検査を受けずに全国に流通している。本来、野生鳥獣の肉はきれいだったはずなのだが、家畜との接点が多くなり、家畜の病気や寄生虫が、野生鳥獣の体に入りはじめた。牛の病気である病原性大腸菌O—157も、鹿から発生している。北海道の鹿からは、肝蛭《かんてつ》という肝臓に寄生する寄生虫が多量に発見されている。トリヒナという寄生虫は熊の血の中に寄生している。どれも人間に寄生するために、注意が必要である。

●だれが射止めたか、どこに弾が当たったかわからない肉は食べない

狩猟者の中には、解体に使うナイフを洗わず使いつづける人がいる。そのようなナイフは雑菌だらけで肉が汚染されてしまう。また、野で大小便をした手で解体をする人の肉も注意したほうがよい。手術用の手袋を使用して解体する狩猟者の肉は安心できる。

弾が、寄生虫や寄生虫の卵だらけの肝臓に当たった場合は要注意。肉に飛散していることがある。とくに肝蛭が多いエゾ鹿の肉には注意する。多くの鹿肉を売っている猟師は、怪しいなと思っても、知らん顔をして鹿肉解体業者に売っているのが現実だからだ。

●自分で射止めた場合は、獲物の体と内臓を調べる

猟期中なのに季節はずれの鹿子模様がある、角に袋がかぶさっている、元気がない、痩せている獲物は注意する。解体中は、変なボツボツや、斑点が内

臓にないかを気をつける。寄生虫が肝臓で動いているか、いないか。肉の中にも、しこりがないか。舌にブツブツや斑点がないかなどを調べる。それらのいずれかがあった場合は、放棄することだ。

●かならず調理して食べること

衛生観念があり、信用のできる狩猟者から買う、もらう。自分で射止めたという正しい情報のある野生鳥獣の、火を通した料理肉以外は口にしない。これが鉄則である。料理の後は、まな板や調理用具をよく洗うこと。

また野生鳥獣の肉は、ライセンスのない人が解体したものや、寄生虫の卵や細菌の検査もなく流通しているものもあることを忘れないように。

野の恵みの田園レシピ

[キジの丸焼きの作り方]

キジはおいしい。最近の鶏よりはるかにおいしいと私と家族は思う。10月初旬の娘の誕生日前に、「1人で1羽ずつキジの丸焼きを食べたい」と息子からリクエストがあった。私は頑張って、千歳飛行場の近くのキジ猟場に愛犬とともに2日連続で出かけ、4羽を射止め、父の務めを果たした。娘1人に息子が2人で3羽、夫婦で1羽。食べ残した肉片は犬に少しずつ食べ与える。犬も喜びキジ猟に精を出してくれる。

❶キジを射止めてから3日間、羽根を付けたまま冷蔵庫の棚で熟成する。

❷丸焼きにするときは70～80度のお湯に10秒ほど浸けて丁寧に羽根を抜く。どうしても抜けない毛は、ガスで炙り燃やしてしまう。この作業を最初にしておかないと、丸焼きのときに羽根の焦げたにおいが料理に付くので、事前にかならず処理すること（写真❶❷）。

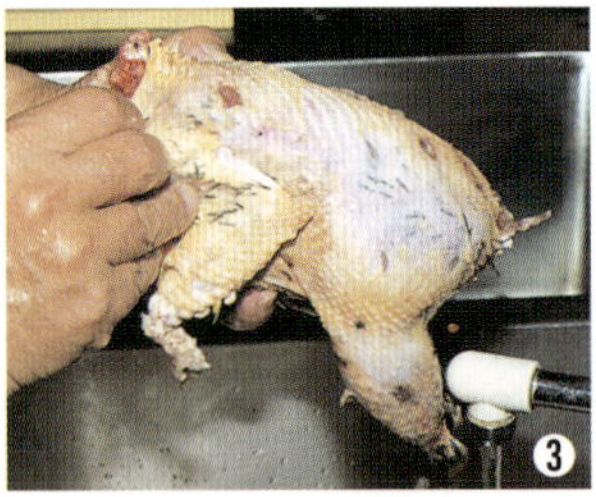

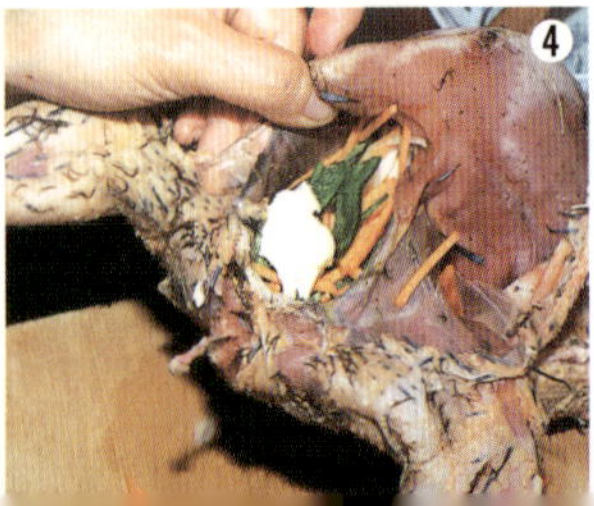

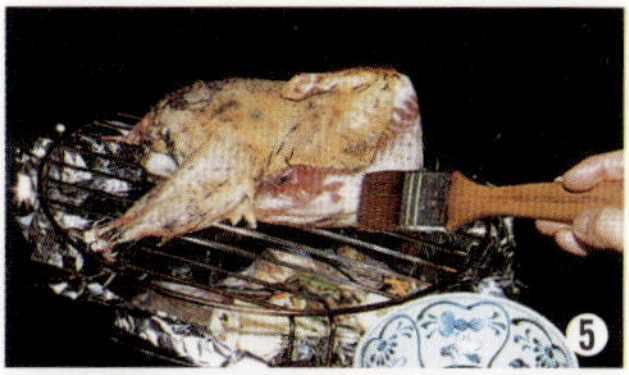

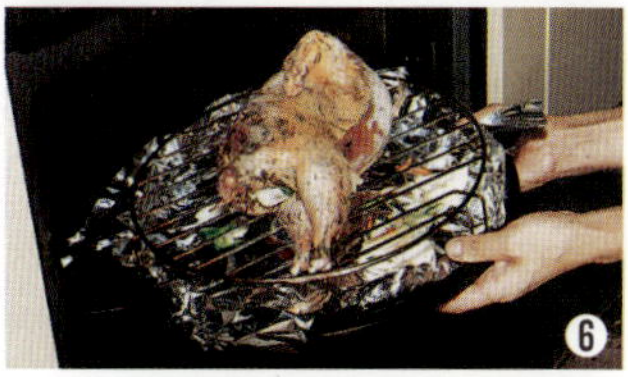

❸内臓は射獲したときに開腹して抜いてあるので、血痕を水洗いする。我が家の水は地下45メートルから汲み上げている天然のミネラルウォーターだから水洗いをするが、都会の水ではしないほうがいい。市販のミネラルウォーターで洗い、刻んだセロリとタマネギに香辛料をふり、バターと一緒にキジの腹に詰める。ブランデーを腹の中に少し注ぐ。サラダ油をキジの体にたっぷりと塗る。そしてソルト&ペッパーを好みの量だけふりかける(写真❸～❺)。

❹オーブンで焼く。オーブンの能力によって焼き時間は変わる。キジの皮の表面がキツネ色になったら焼き上がり。赤ワインでも開けて香りを楽しみながらキジ肉を食べる。極楽(写真❻❼)。

[ロース鹿肉のたたきの作り方]

寄生虫の問題で生肉を積極的に食べる気がしなくなり、我が家の鹿料理は、たたきが多い。この料理はアメリカ人も「やめられない止まらない」とバクバク食べる。鹿の背骨に沿って長さ70センチほどの肉の塊が2本とれる。英語ではバックストラップと呼ばれるが、日本ではローストに適した肉という意味から通称ロース肉と呼ばれる。このロース肉を利用した日本風の最高級料理である。

ロース肉の取り方

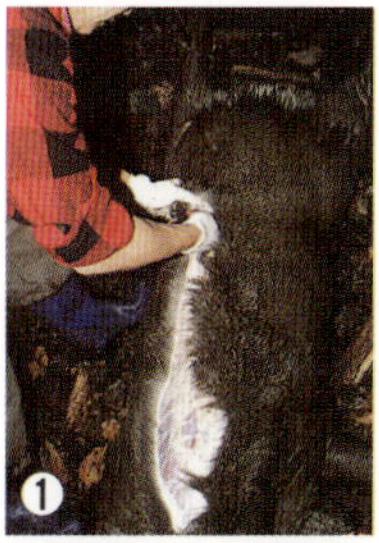

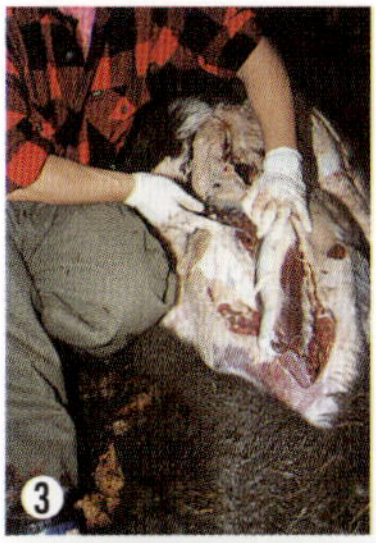

10分ほどうつ伏せにし、血を下げてから背骨にそって皮に切れ目を入れ、背開きにする(写真❶❷)。背骨にそってナイフを入れ、2本のロースを切り取る(写真❸❹)。❸の左手でつかんでいるのがロース

［たたきの作り方］

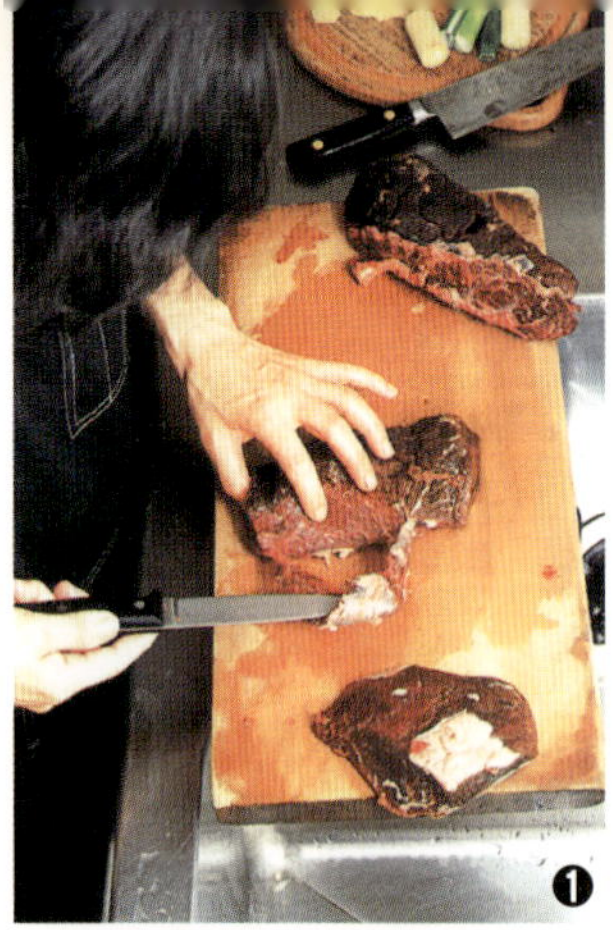

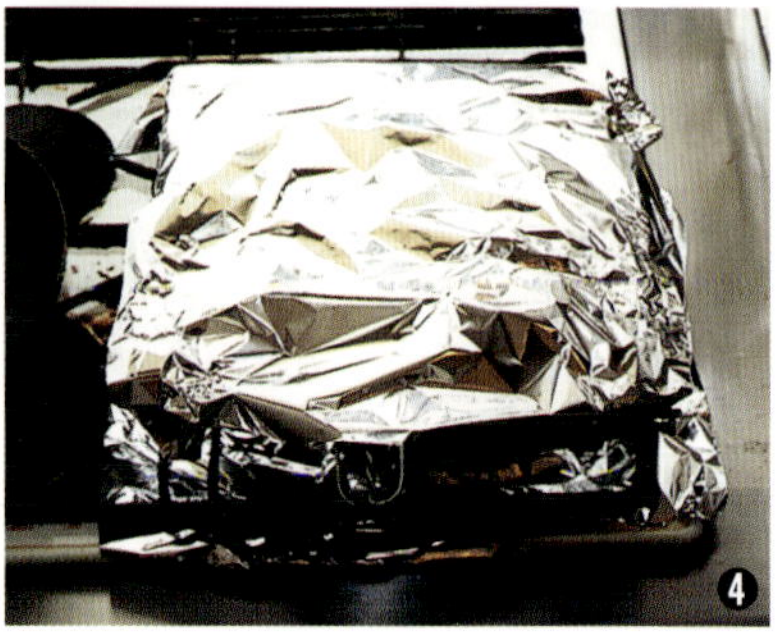

［鹿肉たたきの作り方］

❶1本角と呼ばれる短い角を持った若い鹿のロース肉を使う。冷凍してある場合は解凍後、筋や冷凍焼けした部分の肉をひと回り惜しげもなく切り落とす（犬の分）。約20センチの肉ブロックを作る。同時に長ネギを4～5センチの長さでぶつ切りにする。生姜1個もスライスしておく（写真❶❷）。

❷ガスレンジで肉のブロックの表面を強火でさっと焼く。次にアルミホイルを肉にかぶせて15分ほど弱火で焼く。肉の中心部は、カツオのたたきのような焼き方にするとおいしい。長ネギも横で焼く。焼いている間につけ汁を作る（写真❸❹）。

❸保存するためのつけ汁は、酢をカップ2分の1、酒をカップ2分の1、しょうゆを1カップ、スライスした生姜を入れる。このつけ汁に焼き上がった熱いネギと肉を漬け込む（写真❺～❽）。

❹1日は寝かせてから食べる。冷蔵庫の中で10日間くらいは保存できる。好みの薬味や味で食べる。私はあさつきのみじん切りに大根おろしを加えたものを肉にくるんで酢じょうゆをつけて食べる。冷やの日本酒で口をすすぎ何度も食べる。美味。鹿独特のフレーバーが口に広がる。アメリカ人は、タマネギのみじん切りにウスターソースとケチャップを加えたケチャップ・ソースが好みだった（写真❾）。

❾

［鹿肉フライ風ステーキの作り方］

鹿肉は脂分が少ない。そこでヘルシーな肉と脚光を浴びたのだが、それだけではないように感じる。高級肉を食べている過保護なペット犬でも、鹿肉を与えると、半狂乱になって食べる。遺伝子を刺激する何かが含まれているのだ。だからヨーロッパや北欧を故郷にする人々は、鹿肉に夢中になる。しかし、脂の乗った霜降り肉の好きな日本人には、鹿肉をステーキにすると、脂分が少なくておいしく感じない。そこでこの料理。

❶畑が荒らされている地帯の若鹿の肉を使う。畑の豆や小麦、ビートを食べているために肉が柔らかく美味なのである。山から里に下りたことのないような山奥の鹿は、肉が暗色でおいしく

ない。厚いステーキが食べたい場合は腿の肉を使う。

❷好きな厚さに肉を切り、塩、黒胡椒をふり小麦粉をまぶす。溶き卵に浸けパン粉をまぶす。パン粉には、みじん切りにしたパセリを好みの量入れておく（写真❶❷）。

❸オーブンに入れ、バターをたっぷりのせて焼き上げる。溶けたバターがパン粉に染み込み、焼き上がりはキツネ色になる。グレービーソースをかけて食べる。赤ワインを口でゆすぎながら食べる。美味そして香りよし（写真❸〜❻）。

[薫製の作り方]

煙のにおいが染み込んだ肉や魚の保存食は、大昔、野山を駆けめぐり獲物を求めていた時代の生きる糧。その記憶が遺伝子の中に残されているのか、男たちは、煙のにおいがする薫製が好きだ。だから薫製を作る、食べるとい

[鹿肉フライ風ステーキの作り方]

うと、大多数の男たちの目が輝くのである。煙のにおいが眠っていた原始の血を覚ますのだろう。現代の田園生活では保存食の必要性は薄れてきている。だが、覚えておいて損はないノウハウである。

❶スモーカーを作る

燻製には50度くらいの熱で燻煙する温燻製と30度くらいの熱で燻煙する冷燻製がある。本物といえば冷燻製だが、これにはスモークルームと煙を出す釜を別に作り、冷えた煙が流れるように長い煙突でつなぐ必要がある。その上、燻製ができあがるまで数日から1週間もかかる。そこで簡単な温燻製スモーカーを作る。

スモーカーは魚や肉の大きさによってドラム缶でもペール缶でも作れる。サーモンを丸ごと燻製にするならば、当然のごとくドラムカン・スモーカーを作る。作り方は、ドラム缶の最上部の縁の下に肉の塊や魚をつり下げる3〜4本の鉄の棒を差し込む穴をあけるだけ。小さなヤマメや魚類、25センチくらいまでの肉片には、ペール缶で同じように作る。そしてブロックで作った釜の上にドラム缶やペール缶を載せるだけ。

魚や肉を入れる前に、スモークダストを入れて試し焼きをする。缶の内部や表側の塗料やコーティングを燃やして、余分なにおいを消すためだ。

❷スモークダストを作る

スモークダストはアウトドア・ショップで売られている。しかし少量で高価だ。だから田園地帯では、周りの木を切り自作する。沢クルミや鬼クルミ、白樺、桜、山桜、リンゴなど実のなる木や硬い木がスモークダストに適している。においは好みもあるので試してみることだ。ただし、常緑樹や柔らかい木は使用しないほうがよい。

これらの木をシートの上に載せ、チェーンソーで丸太の上を切り刻みスモークダストを作りだす。チェーンの潤滑油は入れないで回すこと。チェーンソーの焼きつきが心配な人は、植物系のチェーンオイルを少し使用すればよい。集めたスモークダストは、シートの上に広げて太陽光で乾燥させ、袋に入れ保管する。この方法で多量のスモークダストが作れる。

スモークダスト

❸スモークの下ごしらえ

鹿肉が丸ごと入る大きめの容器に肉を漬け込む塩水を作る。塩水の濃さは好みもあるが、保存に適しているのは濃い目。私は海水のしょっぱさを基準にしている。そしてその中に茶色のザラメ砂糖を入れ、スパイスを入れる。この塩水の中に肉を一晩漬ける。ただし小さな肉片の場合は、塩水を薄くしなければしょっぱくて食べられないことになる。塩水の中から取り出したら乾燥させる。野外で乾燥させると、虫がたかりハエが卵を産むので、冷蔵庫の中で一晩乾燥させる（写真❶❷）。

❹缶の中に肉をつり下げる

スモークダストをドラム缶やペール缶の中にたっぷりと入れ、ビールを注ぐ。香り付けと、スモークダストを湿らせ煙がよく出るようにするためだ。ドラム缶の下に薪をくべ、火を付ける。スモークダストが煙を出しはじめたら、肉を缶の中につり下げ、鉄板のふたをする。ふたをしないとスモークダストが燃え上がることがあるからだ（スモークダストが燃えたときはビールを注ぎ、火を消しふたをすぐにする）。あとは4～6時間ほど薪を弱火で燃やし薫煙を続ける。薫煙時間は外気や缶の中の温度、肉の量、肉の乾燥具合で変わるので、経験で学ぶしかない。それまでは時々、肉に竹串を刺して出来を調べたほうがよいだろう（写真❸～❺）。

❺冷やしてから味わう

完成した薫製は、冷やしてから食べる。オンザロックのウイスキーがピッタリとくる。田園地帯の極楽（写真❻）。

狩猟にまつわる許可証

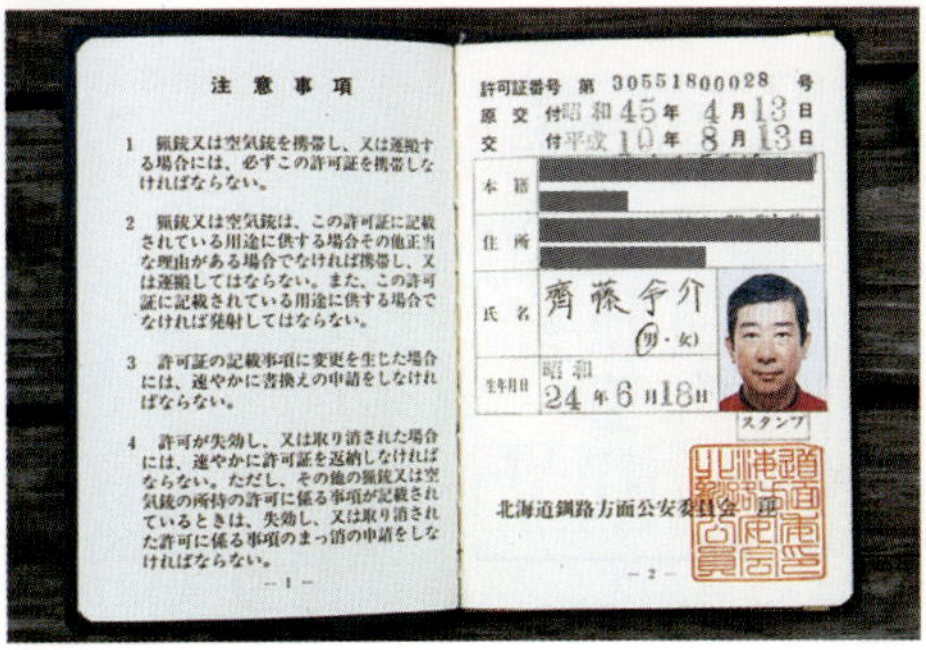
注意事項

1 猟銃又は空気銃を携帯し、又は運搬する場合には、必ずこの許可証を携帯しなければならない。

2 猟銃又は空気銃は、この許可証に記載されている用途に供する場合その他正当な理由がある場合でなければ携帯し、又は運搬してはならない。また、この許可証に記載されている用途に供する場合でなければ発射してはならない。

3 許可証の記載事項に変更を生じた場合には、速やかに書換えの申請をしなければならない。

4 許可が失効し、又は取り消された場合には、速やかに許可証を返納しなければならない。ただし、その他の猟銃又は空気銃の所持の許可に係る事項が記載されているときは、失効し、又は取り消された許可に係る事項のまっ消の申請をしなければならない。

— 1 —

許可証番号 第 30551800028 号
原交付 昭和45年4月13日
交付 平成10年8月13日
本籍 [redacted]
住所 [redacted]
氏名 齊藤令介 (男・女)
生年月日 昭和24年6月18日
スタンプ
北海道釧路方面公安委員会 印

— 2 —

［銃の所持許可証の取得方法］

銃の所持許可証を持つ人は、〝安全の証明〟でもある。それは警察が酒屋を調べ、酒量、素行、家族、犯罪歴、前歴などを調べた上で、何も問題のない人に発行するライセンスだからだ。それゆえ事故も少なく、対人損害賠償1億円の狩猟者保険でさえ1年間で約5000円の保険料で掛けられるのだ。

●年齢制限

エアー・ライフル（空気銃） 18歳以上
散弾銃 20歳以上
競技用ライフル銃 20歳以上
狩猟用ライフル銃 散弾銃の継続所持歴10年以上

●欠格事項

精神病者、心神衰弱者、麻薬・大麻・覚醒剤中毒者、住所不定者、暴力団関係者、傷害罪などの犯罪歴があり再犯のおそれのある者。集団・個人で暴力行為を起こすおそれのある者。銃砲刀剣類所持取締法違反の刑が終了してから5年を経過していない者。

●猟銃等講習会

年齢制限をパスして欠格事項のない人は、地元警察署で約1カ月に1回行われる講習会を受講しテストを受ける。申請書は警察署にもあるし、銃砲店にもある。ライカ判の写真2枚と手数料を払い申し込む。

●射撃教習受講資格認定の申請

申請をすると、警察は銃の所持許可を出すときと同じ調査をする。そして欠格事項がなく、本物の銃を持ち射撃教習をしても安全と認定されると〝射撃教習受講認定証〟が交付される。有効期間は3カ月。

●射撃講習受講

教習射撃場に指定されているクレー射撃場で講習を受け、本物の銃でのクレー射撃を行う。射撃講習を終えるとテストだ。テストはクレーが25枚中2枚が当たれば合格である。教習員（銃砲店のオーナーが多い）の教えを守れば大多数が合格する。

●銃砲所持許可申請

銃砲店で好きな銃を選んで、予約をし、書類をそろえたら警察に申請を出す。約1～2カ月後に許可証が交付される。

●銃の所持

所持許可証を交付されてから3カ月以内に許可証を持ち、銃砲店で銃を受け取り、2週間以内に警察に持ち込み確認を受ける。

［狩猟免状取得方法］

狩猟をするには各都道府県で狩猟者登録を行うのだが、その前に狩猟免許試験という国家試験を受けなくてはいけない。

●狩猟免許試験受講申し込み

毎年6～7月頃に試験が行われる。受けようとする免許試験を各都道府県の担当に申し込む。甲種狩猟免許は、わなや網猟の狩猟に必要。乙種狩猟免許は、空気銃を含む銃を使用しての狩猟に必要。

●準備講習会を受講

国家試験はテストだけなので、狩猟の知識がない人は、事前に行われる地元の猟友会が主催する講習を受ける。この講習を受けると、飛躍的に合格率が上がることになる。そして狩猟免許試験を受講する。

●狩猟者登録

ライカ判の写真2枚。狩猟者登録申請書。ハンター保険加入証明書。狩猟免状。以上の書類と必要経費（約2万円）を各都道府県の担当に申し込む。これで狩猟登録証が交付される。担当部署の名称は各都道府県によって違うので問い合わせる。「狩猟の係を」と言うと、電話をつないでもらえる。

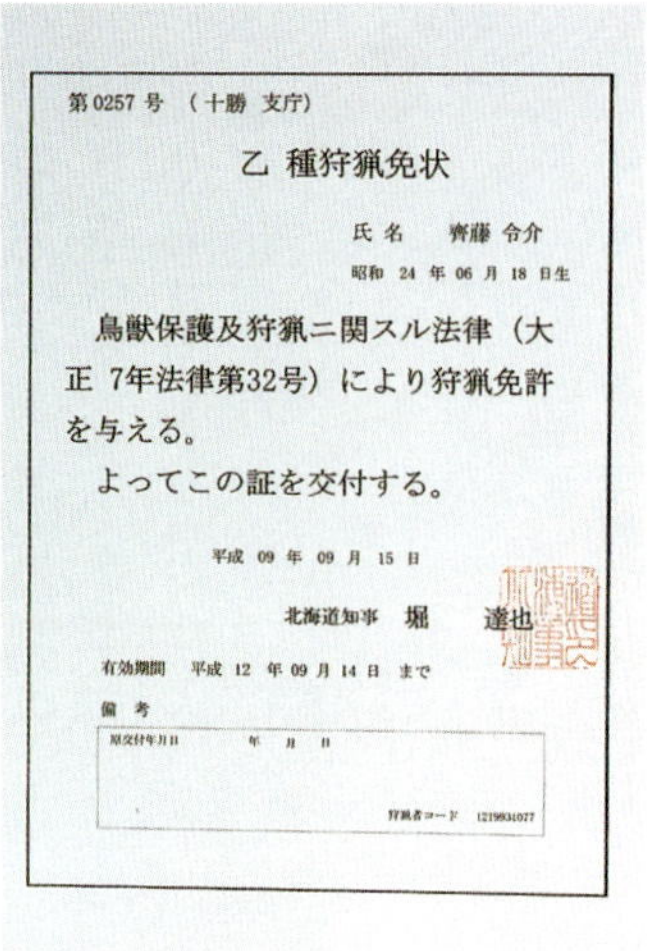

第0257号　（十勝　支庁）

乙　種狩猟免状

氏名　齊藤 令介

昭和 24 年 06 月 18 日生

鳥獣保護及狩猟ニ関スル法律（大正 7年法律第32号）により狩猟免許を与える。

よってこの証を交付する。

平成 09 年 09 月 15 日

北海道知事　堀　達也

有効期間　平成 12 年 09 月 14 日 まで

備考

原交付年月日　年　月　日

狩猟者コード　1219931077

コラム　鹿のトロフィーの作り方

鹿を拾った。鹿を射止めた。美しい角を飾りたい。壁に飾られる獲物をトロフィーと呼ぶ。

しかし動物の頭の剥製は、女、子供には人気がない。嫌悪感さえ抱かれる。私も嫌いである。そこで、ヨーロッパ風に頭部の一部だけでトロフィーを作る。

❶皮が腐っていない場合は、皮ごと頭の後ろ側の鉢状の部分から鼻にかけてノコギリで切り取る。

❷乾かした後、余分な肉をはぎ取る。そして石油に浸ける。これで寄生した虫の卵も死ぬし、虫もつかなくなる。再度乾燥させる。このとき、皮を内側に向くように成形しながら乾かす（写真❶）。

ノコギリで切り取り乾燥

❸頭に、骨の後ろ側からドリルで木ネジが通る穴をあける。適当な板に木ネジで止めれば完成（写真❷）。
❹骨だけで作りたい場合は、頭を大きな鍋で30分ほど煮る。そして余分な肉を削ぎ落とし乾燥させ、防虫剤をかけ木ネジで板に止めれば完成（写真❸）。

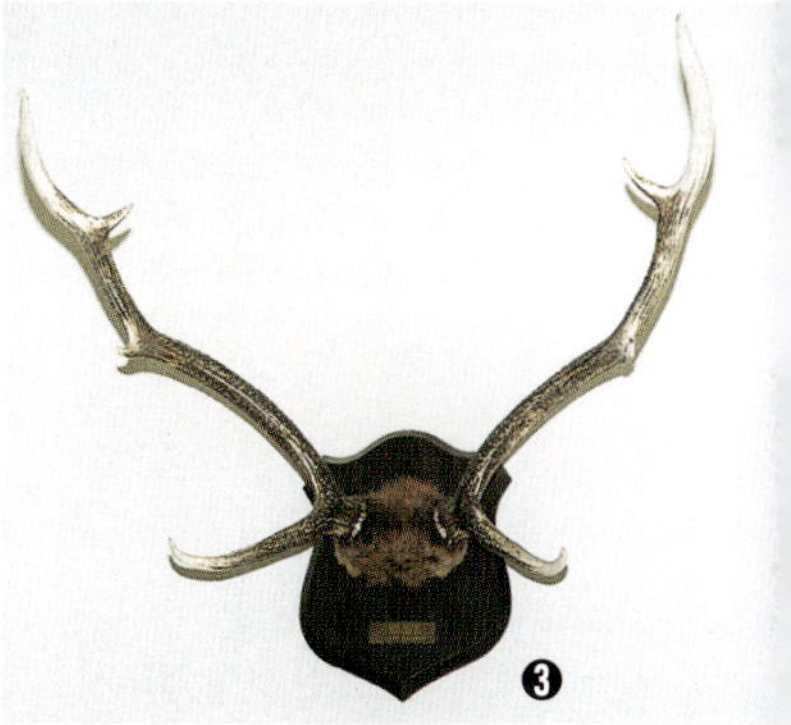

コラム
山スキーの滑り方

北海道のハンターたちは、昔から山スキーを使用して鹿狩りを行ってきた。自衛隊も山スキー。幅広の山スキーは雪の中に潜らず、日本ではもっとも適した雪中歩行具といえる。

アウトドアの世界で人気のクロスカントリー・スキーは、名前こそクロスカントリーだが、実際は林道や、作られたコース用のスキーといえる。私はノルウェーのクロスカントリー・スキーの有名地を滑ったが、作られたコースだった。大型のゲレンデ整備の雪上キャタピラー車が走ると2本のスキーの幅が刻まれていくのである。だから、クロスカントリー・スキーはレース用スキーのような、細身のスキー板になってしまったのだ。

新雪や、整備されていない場所を登り、滑るには、潜らないような幅広のスキー板が必要だ。そして登り時にひっかかるようにシールを装着する。シールはその名のとおりアザラシの皮が使われる。その毛並びから、登りは毛が雪に刺さり、ちょうど抵抗となって逆滑りを防ぎ登りやすくなる。下りは毛が寝てくれるので滑れる。自衛隊のスキーはソール部分に魚のうろこ状の溝が刻まれていて、登りのときに引っかかるように作られている。下りは引っかからないので滑れるという構造だ。

［キックバックターン］
右足のスキーを持ち上げ
後ろに向ける。そして左足も

秀岳荘の山スキー

この山スキーを使用するのに最初に覚えるテクニックは2つでよい。

●キックバックターン

　進行方向を変えるのに、片ほうのスキー板を持ち上げ後ろ向きにして、次にもう一方のスキー板を反対方向に向ける。これで体の向きが180度変わる。山スキーは雪が深く、枝も隠れている。滑りながら無理にターンをするより、スキーを止めて確実に板を踏み替えて方向を変更したほうがよい。

●ポール・ブレーキ

　下りは、スピードを出さずに直滑降をする。2本のポールを股の間に挟み、お尻で体重をかければブレーキが利き、体重の掛け方を少なくすればスピードが上がる。このブレーキの掛け方をマスターすることだ。シールが付いていると回転は簡単にはできないし、エッジの効きも悪くなる。だから、尻の圧力を利用したポール・ブレーキが必修のテクニックである。

　私のポールはブレーキが掛かりやすいように、ポールのリングに細引きを編み上げ、ウルトラフレックス接着剤を塗りたくってある。昔のポールのリングは、竹と皮で作られていたためにブレーキが利いたのだが、現代のポールはグラスファイバー製のシャフトにプラスチックのリング。これではブレ

［ポール・ブレーキ］
急斜面ではポールに全体重をかける。
緩い斜面では軽く体重をかけるだけで
ブレーキが利く。

ーキが利かないので、改良したわけだ。改良後は雪との摩擦が多くなりブレーキがよく利く。

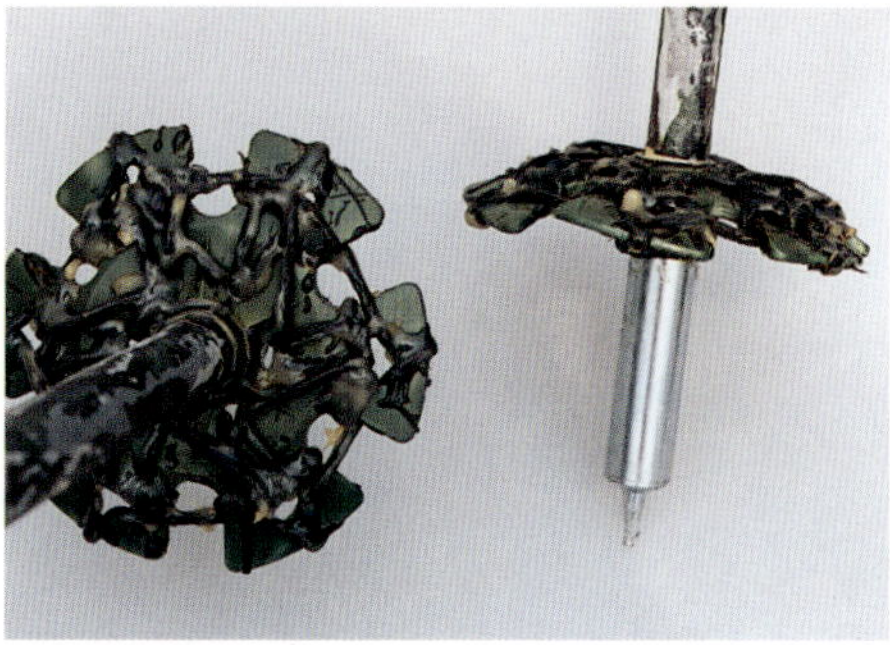

コラム

非常用シェルターの作り方

山菜採り、キノコ採り、山の中で迷うことはあり得る。けがをして動けなくなることも起こる。時代は変わり、遭難者は山の中から携帯電話をする。「助けにきて!」。GPS（全地球測位システム）機器を持っていて遭難した位置がわかり警察に電話をかけても、天候が悪かったら救助隊はすぐには来てくれない。そこでシェルターの作り方を覚えておく。

樹林帯で行動しているかぎり、生き延びられると考えること。山へ入る人の常識として鉈《なた》か山刀、マッチかライター、非常用の食料は持っているだろうから、小屋掛けをして助けがくるまでビバークする。松や檜、杉などの青い葉の繁った直径10センチほどの木を地面から1メートルの高さで切る。このときに木は完全に切り離さずに倒す。すると柱の部分と屋根の部分ができる。屋根部分に、ほかの木から切り取った青木の枝を積み重ね屋根を掛ける。雪が積もっている場合は、屋根に雪を載せる。これで風も防げる。小屋の中は、青木の枝を敷きつめ地面の冷たさを遮断する。この中に入っていれば、体力も温存できるし、生き延びることができる。

森林限界線を越えた高地では、万全の準備をしていた人間だけが、緊急時に生き延びることができる。ツェルトやテントもなしで高地では生き延びられない。雪洞を掘るためのシャベルがなければ、積み重なる雪の塊を作ることはできない。素手では穴を掘ることはできない。食料もなしでは、体力を維持できない。何よりも体力、気力、十分な装備をしておくことだ。

コラム

低温時のサバイバルの方法

北海道の厳冬期は、マイナス30度になる。私は常に単独で山に入るために緊急時の準備をしてある。リュックサックには、尻敷き用のウレタンマットが背当てにしてある。リュックの中には、救急用品の袋をはじめ、ポリエステル製の肉袋、ゴムボーイという折り畳みノコギリ、予備のコンパス、ウールの手袋、100円ライターが入っている。

小さなジップロックの袋に入ったサバイバル用品は、チタン製のシェラカップ、紅茶のティーバッグ4袋と砂糖。チョコバー2本。ろうそくが1本。ほかに人間の体を包む保温材のスペースブランケット1枚。ティッシュペーパー、発熱ホカロンの小袋1個。だから、私が山から帰ってこなくても、2日間はだれにも連絡するなと妻に言い聞かせているのである。

万が一、足の骨を折っても、ノコギリで添え木を作り、救急用品の中のアスレチックテープでテーピングをし松葉杖も作れる。シェルターを作り、たき火を起こし、紅茶を飲めばキャンプと同じこと。行動食用のサンドイッチが3分の2残っていれば、2日間はだいじょうぶ。吹雪になってもシェルターの中にいて、シェラカップにお湯を沸かして飲んでいれば体温は保たれる。

しかし、カップがなければお湯は沸かせない。お湯が沸かせなければ、お湯の熱を体内に取り入れる術を失う。ライターがなければたき火を起こせない。用意さえあれば、凍死はしない。低温時はありとあらゆる保温材になるものをジャケットとシャツの間、ポケットに詰め込み体をパルキーにして火を起こし、シェルターを作る。原始人と同じことを行えばよいだけだ。これで寒さの中でも生き延びられる。

狩猟

第2章

田園生活に必要な大道具、小道具

カントリーウエア

田園生活のファッションは基本的に個人の好みが優先される。イギリス田園生活風やアメリカ開拓時代風、フランス風、日本風……。とにかく自由である。ただし、けがをしたくなかったら、作業用の服を着るときは基本的ルールを守らなければならない。

たき火や野焼きをするときは、燃えやすい化繊の服は絶対に着てはならない。帽子も手袋も着用せずに、いばらや強い日差しのあるフィールドの作業に出てはならないのは、だれでも理解できるであろう。

薪を作る、木を倒す……、田園生活で多用するチェーンソーを扱う場合は、ファイバーが封入されたズボンや、長靴を履くと事故から身を守ることができる。誤ってチェーンソーの刃がぶつかっても、封入されたグラスファイバーの繊維が刃に絡みつき、チェーンソーをストップさせる防護能力があるからだ。機械に巻き込まれるおそれのある作業には、巻き込まれたとき、袖がちぎれやすく作られたデザインの作業服が必要である。これはトラクターメーカーから発売されている。

野外では基本的にアウトドア・ウエアの選択方法と同じと考えてよい。寒いときは保温能力が高い服を選べばよいし、行動するときは動きやすい服を選ぶことである。

私は3年前まで20年間、あるスポーツ用品会社のアドバイザーをしてきた。良いアウトドア・ウエアを開発し供給するためだった。しかし、常にジレンマがあった。アウトドアで快適に動けるのは、軍用品のデザインや、伝統的なデザインに決まっているからだった。良質な軍用ウールでジャケットを作れば透湿素材などいらなかった。軍用は最高級の素材を使い、コストを度外視したものばかり。それでアウトドア・ウエアを作ったら採算が合わない。ましてや品位がなくて売れなくなる。そして〝ウイークエンド・アウトドアマ

カントリーウエア

ン"たちにはヘビー・デューティ（HD）過ぎることになった。

もっと軽くて街でも着られてファッショナブル。これが日本やアメリカのアウトドア・ウエアのコンセプトになったのだ。だからアウトドア・ウエアはHDの伝統から外れて、ファッション性を優先し追求するようになった。

それでも日本のメーカーは、日本人用に作るので、多民族の体型に合うように作らねばならないアメリカ製と違い、日本人の体型にフィットした。そして、よそ行きのウエアとして日本の田園生活に定着したのである。

実際の田園生活では、圧倒的に男たちはつなぎの作業服を着ている。女は日焼けを防ぐために大型の帽子に布を巻く。私は伝統的なデザインを踏襲したHDアウトドア・ウエアを着る。私は、家の近くで行動するときの服は、何よりも通気性を重視している。冬でも作業をすると汗をかくからだ。だからジャケットは透湿素材で作られたものばかりとなっている。そしてもっとも気にするのがポケットの形。田園生活では工具を持って行動することが多い。その工具がポケットに入らない、ポケットから落ちるようなデザインの服は絶対に選ばない。田園生活ではスタンダードのポケットの形でなければ、役立たないからだ。

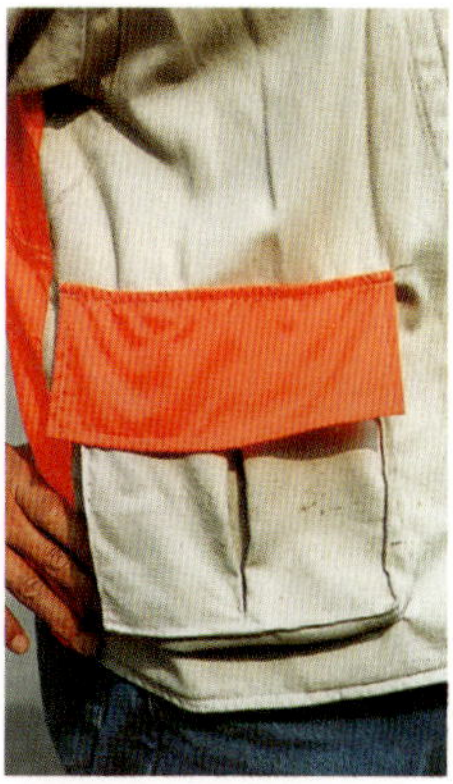

物がたっぷり入る
スタンダードなポケット

カントリーウエアの選択方法

[野焼き、たき火のとき]

作業服の素材は不燃素材のコーネックス製か、表面が毛羽立っていない綿素材にする。燃えやすいナイロンやレーヨンなどの化繊類、綿でも表面が起毛してあるものは火が燃え移りやすいので、火を扱う作業では絶対に着てはならない。守らないと、毎年、何人かはたき火が服に燃え移り、火に巻かれて犠牲になるのだが、そのうちのひとりになることになる。

[厳冬期の写真撮影時やワカサギ釣り]

静止状態が長時間続くときは、暖かい空気を多量に保持する、かさのあるバルキーなダウン製品のジャケットがベスト。

ただし、大量に汗をかくハードなスポーツや労働時には、汗がダウンの中で凍りつくので不適である。

バルキー、イコール保温層であることはだれでも知っている。サバイバル時に薄着の場合は、周りの乾いた葉っぱや枯れ葉、白樺の皮、紙などをシャツとジャケットの間やポケットの中に詰め込む。こうすれば飛躍的に保温力が増大することを覚えておこう。

【厳冬期の行動を伴うときの服】

シンサレートが封入され、透湿素材のゴアテックス・シェルで作られたジャケット・フード付きがベスト。私はこればかりである。ズボンは雪の斜面から滑り落ちた場合に備えて、起毛されたポーラーテック・フリースと透湿素材が合わさったものか、NATO軍が払い下げた軍用の分厚いメルトン・ウール製のどちらかを愛用している。

表面がツルツルな素材は雪の斜面から滑落した場合ブレーキが利かず、滑落が止まらないので選ばないこと。

【肥料や農薬散布時】

散布が終了したときにそのまま洗い流せる雨具を利用すること。帽子にゴーグル、ゴム手袋を忘れてはならない。この雨具の素材も透湿素材が蒸れなくてよい。

【山菜やキノコ採り、オフロード用の服】

山菜やキノコのある場所は、道のないところ。当然、原始時代のままの場所だ。いばらがあり、風倒木がある。風穴もある。油断して歩いていると、つんのめり穴に落ち、捻挫をする。熊にも襲われるし、ダニたちは動物と思いたかってくる。いつ遭難してもおかしくない。

それだけにウエアは真剣に選ばなければならない。

歩きやすく、いばらや擦れに強いズボンは、目のつんだ編み方をされたコットン製や綿に化繊の混じったストレッチ製なのだが、これらは保温性能が劣る。だからかならず保温性能の高いアンダーウエアを身に着けること。ジーンズのような硬い生地で作られたズボンは膝が曲げにくく、アップダウンの多い日本の山野では不適である。上着は、行動に応じて脱いだり着たりが楽な服にする。

いちばん上が、防風と防寒を兼ねた風を通しにくいデザインのもの。次が化繊のジャージーやポロシャツかウールのシャツ。いずれもが暑さや腕のけがに対処できるよう、腕まくりができるものがよい。そしてアンダーシャツは保温性能が高く、汗を外に排出する能力の高い、現代のテクノロジーで作られた化繊のものを選ぶ。これらは登山用品店やスキー用品店で販売されている。私は2つか3つのボタンが付いた、ヘンリーネックと呼ばれるデザインのものを愛用している。これだと暑いときはボタンを外すことで放熱効果が上がり、冷えたときはすぐに閉めることができ便利だ。

上着やズボンの色はダニがたかっても発見しやすい色、黄色のような明るい色にすること。黄色は蚊やアブの寄り付きが少なく、遭難したときも目立つし、行動中も仲間に自分の場所を認知させやすいのでおすすめの色でもある。間違ってもダニたちが、樹上や笹の上から、熊や鹿や猪と思い、好んで落ちてくる黒系統や濃い茶系統の色の服を着てはならない。ダニは好んで付くし、そのダニを発見しにくいからである。

帽子と皮手袋は重要なプロテクター

田園生活や森の中では帽子が必要なことはだれにでも理解できる。人間にとって大事な頭を直射日光や落下物、転倒のショックから守る。防寒の役割もある。手袋は、やわな都会人の手を熱や寒さ、いばらの刺《とげ》から守り、より大きな力を出すことを可能にしてくれる。手袋をしていないと、人間は手をポケットに入れてしまう。するととっさの行動ができなくなる。だからかならず手袋をして手を出しておく必要があるのだ。私は以下の帽子や手袋を季節や用途に応じて使用している。

【帽子類】

【ワックスが施された硬い素材の帽子】

斧を使用するときのように、道具に何かが弾かれ飛んでくる、ぶつかってくるおそれがあるときは、このワックス・オイルをしみ込ませたフィルソンのオイルフィニッシュ・ハットを愛用している。コットンダック生地にしみ込んだ蠟《ろう》は帽子を硬く固まらせ、防水と防護能力を高めている。

[柔らかい綿素材の帽子]

散歩、軽作業、春の魚釣り、近場の山菜採りにはこの帽子。通気性は良いし、軽い。スズメバチが襲ってきたときは丸めて蜂タタキにもなる。

[麦わら帽子]

6月を過ぎ、太陽が出ているときはこの麦わら帽子。夏の終わりのセール時には500円くらいで買えるし、何よりも涼しい。ほんとうに暑い日でも、水に漬けて濡らした麦わら帽子をかぶると、気化熱の放熱効果で涼しさが長持ちする（写真Ⓐ）。

Ⓐ

Ⓑ

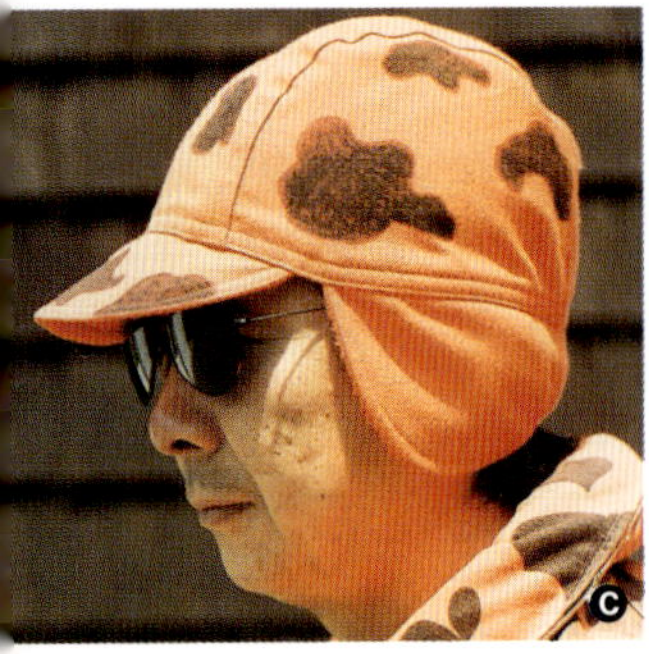

Ⓒ

[ゴアテックス製の帽子]

雨が降っているときの帽子はゴアテックスがベスト。私は野球帽のようなキャップではなくつばが付いているハット型を愛用している。キャップ型は、雨や虫、ゴミが首筋から体に入りやすいので、使用することは少ない（写真Ⓑ）。

[耳カバーのついた防寒帽子]

本来はゴアテックスが裏打ちされた帽子だが、ハンティング用に裏地を剝がし通気性を向上させた帽子。耳カバーは寒風が吹くときや早朝時に使用する。フリースのような雪の積もる素材は選ばないこと（写真Ⓒ）。

[メッシュの帽子]

10月の狩猟解禁当初のキジ撃ち時に使用する。ほんとうは麦わらをかぶりたいのだが、安全なオレンジ色の麦わら帽子は販売されていない。だから涼

カントリーウエア

しいメッシュのキャップを選択するわけである。このメッシュのキャップと毛糸のワッチキャップを持っていると、冬の行動時、暑くなったらメッシュ・キャップにして、寒くなったらポケットからワッチキャップを取り出しメッシュ・キャップにかぶせれば耳も覆える防寒帽子となる（写真ⒹⒺ）。

【防護用ヘルメット】

チェーンソーやエンジン付き草刈機を使用するとき、大きなエンジン音から耳を守り、飛んでくる物体から目や顔を防護し、頭を守る。それが、この山仕事用のヘルメットだ。万が一事故にでもなれば、失明や脳の損傷という大けがにもなりかねない。事故が起きてからでは遅い。作業をするときには、私はこのヘルメットを使用している。（写真Ⓕ）

革手袋にもスキー用液体ワックスをしみ込ませ防水にする

【手袋類】

【作業用薄手の革手袋】

厳冬期を除いた常用手袋が牛革製のこれ。作業用品店で900円くらいで買えるし、じょうぶ。保革油や液体ワックスをしみ込ませて使うと、さらにじょうぶになり防水性も備わる。素材は〝牛表皮〟と表示されているものに限る。この表示がないと、表皮をはぎ取ったら、残りかすの床皮製ということがよくある。これはすぐに破れるので注意すること（写真ⒼⒽ）。

【作業用厚手の革手袋】

チェーンソーや斧などの、振動を伴う作業や衝撃が伝わる仕事をするときは、振動や衝撃を吸収し和らげてくれる厚手の牛革製の手袋を使用する。これも〝牛表皮〟と表示されているものを選ぶ。それと気をつけなければならないのが、縫い目の革が重なる位置。作業によっては、縫い目が手のひらや指に食い込むこともあるので、試着して作業を思い浮かべ、感触を確かめる（写真Ⓘ）。

[手術用薄手のゴム手袋]

ダンロップの天然ゴム製の極薄手袋を、私は愛用している。肥料や薬品を混ぜるときにも最適だし、野生鳥獣を解体するときにも手や肉を汚さず衛生的だ。薄手なので、指先の感覚も失わずに細かい作業ができる。天然ゴム製なので、山に捨ててきても風化が早く環境を汚染しない。50枚入りで６００円くらい。薬局で入手できる（写真Ⓙ）。

[作業用厚手の長ゴム手袋]

農作業はこれ。軍手では水分がしみ込んでくるし、皮手袋は土の汚れがしみ込みもったいない。この手袋は水分を通さないし、長さがあるので土の中に手を差し込める。安くてじょうぶである（写真Ⓚ）。

Ⓘ

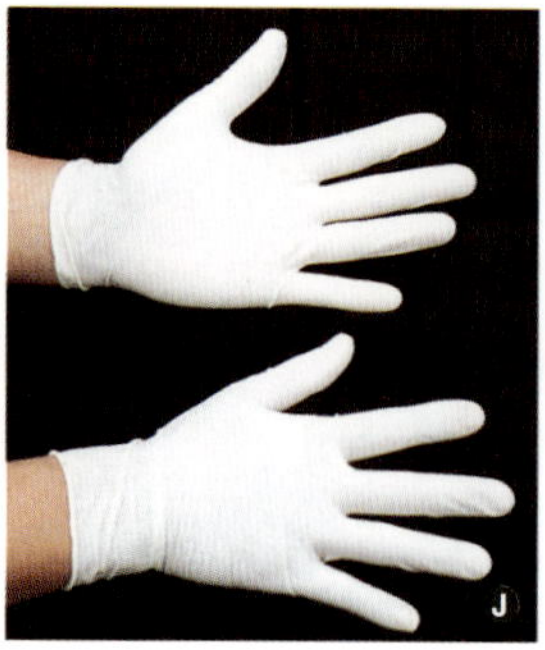
Ⓙ

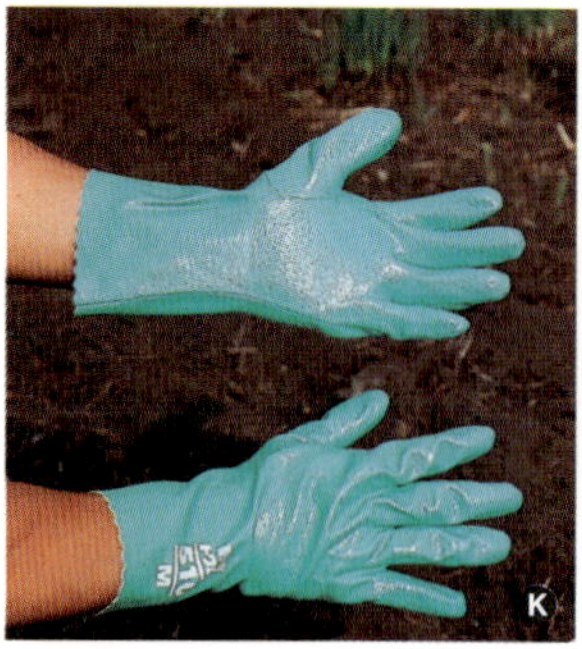
Ⓚ

[スキー用厚手の革手袋]

スキーショップでセールのときに購入しておくのが、シンサレートが封入された革手袋だ。ときには８００円くらいで買える。厳冬期の除雪作業や、チェーンソーを使用するときの振動吸収手袋の代用として役立つ。

[バッティング用高級革手袋]

指の動きや手の動きのよしあしで、獲物の量が変わるハンティング時には、この手袋がおすすめだ。手や指の動きを阻害しない最高の手袋だと思う。私が愛用しているのは、フランクリンのダイヤモンドという野球のバッティング・グローブである。引き金を引く右手ひとさし指部分には、指が表に出せるように切り込みを入れてある。これらのグローブは片手だけでも買えるので、破れたときに安上がりですむ（写真Ⓛ）。

カントリーウエア

[厚手ウインドストップ・フリース手袋]

厳冬期にスキーで山に入るときは、防風性能を上げるために作られた、ウインドストップ・フリースの手袋を使用している。防寒能力も高いし指が動きやすい。この手袋も指が表に出せるようにひとさし指部分に切り込みが入れてある。この方式は寒いときは指を中に入れておけるので細かい作業をする釣り人やカメラが趣味の人は、手袋を改造することをすすめる（写真Ⓜ）。

[手袋指抜けの切り込み方法]

❶ひとさし指に棒を入れる。
❷付け根部分から3センチの長さの切り込みをカッターナイフで入れる。棒があるので表面の生地だけが切れる。
❸手袋に手を入れ、指がスムーズに動くかテストする。
❹ほつれるおそれのある素材は、切り込み部分にかがり縫いをして完成（写真Ⓝ）。

Ⓛ

Ⓜ

Ⓝ

足元を大切に

凍る、防寒。濡れる、防水。けがする、防護。滑る、足場の確保。靴がなければ田園生活と野外生活ははじまらない。弱い現代人の足を守り、行動するための道具が田園生活の靴なのだ。私は現在、以下の靴を愛用して田園生活を堪能している。

[ゴム長靴]

日本全国、カントリーサイドでは長靴。圧倒的な人気がある。私も田園生活のほとんどをこのゴム長靴で過ごしている。安く、完全防水、脱ぎ履きが一瞬でできる。ローデン・グリーン（うぐいす色）のゴム長靴ならイギリス田園生活風になる。そして、何よりの利点は足首がじょうぶになるということ。全体がゴムで作られているのだから柔らかい。革靴と違って足首を支えてくれない。だから、膝下の筋肉や筋が支える。結果、足首と足が強くなる。私は毎日ゴム長靴を履いていたら、持病の捻挫後遺症がなくなりテーピングなしでもだいじょうぶになってしまったほどである。

日本のアキレス社の長靴、とってもよい

イギリスのハンター社のもの、ファッショナブル

[スパイク付きゴム長靴]

スパイク付きゴム長靴なんて格好悪い。アメリカやカナダ、ヨーロッパの靴が最高と、そう思っていた。以前にイギリス製の大型の鋲《びょう》の付いたゴム長靴を履いて、岩場で滑った思い出があったから、金具付きのブーツは履きたくないと思ったのだ。ところが、日本製のこのダイドー・ノンスリップ・スパイク付きゴム長靴を履いてみて驚いた。いつでも足場を確保してくれる。倒木の上に乗っても滑らない。雪の積もった笹の上に乗っても滑らない。氷の上に乗っても滑らない。日本中の山仕事をする人々やハンターが使う理由が初めて理解できたのだった。

積雪期の田園生活、家の周りを行動するときはこればかり。ハンティングに出かけるときは、2センチ大きいサイズの長靴に、カナダ製のブーツのウールのインナー・フェルトを入れて使用している。こうすると、防寒性能が向上、足首のホールドも確実になり、さらに蒸れにくくなるのである。長靴を買うとき、フェルトのインナーを持参して、長靴に挿入して試し履きをすること。冷え性の女性には最初からフェルトを入れることをすすめる。

日本製ダイドー・ノンスリップ・スパイク付き長靴とフェルトのインナー

[軽トレッキング・ブーツ]

車で街まで買い物に行く、子供を迎えに行く。このようなときはくるぶしまで隠れる軽トレッキング・ブーツを履く。ただしひもはゆるめてあり、脱ぎ履きが簡単にできるようにしてある。緊急時はひもを締めれば、多くの行動が可能になる。ゴツゴツしたラグ底は

カントリーウエア

街中からフィールドまで確実にグリップをしてくれる。整地された場所用ともいえるスニーカーは、田園生活を始めてから履かなくなった。

ふだんの生活はこれでOK

【革製ハンティング・ブーツ】

秋から初冬まで雪のないときによく履くのがボブソール底とビブラム底のハンティング用のブーツ。ともにゴアテックスがサンドイッチされているので防水効果が非常に高く、そのうえ軽い。ふくらはぎの部分まで編み上げることができるが、ふくらはぎを締めつけると足がつりやすくなるので注意が必要である。

アメリカ製のハンティング・ブーツ

【防寒編み上げブーツ】

厳冬期に山スキーやスノーシューズ（西洋かんじき）を履いて山に入るときは、防寒性能が高く、スパイクが付いていないブーツが良い。スパイクが付いていると、スキーやスノーシューズが傷だらけになるので、このソーレルのフェルトのインナーが付いたブーツを履く。厳冬期用の靴ひもにも、ワックス系のもので防水処理をかならずすること。そうでないと、靴ひもが凍りつき、ほどくことができなくなるからだ。また深い雪や新雪時にはスパッツを併用する。

ソーレルのブーツ

ロング・スパッツ

[安全長靴]

　チェーンソーを使用するときは、かならずこのブーツを履く。爪先部分は鉄で覆われていて、丸太の下敷きになっても爪先が保護される。そして、グラスファイバーが封入されているのがドイツ・スチールの長靴である。

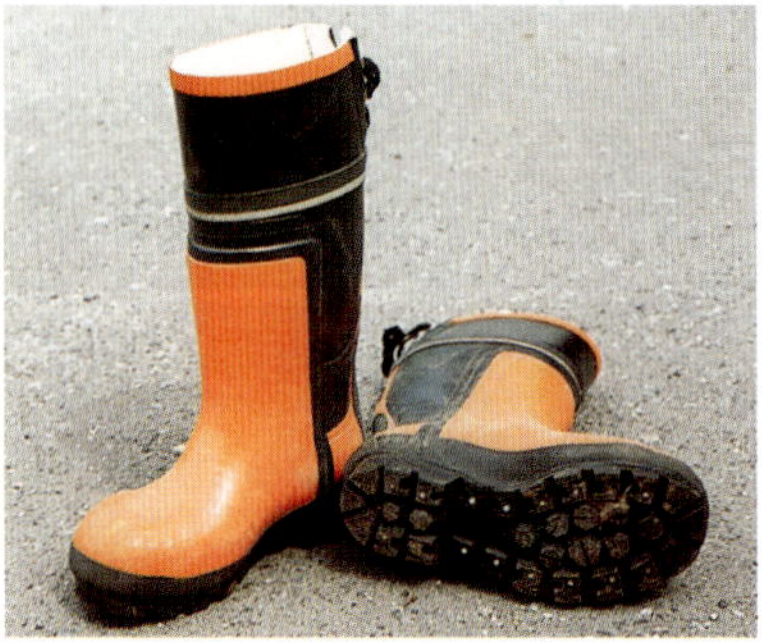

チェーンソーの刃が当たると、
中からファイバーが飛び出し、刃にからみつく

[靴は慣らしてから履く]

　新品の革靴、ゴム長靴で遠出を考えてはならない。当たりの悪い靴の場合、歩くこともできない痛みを伴うことがある。だから、かならず慣らしを行う必要がある。家の近くを散歩して、当たりのある箇所には靴店で入手できるサドルソープという石鹸を塗る。これを何回か繰り返していると、革が柔らかくなり、接触する皮膚への抵抗も少なくなる。何回も履いているうちに足になじみ靴擦れを起こさなくなる。サドルソープが入手できない場合は、ぬらした石鹸をこすり付ける。

　慣らしが未完成なのに履かなければならなくなったときは、薬局で入手できるモールスキンを用意しておく。このモールスキンを痛い箇所に貼ると、痛みを和らげ歩くことができる。私はいつでもかならず、自然の中に入るときはこのモールスキンを持っている。

　また靴の中には、底が船底のように湾曲しているものがある。そのような靴を買った場合は、底をコンクリートや荒い紙ヤスリで削り、平らにすると、捻挫を起こしにくくなる。だが、このような靴は見かけても買わない。これが賢明な選択である。

[スノーシューズの履き方]

　西洋式かんじきをスノーシューズと呼ぶ。日本にも越後や雪深い地方には、独特のかんじきがあるが、雪に潜らないことでは、西洋式かんじきが優れている。とくに春先の雪が硬くなりはじめたときは、非常に役立つ道具だ。踵《かかと》が上がりやすい工夫が施され、歩いていても疲れない。最近のスノーシューズは昔のものとは違い、裏側に爪が付き、上りにも強くなった。横滑り防止の板も付き横滑りにも耐えられるようになった。それでも新雪のときは潜ってしまい、引きずり出すのに苦労する。

カントリーウエア

新雪のときは山スキーにして、このスノーシューズは春の締まっている雪専用に使うとよい。

スノーシューズの表と裏。
裏側には滑り止めのスパイクが付いている

●履き方

西洋式は引きずって歩く方式なので、抵抗なく引きずれるように履かなければならない。人間の足を中心に乗せたからといってスノーシューズはまっすぐには出ていかないので、テストをして足位置を決めること。また爪先がスノーシューズの前方に乗らないように履かねばならない。爪先が乗っていると、スノーシューズがスムーズに出ていかない。

●歩き方

平地は問題なく歩けるスノーシューズだが、上りは苦手だ。大きな形ゆえに、きつい勾配だと引っ掛かる。靴はスノーシューズの前側だけしか固定されていないので、横にずれる。だから、遠回りしかないのだ。ゆるい勾配のところだけを選び歩く。上りはスイッチバック方式で斜面を大きなジグザグで歩く。下りもゆるいところだけを選んで下りてくる。急いでいるときは、下りはスノーシューズを脱いで尻制動《しりせいどう》（尻を地面につけ、すべてをコントロールする方法）で下ったほうが早いくらいである。クロスカントリースキー用のポールを使うと安定感が増すので、使ったほうがよい。

[靴ひもの結び方]

長靴以外の靴ひもの結び方はいろいろある。個人の経験で違うし、場所によって違う。私の場合は、道なき道ばかりを進む狩猟が主であるので、締め方には注意をしている。林道や登山道は、人間が整地した道。何が起きても対処しやすい。しかし、道以外の場所は違う。靴ひもの結び方ひとつで捻挫を起こしたり、靴擦れ、足がつるということも起こる。

●上りはきつく締めない。朝の出発のときは血が下がっていないし、足もむくんでいない。だから心持ちゆるめに締める。結び方はサージャンズ・ノット（P95）、そして余りのひもでもう一回結ぶ。これでほどけなくなる。歩行中にゆるまなくてほどけない結びにしておくこと。これで、スパッツを装着しているのに中でゆるんだという不都合は起きない。

●下りのときは、足が靴の前方に移動して、爪先を傷めやすい。だから、前方に移動しないように足先から足首にかけて強く締め結びなおす。

●編み上げタイプのブーツは、ひもを最上部まで編み上げて結ばない。ふくらはぎを締めつけると簡単に足がつるようになるからだ。ふくらはぎの筋肉は自由に動くようにゆるく締めること。

余ったひもでもう１回結ぶ

コラム

革靴へ保革油の塗り方

革は脂分が抜けるともろくなる。水を吸い、中にしみ込んでくる。だから保革油を塗る。ただし、ゴアテックスがサンドイッチされた靴には、革に潤いを与えるぐらいで軽く靴クリームを塗る。しみ込むほど塗ってはならない。せっかくのゴアテックスの通気性を損なってしまうからだ。

革だけで作られた登山靴や狩猟靴は、防水性の高いグリース状の防水保革油を塗る。保革油には、皮のなめし方によって使う種類が変わるのでよく聞いて買うこと。また革を柔らかくする保革油もあるので、缶に書かれている説明書をよく読むこと。

私はゴアテックスの靴や、革の手袋にスコッチガードの革靴用防水スプレーを使用。厚い革靴や狩猟用の靴には、スノーシールを温めて溶かし、液体にして塗りこんでいる。ぬめ革なめしの

ベルトや革製品には、馬具店で入手できる馬具用のニートフット・オイルを使用している。

生活用具&道具

扱い方を間違えたら、どんなに高価な道具でもすぐに壊れてしまう。ボルトを確実に締めつけていなかったら、振動ですぐにゆるんでしまう。過剰な力が加わったときに意図的にちぎれるボルトもある。ネジ山を間違えたピッチのネジで締めつけたら、力を発揮しない。つるはしや鍬にも種類がある。

多くの道具や用具には、それを扱う基本がある。しかし都会生活者は、工作を趣味とした人や、それなりの学問をした人でもない限り、このことを知らない。田園生活では驚くほど多くの道具や工具、用具が必要である。これらをうまく使いこなせれば、快適な田園生活を送ることができるのだが、使いこなせないと、多くの不便を味わうことになる。

私が初めてカナダの農場で学んだとき、倉庫の中は、修理工場のように工具とスペア部品の山だった。忙しい農家は、遠くから来るサービスマンの到着を待てない。いつでも自分たちで直さなければならないからだった。

不便が楽しいのだと思う人には、何も言う術がないのだが、楽をしたいという思いがあったからこそ、文化も科学も道具も発展し進化してきたのだ。原始時代の人間が「不便がいいのだよ」と言っていたら、原始時代のままだった。道具を生み出し、道具を使用し、道具を飾りたてたから人間になったのである。このことを忘れないでほしい。

田園生活に必要な工具類

以下の道具は、私の田園生活になくてはならない工具である。趣味や生活スタイルの違いによって必要な工具も異なるが、持っていると役立つことは間違いない。田園生活を始める人は少しずつそろえておくとよい。

［JIS／Hのソケット・レンチのセット］

これがハードな使用に耐えるJIS

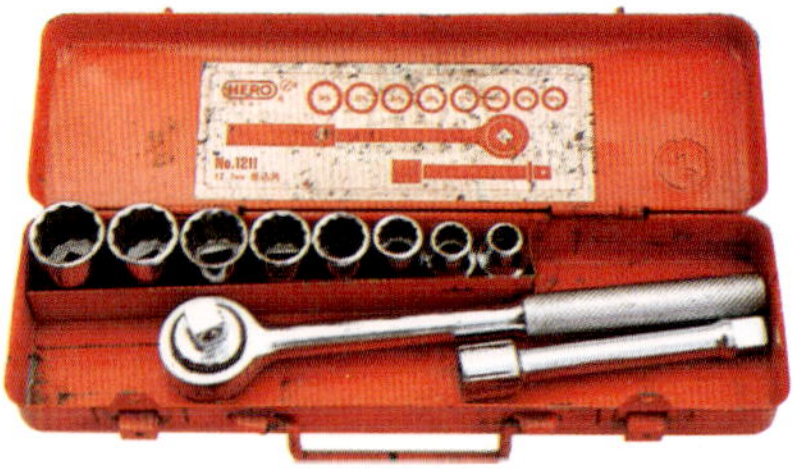

／Hのソケット・レンチ。田園生活では多く使用する。

[眼鏡レンチとスパナのセット]

ナットをゆるめる、締める。レンチはボルトをホールドする相手のレンチやスパナも必要だ。狭い場所にも使えるスパナに、ナットの角を確実にホールドする眼鏡レンチ。いずれも必需品（写真Ⓐ）。

[ボール盤]

金属に垂直に穴をあける。ボール盤がなければ不可能。頻繁に使用するものではないがなければ困るので、セールのときに買うとよい（写真Ⓑ）。

[インチとミリのドリルの刃のセット]

ボール盤で穴をあける。ドリルで穴をあける。どちらもドリルの刃が必要である。アメリカ製の農機具がある場合はインチ規格の刃も必要（写真Ⓒ）。

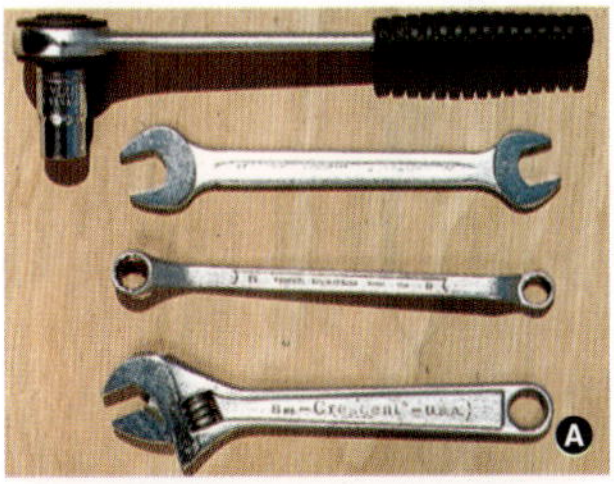
Ⓐ

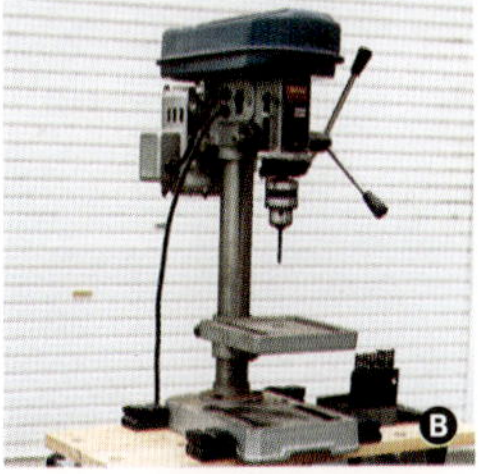
Ⓑ

Ⓒ

Ⓓ

Ⓔ

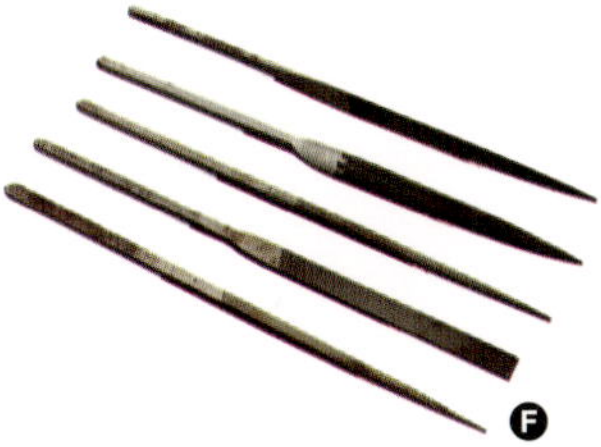
Ⓕ

[万力]

必需品。なければ困る〝万人力〟の道具。切る、たたく、曲げる、削るなどの作業のときに、金属棒を保持してくれる。品質のよい万力が必要である。万力の基部が回転するものが便利である（写真Ⓓ）。

[作業台]

木工作業をするときに重宝する台が作業台。小さい台と大きい台、2つあると便利。最初は折り畳み式の小さい台でも十分である（写真Ⓔ）。

[各種ヤスリ]

金属用のヤスリ、大中小、丸形、平型、各種形式が必要。木工用は、必要になるまで金属用で代用がきく。紙ヤスリも金属用の耐水ペーパーを150番から800番くらいまで用意しておく（写真Ⓕ）。

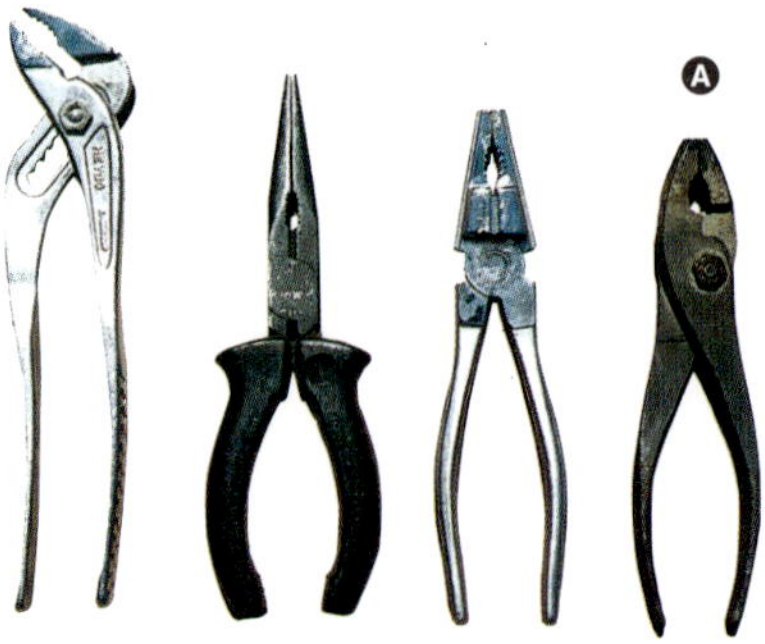

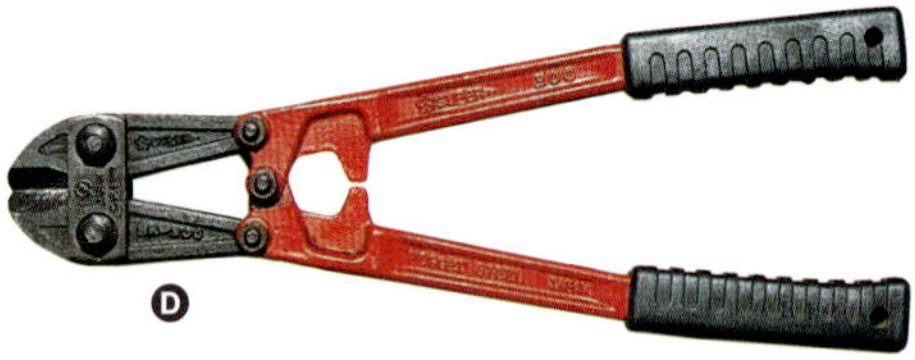

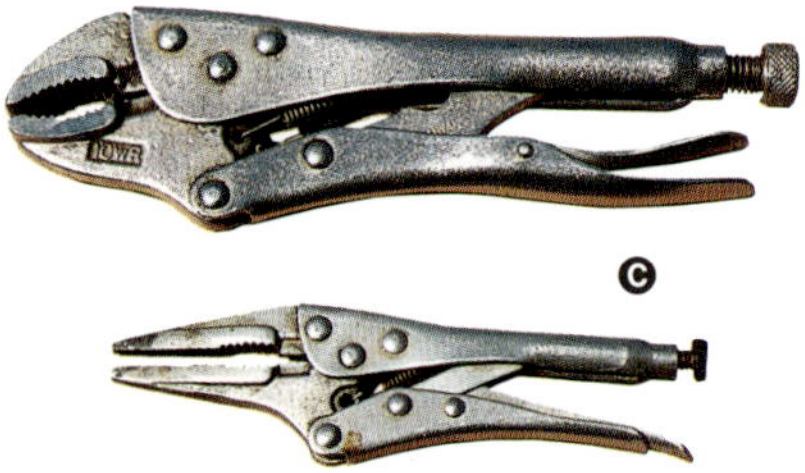

［各種プライヤー］

人間の手は弱い。その代用をしてくれるのが鉄製のプライヤー。多くのデザインと用途があるが、最初はスタンダードのプライヤーを4本だけ用意しておく（写真Ⓐ）。

［スクリュードライバーのセット］

ネジの頭の切れ込み、6角、トルックス規格。これらに合致したスクリュードライバーを使用しないと、頭の切り込みが崩れ、締めることも、ゆるめることもできなくなる。危ないなと感じたら、ただちにネジの頭にドライバーが滑らないように滑り止め剤を塗ること。滑り止め剤は、ネジ売り場で売られているのでかならず用意しておくこと（写真Ⓑ）。

［バイスグリップ］

ボール盤で穴をあけるときに、金属を締めつけたまま保持する。ネジの頭が壊れたネジを挟んで回す。このバイスグリップの用途は多い。かならず大と小を用意しておくこと（写真Ⓒ）。

［ワイヤーカッター］

田園生活ではワイヤーや鉄条網を切ることがよくある。だからかならず必要になる。長さが50センチほどのものが使いやすい（写真Ⓓ）。

［鉄用ノコギリ］

パイプやアングルなど金属を切ることは多い。土台は日本製で十分だが、刃のほうはスウェーデン・サンドビックやアメリカ製が優れている。刃の数は24番が使いやすい（写真Ⓔ）。

［木工用ノコギリ］

大工でさえ替え刃式のノコギリを使用するようになってしまった。木を切るのに十分な切れ味のノコギリがＤＩＹの店に安く並んでいる。薄刃と厚刃を持っていれば十分だ。

［大ハンマー］

杭を打ち込む。斧で割れなかったときに大ハンマーでたたき割る。田園生活では使用することが多い。重量別に売られているので、無理なく振り下ろせる重さを選ぶこと。

［中小各種ハンマー］

真鍮《しんちゅう》製のハンマーをはじめ鉄製、硬質プラスチック製、ゴム製……。そのほかにも釘用、コンクリート破砕用など多くのハンマーが田園生活では必要。最初は釘用だけからスタートしてもだいじょうぶ。傷をつけたくないときは板を当ててたたけばよい。

［ベルト・グラインダー］

サンディングベルトが回転し、金属でさえ迅速に削ってくれる驚異の研磨用道具。ＤＩＹの店で2万円以下で買えるのでかならず用意する道具の1つ。サンディングベルトは80番から４００番まであればよい。

［グラインダー］

普通のグラインダー。片側にはバフ研磨用のフェルトロールが装着されている。刃物の研磨をしない人やベルトグラインダーを持っている人には必要ない。

【エア・コンプレッサー】

トラクターや車のタイヤに空気を入れる。ゴミを飛ばす。エア・インパクト・レンチを回す。塗装に使う。田園生活には必要な道具である。これがなければトラクターのタイヤに空気を入れられないのである。

シャベル、鍬類の用途別使用方法

人力用の偉大な道具類。これらがなければ田園生活は不便になる。土を掘る。穴を掘る。堆肥をまく。畑を耕す。収穫する。常時使用する道具なので、品質の良いものを持つべきである。私の田園生活で愛用するのは以下の道具である。

【剣型シャベル】

土に刺さりやすいように先が尖っている。田園生活ではもっとも多用する。私の愛用は金象印のシャベル。安い銀象印もあるが、金象印はじょうぶなことこの上ないのでおすすめ。私のシャベルは7年間もノントラブルで使用中。ガーデニングが好きな女性には、小型のシャベルが使いやすいので用意しておくとよい。

【角型シャベル】

砂を運ぶ。肥料をまく。剣型シャベルと同じように田園生活では頻繁に使用する。これも金象印がおすすめ。これらの道具は安物を買うと「安物買いの銭失い」を実感する悲惨な目にあうので、かならず高品質な道具を買うことをすすめる。角型シャベルには除雪用のアルミニウム製があるが、これは冬季にかならず車に積んで置くこと。これがないと、雪の中で亀の子になったり、スタックしたときに脱出できないことになる。

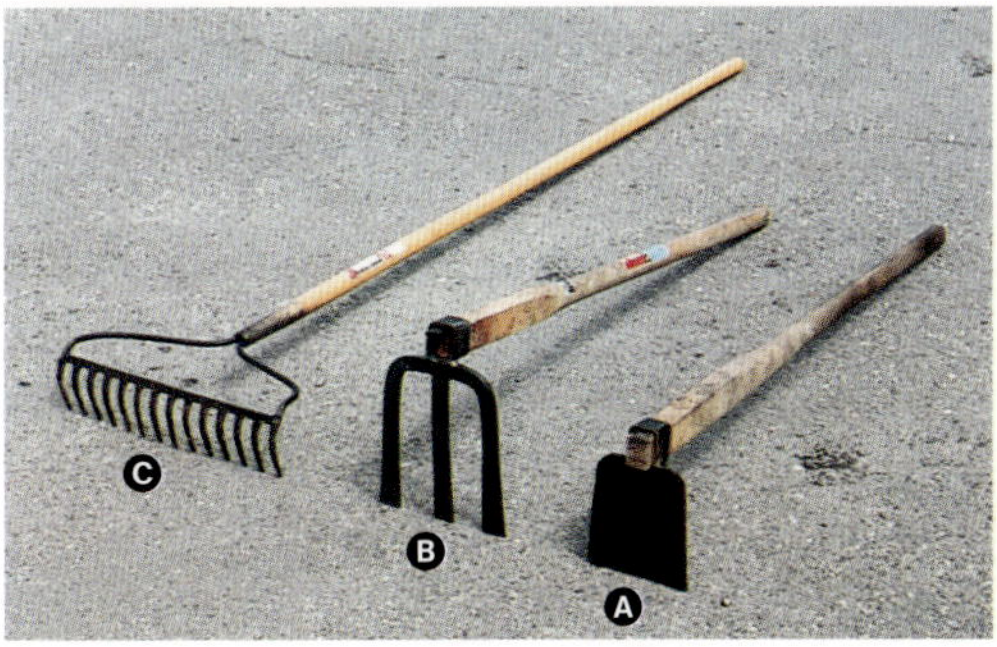

[土工鍬]

いわゆる鍬である。荒れ地や畑を耕すのに必要な道具。荒れ地を耕すときは、蛤刃《はまぐりば》といわれる、貝のように膨らんだ円形の刃。鈍角ながら、切れる刃を付けておかねばならない。鍬は片側にしか刃を付けないために、刃の角度が半分になり鋭角になりやすい。鋭利過ぎる刃は、石に当たると欠けてしまうが、蛤のような刃を付けておくと刃は欠けにくいのである。

刃が付いていないと樹木や雑草の根っこが切れないので、常に研ぎ上げる必要がある。鍬を使用するときは、自分の足を切らないように注意すること。力を入れて振り下ろすときは、両足を広げて構える。土の表面を軽く耕すときは、両足の横を鍬が通るようにする(写真Ⓐ)。

[3本鍬]

柔らかくなっている畑はこの鍬を使用して耕したり、芋のような地中にある作物を収穫する。刃は鈍角にする(写真Ⓑ)。

[レーキ]

草集めに適した、櫛《くし》のような歯が付いた道具。刈り取った牧草や雑草をかき寄せ、集めるときに重宝する(写真Ⓒ)。

[鎌]

雑草を刈るには両手で持ち、立ったまま刈り払いができる専用の鎌がある。小型の鎌はしゃがんで使用することが多い。ともに田園生活では多用する。農家の人が鎌を使用するときは、畑に砥石《といし》を持ち込み、たえず研ぎ上げながら使用している。切れ味が鋭くなければ役立たない道具である。

[つるはし]

砂利混じりの場所に穴を掘る、氷の塊を砕く。このようなときに使用するのが、つるはし。労働者のシンボルマークのような道具であることはだれでも知っている。田園生活でも必要な道具なので、かならず1丁は用意しておくこと。

草刈り機、刈り払い機の使用のコツ

芝を植えれば、伸びてくる。芝は1週間に1回は刈り込まないと、根に近い部分に太陽が当たらなくなる。すると白い茎の部分が多くなり、刈り取っても薄黄緑色になり、鮮やかな緑色が保てなくなる。さらに密に生えなくなる。

土があれば雑草が生えてくる。雑草が繁茂した場所は蛇や蛙、ネズミのすみかとなる。だから面倒でも草刈りをしなければならなくなる。この芝刈りの仕事は、アメリカでもカナダでも男の仕事と決められている。

[エンジン自走式草刈り機]

私の草刈り機はホンダ製の自走式草刈り機、これは芝刈り機とは少し違う。30センチに伸びた芝でも切れるので、私には最適な機械。欠点は、芝刈り機とは違い、切った草を袋に集めてくれないことだ。

しかし草刈りは楽しい。草の良いにおいはするし、庭はきれいになる。足首はじょうぶになるし、夏は作業のあとのビールがうまい。基本的に30センチになっても50センチになっても、この機械は芝を刈ってくれるので、時間のあるときに芝刈りをすればいい。私は夏になるとひと仕事を終えたあとのビールを楽しむために、毎日草刈りをするほどだ。

[エンジン刈り払い機]

刈り払い機は円盤状のノコギリ歯をエンジンの力で回転させ、草や小さな樹木を切り取る道具である。当然、高回転であるから危険である。ヘルメットに防護用フェースマスク、防振動用の手袋が必需品。私はロビン・エンジン付きの刈り払い機にタングステン・カーバイトのチップが付いた草刈り歯を装着してある。刃が強いので研ぐ必要がなく、よく切れる（写真Ⓐ）。

もう１つ愛用している刈り払い機は、釣り糸を太くしたようなナイロンを回転させて刈り払いをするもの（写真右ページ下段Ⓑ）。ともに、燃料タンクが空になったときに、その日の刈り払いを終了する。これがコツ。そして刈り取りは、常に右から左に行う。これもコツ。

田園生活に必要な電動大工用工具

電気の力でモーターを回転させ、切る、磨く、締める。非力な人間の力を補い、時間を節約する道具。棚、テラス、犬小屋はもちろん納屋や家までも作り出すことができる。電動大工用工具は、田園生活になくてはならないものになった。私が常用する電動工具は以下のものだ。

【電動ノコギリ】
ツーバイフォー用の木材を切るために直径19センチのノコギリ歯が付く電動ノコギリがよい。これ以下の小型電動ノコギリだと不便である。手を離した瞬間にノコギリ歯が停止するブレーキ付きのモデルが安全に使用できる。私はマキタ製ブレーキ付き、19センチ直径を使用している。

【電動ドリル】
１つだけドリルを持つなら、振動・変速スピード付きがよい。私は軽い作業には３０００円ほどで購入した東芝の正転・逆転・無段変速付きのドリルを使用している。それとコンクリートに穴をあけることのできる４０００円ほどで購入したリョービ製の振動ドリルを使っている。ともにＤＩＹのセール時に購入したものである。

[ディスクグラインダー]

鉄パイプを切る。鉄のアングルを切断する場合、この道具の出番である。高速で回転するダイヤモンドカッターは、迅速に仕事をこなしてくれる。鉄を手動の鉄ノコで切ろうものなら時間がかかり、腕が痛くなるが、この道具があれば、いとも簡単にできる。

[電動カンナ]

木材の表面を滑《なめ》らかにしてくれる。大きな幅の刃が便利。この工具は、日本式の引いて切る方式ではなく、西洋カンナと同じく押して切る方式となっている。きれいに削るコツは、刃の両端を面取りして丸くしておくこと。これによって、広い面積でも削り面の段差が目立ちにくくなる。

[電動スクリュードライバー]

便利、便利。この道具は、家具を組み立てるにも棚を作るにも、ネジを大量に早く締めつけてくれる。ネジを締めるのに最適な道具といってもいいだろう。田園生活ではネジを締めることが多いので、かならず持つことをすすめる。私が愛用しているのは、スキル・スーパー・ツイストという充電式スクリュードライバーである。これもセールで購入した。

ほかの電動工具は必要に応じてそろえればよいだろう。

寸法を測る 距離を測る

田園生活では測ることが多い。庭の広さ、庭木の高さ、板の厚み、板の長さ、釘の長さ、ネジの径……。どれも専用の計測器があれば便利。

[寸法]

寸法には、ミリの単位までとミリ以下の測り方がある。木材などはミリまでで十分だ。金属加工にはミリ以下の正確さが要求されることが多い。

Ⓐ
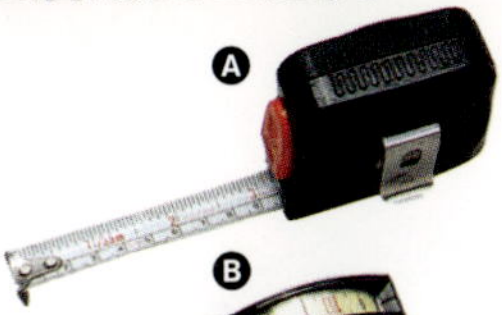
Ⓑ
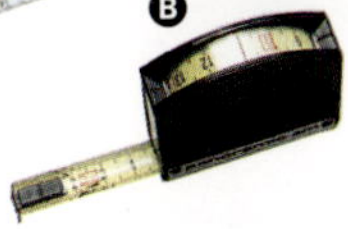
Ⓒ

Ⓓ

●メジャーで測る

メジャーはどこの家庭でもある道具だ。このメジャーには先端が可動式と固定式がある。固定式のものは先端がカギ状になっていて、外側と内側の誤差が少ない。可動式のものは先端の厚み分が移動するために、固定式より正確に測れる。大工仕事によく使う道具だ（写真ⒶⒷ）。

●ノギスで測る

田園生活ではかならず必要になる計測具である。通常15センチ以下のものを測るのに便利。10分の1ミリまで正確に測れる。厚さ、内径、深さが測れる（写真Ⓒ）。

●マイクロメーターで測る

髪の毛の太さや紙の厚さまで測れるのが、マイクロメーター。通常の田園生活では必要ない（写真Ⓓ）。

[距離]

道まで何キロか、庭の端から端までは何メートルかなど、距離を計測することは多い。

●歩いて測る

人間の歩幅で計測する。意外と正確に測れる。自分の歩幅で10歩を歩き、1歩の距離を割り出しておく。そして、目標までの歩数を掛ければ、距離が出る。

●巻尺で測る

巻尺は学校の運動会でもよく使われる。欠点は風に煽られたり、凸凹の場所では正確に測れないこと。しかし、もっとも使いやすい計測具だ。

●距離計で測る

レーザー光線を放射し、反射してきた時間で距離を計算するもっとも新し

い計測具。正確、簡単、800メートルまでは瞬時に測ってくれる。

道具の扱い方の基本

［常に使える状態にしておく］
道具の状態を常にベストにしておく。これが大事なことだ。使おうと思ったときに油切れ、錆びつき、ハンドルがガタガタ、刃物に刃が付いていない……。これでは道具として役立たない。使用した後は、かならずベストコンディションに戻してからしまう。これを鉄則として覚えておくこと。

［使い方と用途を間違えない］
ナイフで缶を切り、サイズの合っていないスクリュードライバーでネジを回し、鉄用ノコギリで木を切る、木工用ヤスリで鉄を削る……。これらのことはしてはならない。各道具には用途に合った使い方がある。

［過剰な負荷を与えない］
熱を発したり、異音がしたらストップ。あたりまえのことだが、これを怠ると、機械が壊れる。修理代がかさむ。だから、決められた以上の負荷を与えないように注意する。ネジ用のレンチ、モーター類、エンジン類、そのほかすべての道具を使用するときの鉄則である。

［けがをしない、させない］
体が不調のときは作業をしない。だるいときは作業を中止する。注意力が散漫になると、神経の働きが鈍くなりけがをする確率が高くなる。周りに目が行かなくなり、人にもけがをさせることになる。だから、「あと少し」と思っても、疲れたら休む。作業を中止する。

基本工具の使い方

ドリルの使い方

ドリルには電動ドリルと手で回す手動ドリルがある。各種手工芸、とくに象牙細工では、穴をあけるときに熱を持たせてしまうと、後でかならずひびが入ってくるので、いまだに手動ドリルが多く使われる。また手動のほうがコントロールしやすい利点もある。しかし、田園生活では電動ドリルが主だ。穴をあけるだけではない、研磨、各種工作と、仕事は多い。

［木材に穴をあける］

木に穴をあけるときは、かならず錐《きり》で導入孔をあけておく。これで正確に穴があく。ドリルのチャックに必要なサイズの刃を付けるときは、かならず3方のチャックをきつく締めつけること。木ネジ用の下穴をあけるときは、ネジのパッケージに記載されている大きさを守る。パッケージがなくてわからないときは、ネジの直径の7割から8割の径の下穴をあける。硬い木の場合は大きめの8割、柔らかい木の場合は小さめの7割の下穴だ。

穴をあけるとき、ドリルは両手で支えること。使用するドリルの刃は、木工用を使う。鉄工用のドリルの刃を使うときは、木屑で目詰まりが起きやすいので、たえず掃除をしながら使用する。犬小屋の通風孔などをあけるときに使うサークルカッター穴あけ（自在錐）は、重さが偏っているために振動がある。そして木を削る刃が見づらいので注意が必要だ。木に穴をあける場合は、かならず木の下にフラットな板を敷くこと。これを怠るとバリが出たり、木が裂けたりする。

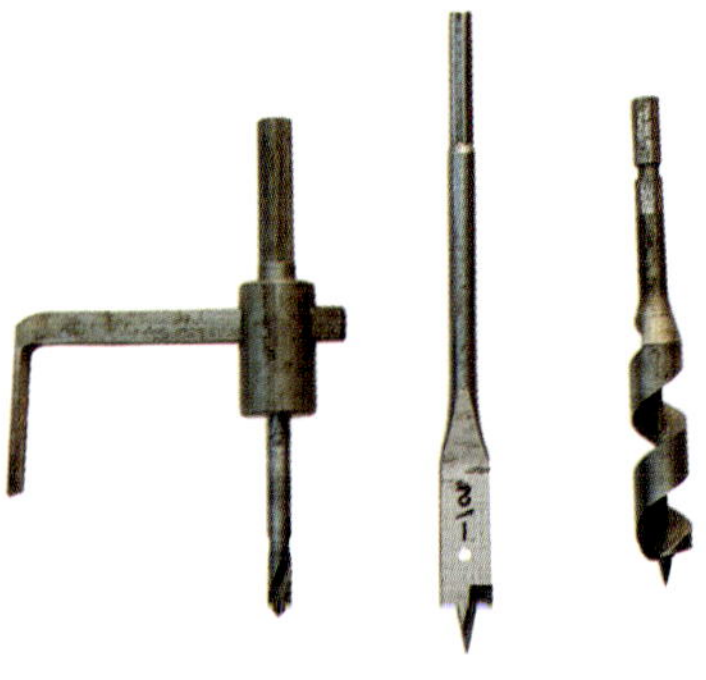

木工用のドリルの刃

［薄い金属やプラスチックに穴をあける］

ドリルで金属に穴をあけるのは、2ミリくらいの柔らかい素材の板だけにする。厚い金属の板に穴をあけようとするとドリルの刃をだめにしてしまう

基本工具の使い方

ことが多い。ドリルは回転が速いために、熱を持ちやすい。またドリルを支える手を固定できないために、ドリルが振動で動き振れ、刃を折ることになるからだ。薄い金属もプラスチックも鉄工用のドリルの刃を使う。どちらもかならずポンチで導入孔をあけてから穴をあける。金属に穴をあけるときは、かならず刃に切削油を塗って行うこと。

［コンクリートに穴をあける］

コンクリートに小さな穴をあけるときは振動ドリルでなくても可能だが、6ミリ以上ともなると振動ドリルが必要だ。コンクリートは基本的に石に穴をあけるのと同じこと。ドリルの刃は超硬製のコンクリート専用の刃を使用する。また穴をあけるときは石の破片が飛び散るので、かならずゴーグルをはめること。

先端に超硬が埋め込まれている
コンクリート用ドリルの刃

［磨き用に使う］

変速ドリルは回転を変えられる。そこで私は万力に挟み、チャックにナイロンブラシやスチールウールを巻き付け、回転磨き棒として多用する。ライフルの薬莢《やっきょう》の内側を磨くのに最適だ。

［サンダーを付けて使用する］

木材の面取り、磨き、削る。ドリルの先にサンダーを装着すると非常に便利な道具になる。私はドリルをこの用途に使うことがもっとも多いかもしれない。

ボール盤の使い方

金属に穴をあけるための道具だが、田園生活では用途が広い。アングルに穴をあける。まっすぐな穴をあける。工作をする人の必需品だ。これらの機械を扱うときは説明書の注意事項を守ること。

［使用方法］

チャックに刃を確実に挟み3方から締めつける。金属には、かならずポンチで導入孔をあける。ナイフくらいの金属の板に穴をあけるときは、バイスグリップで挟み下側にアルミのような金属を敷く。厚い金属の場合は、ボール盤用のバイスに挟んであける。このとき、バイスはボール盤に固定しないほうがよい。われわれの使う安いボール盤は、芯が振動しているので、削るほうを固定してしまうと、変形した穴があくことになるからだ。ただし、超高級のボール盤はバイスを固定すること。芯が狂わず、芯がぶれずに回転して正確な穴をあけることができる。

［回転スピード］

ボール盤はベルトのはめ替えで回転を変える。基本的に、ドリルの刃が太くなるにつれ、回転を遅くする。回転が速いと摩擦熱でドリルの刃が焼損する。使用中はかならず切削油を付けながら行う。またゴーグルや防護眼鏡も忘れずに装着すること。

ヤスリの使い方

木を削り、石を研磨する。錆を落とし光り輝く鉄にする。すべてヤスリがなければできない。偉大な発明品だ。

基本工具の使い方

［紙ヤスリ］

だれでも使ったことのある工作用の紙ヤスリだ。小学校の工作の授業は楽しかった。ただの木片や竹が、紙ヤスリで磨くとすべすべになり空を飛んだ。この使用方法はだれでも知っている。木工用の紙ヤスリは、そのまま使う。目詰まりをしたら掃除機で吸い取ったり、エアコンプレッサーで吹き飛ばすと、目詰まりが解消する。金属を研磨するのに使用する耐水ペーパーは、水や油を付けながら使用する。紙ヤスリは、何かに巻き付けたり、当てて使うときれいに研磨できる。

［金属製のヤスリ］

金属で作られたヤスリは木工用の荒い目のものと金属用の目の細かいものがある。金属用は木工に使えるが、木工用のヤスリを金属の研磨に使うことはできない。ヤスリのサイズや目の荒さは工作によって千差万別。通常は、ハンドルも合わせて長さが20センチくらいの三角ヤスリ、四角ヤスリ、平ヤスリ、丸ヤスリのセットを持つと細かな工作に使用できる。さらに長さ40センチくらいの平ヤスリと、片側が半円形の半丸ヤスリの細目、中目、荒目を持つと役に立つ。

［使用のコツ］

万力に挟んだ素材の高さが、ヤスリを構える腰の上にくるようにする。ヤスリはブランコの動きと同じ大きな半円形に動かす。削るのは前方に動かすときだけ。うまく平らに削れない場合は、万力に挟み、万力の上部の面をガイドにするとうまくいく。目詰まりはワイヤーブラシでヤスリの目に沿って掃き落とす。

［ダイヤモンドヤスリ］

焼きの入った鋼を研磨するにはダイヤモンドヤスリが必要だ。工業用ダイヤモンドが蒸着されたヤスリは、硬い金属も削る。硬く焼き入れされたナイフや機械のパーツを削るのにも適している。使用方法は、金属製のヤスリと同じである（写真Ｐ１６２）。

注◆金属製のヤスリは長期に使用しない場合は、かならず防錆油を塗って保管すること。錆びたら削ることができなくなる。使用するときは油を落とす。

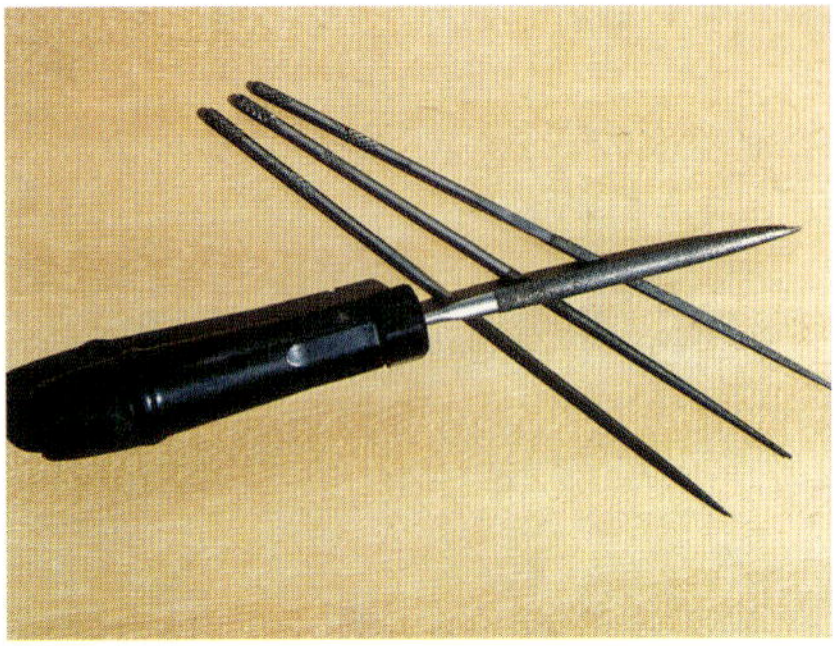

ダイヤモンドヤスリ

ボルトとナットの使い分け

田園生活に欠かせないのが、機械の部品を止めるボルトにナット。イソネジにインチネジ。ネジ山のピッチの違い、サイズ、素材、強度、デザイン……、あまりの種類の多さに目がくらむ。しかし基本は1つ、振動や時間の経過によってボルトが勝手にゆるまないこと。

[ボルトとナットの基本]

田園生活では機械を据えつけるという仕事がある。機械を安全に固定するのに、活躍するのがボルトとナット、ロックワッシャーだ。ボルトに強い負荷がかからないようワッシャーを使用して止める。木の作業台にボルトだけでは、すぐに食い込む。そこで、さらに力を分散させる大きな角ワッシャーも必要になる。ボルトが錆びていたら、同じ要領で新しいものに交換をする。

はじめは、機械にボルトとナット、ワッシャーが付いていたら、それと同じシステムにすることだ。同じ径に同じネジ山のピッチのネジを選ぶ。ゆるんで脱落してしまうときは、システムを変える。もっとも確実に締める方法は、ボルトにネジ止め剤を塗り、スプリングワッシャーを付け、穴に通す。反対側もスプリングワッシャーを通しナットで締めるというもの。本体が傷ついて困るときは、本体側に平ワッシャーを挟むことになる。

ボルト、スプリングワッシャー、平ワッシャーの順序

[ISOとインチネジ]

日本では通常ISO（イソネジ・メートル規格）が使われるが、アメリカ製の農機具はインチネジの規格が使われる。注意しなければならないのが、インチ規格とISO規格のネジを混同して使わないことだ。人間の手で締めてがっちり食い込んだと思っても、ネジ山の刃先と刃先が食い込んだだけ。

機械が生み出す〝馬力〟という力が加わると、ネジ山のすべての面が接触保持する正規の組み合わせと違い、簡単に抜けてしまう。

[ワッシャーの基本]

ワッシャーは、ゆるめる、止めるといった仕事とともに、圧力を分散する役割もある。木材に小さなボルトで締めていくと、めり込んでしまう。そのようなときは角ワッシャーを使用する。

左から角、平、スプリング、内歯ワッシャー

そのほか、外歯ワッシャーの内側に刃が並んでいる内歯ワッシャーがある。このワッシャーは薄くできていて、ボルトの高さを低くできる。

[ネジ止め剤の基本]

振動や力が加わったときにネジがゆるまないように、内部を固めるネジ止め剤の効果は大きい。最近はネジ売り場にかならず並ぶようになった。ネジ止め剤は各社から多くの種類が販売されているが、私は2種類ですませている。

ロックタイト・242…ネジ止めの効果を発揮しながら、外すときはネジ山を壊すことなく、普通より少し強い力でゆるめることができる青い液体のネジ止め剤。

ロックタイト・271…ゆるめのネジでさえ固定してくれる赤い液体のネジ止め剤。ネジ止め効果は強力で、ゆるむことはない。しかし外すときはバーナーで炙《あぶ》らなければ外れない。

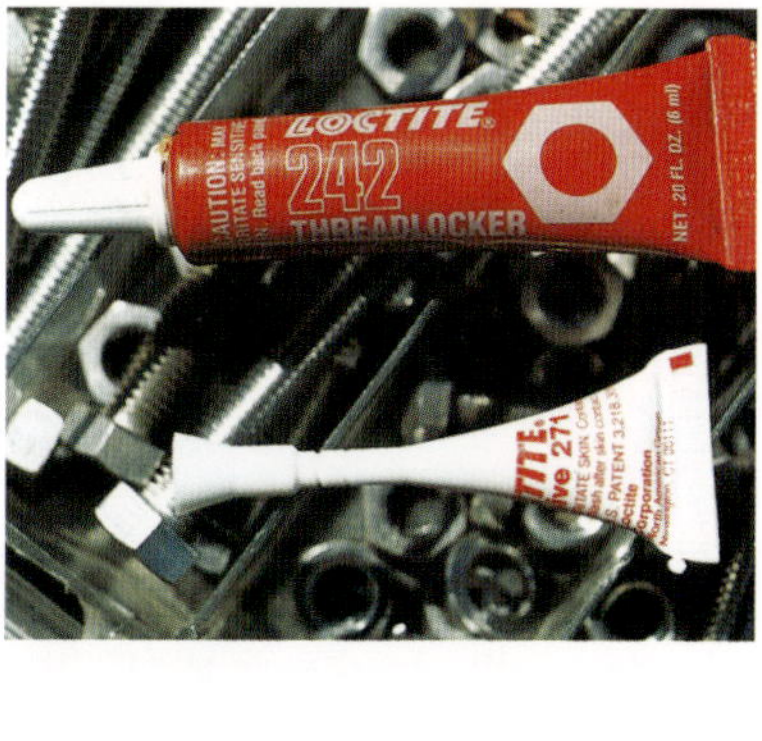

木ネジとタッピングネジの使い分け

先端が尖っているのが木ネジとタッピングネジだ。

[木ネジ]

木ネジは家具の組み立てや、木材に何かを取り付けるときなどに使われるもっともポピュラーなネジだ。家具はそのほとんどに、締めた際にネジ山がすり鉢状の穴にもぐり込み表面に出ない皿木ネジが使われている。当然、このネジを使うときは、下穴をあけたのち、皿部分を削っておく必要がある。木製品の皿部分を削るのは、太いドリルの刃で十分だ。締めれば、皿の形になるからだ。金属の皿部分を削るのは、同じ角度でなければならないのはいうまでもない。

丸木ネジはよく見かけるタイプだ。素材、長さ、径の種類が豊富である。ともにマイナスドライバー用と、プラスドライバー用がある。

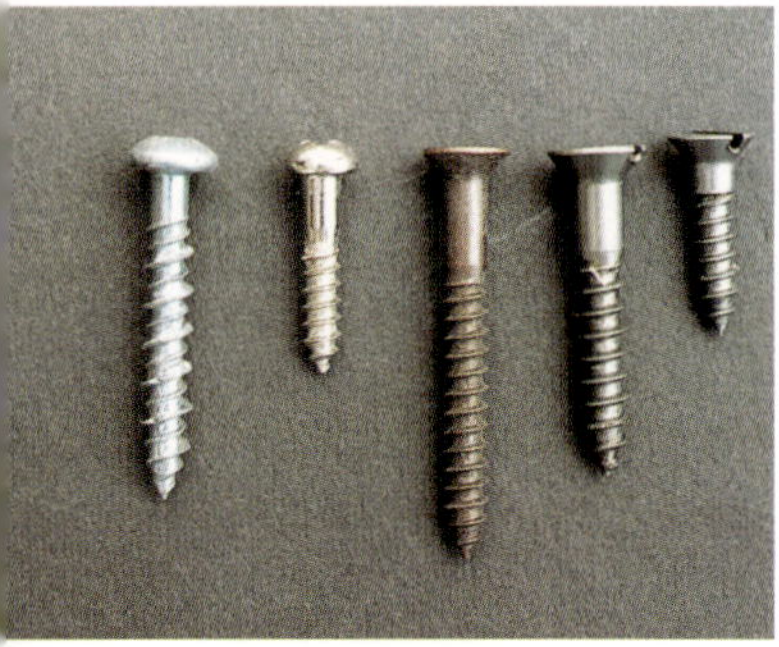
左2つが丸木ネジ、右3つが皿木ネジ

【タッピングネジ】

最近の自動車の室内やコンピュータの組み立てはタッピングネジが多く使われている。相手側のメス側に、前もってネジ山を切らなくても、ネジを切ったように使えるからだ。コストダウンのためだが、時代の流れなのだろう。

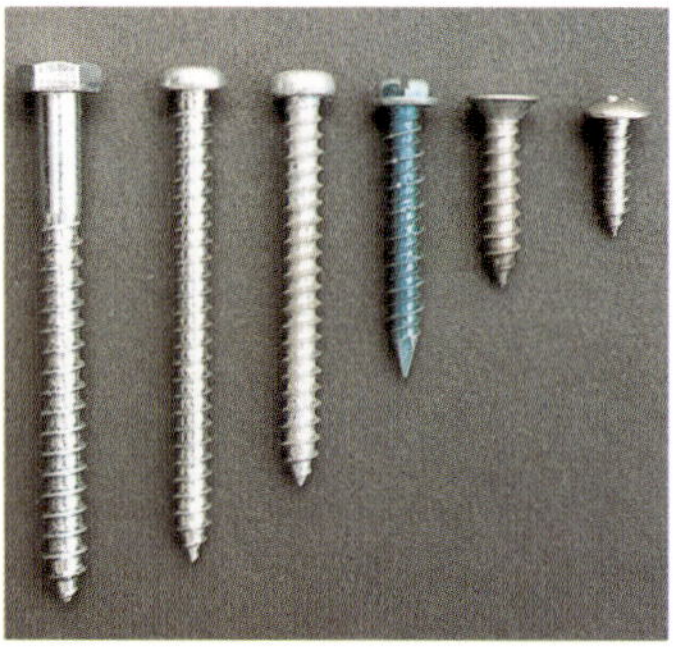
左から6角、鍋、鍋、6角フランジ、皿、トラスタッピングネジ

木ネジと同じように、皿タッピングと、頭が丸い鍋タッピング、締めつけ面積の大きいトラスタッピング、頭が6角でスパナで締めつけられる6角フランジ・タッピング、6角タッピングネジがある。タッピングネジの頭は大多数がプラスのスクリュードライバーを使用するプラス形状になっている。田園生活で用意するのは、車の中に何かを付けるというときに使用するトラスタッピングネジだけでよい。あとは必要なときに買えばすむ。

タップとダイスの使い方

オス側の丸棒やボルトにネジ山を切るのがダイス。メス側の穴の中にネジ山を切るのがタップだ。田園生活で使用するのは、圧倒的にタップだ。出来合いのボルトを使用して、そのボルトを止める穴をあけ、ネジ山を切ることが多い。ダイスを使って丸棒に規定の径を削るには旋盤が必要になる。扱いも簡単なようで難しい。素人はネジ山の掃除に使うことだけにしたほうがよい。

基本工具の使い方

[タップの使い方]

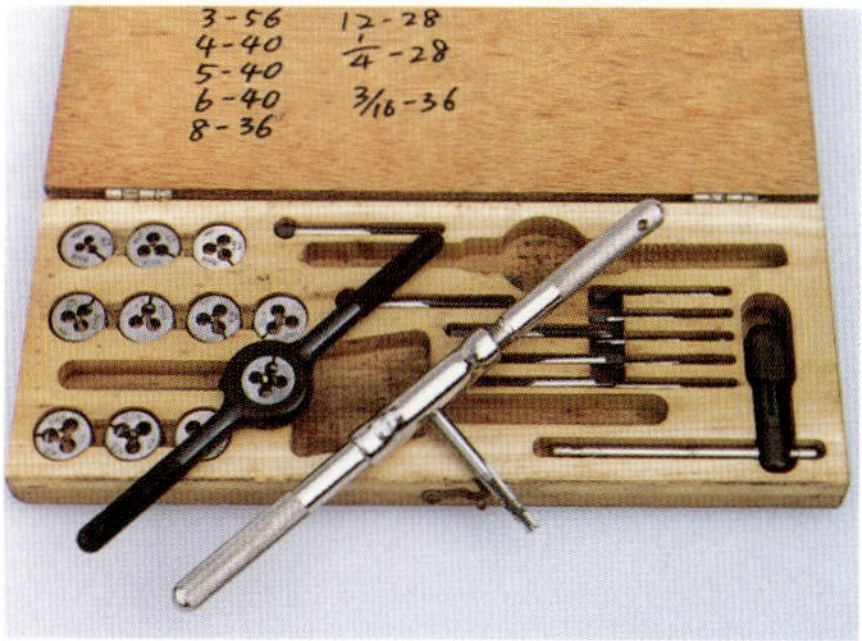

❶通常、タップは3本セットで売られている。3本の違いは、ネジ山を切る部分が上のほうにあるテーパード・タップ、下まであるボトミング・タップ、その中間までのプラグ・タップに分かれる。見てわかるように、ネジ山を切る部分が上から始まるテーパード・タップを最初に使用する。これで、下穴にまっすぐに入り込んだ状態からネジ山を切ることができるわけだ。最初から、ネジ山を切る部分が下まであるボトミング・タップを使ったら、専用工具を使用しないかぎり下穴に垂直にタップを差し込めないのだ（写真❶）。

❷タップを立てる前に規定の下穴をあけること。木材と違い規定どおりにあけること。タップレンチにテーパード・タップを挟み、下穴に差し込む(写真❷)。

❸切削油を垂らし、タップレンチを垂直に保持し、8分の1だけ水平に回す。そして戻す。手でタップを切るときはかならず少し切り、戻すという行為を繰り返しネジ山を切るのである。相手の素材が硬かったら、さらに少しだけ切り戻すことになる。柔らかかったら、4分の1回転はできる。抵抗が大きくタップが折れそうに感じたときは、すぐに戻すこと。折れてからでは遅い、切削油をたえず垂らしながら切っていく。万が一タップを折った場合は、専用工具の用意や多くの労力が必要になる。テーパード・タップが終了したらプラグ・タップ、そして仕上げのボトミング・タップを切る（写真❸）。

ハンダ付けのコツ

ハンダ付けは難しい。どっぷりたっぷりハンダを付けたら重量が重くなるし不経済だ。ラジコンレースに夢中のときは、レタースケール（封書などの郵便物の重さを量る専用秤）を手元に置いてハンダ付けをしたほどだ。結局、日本アルミットという会社のハンダがもっとも使いやすく、軽量にハンダ付けができることを知ったのである。

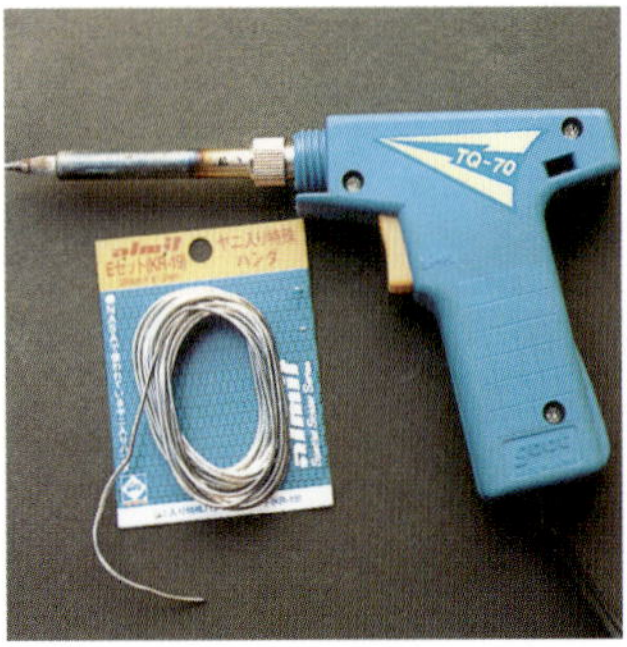

●ハンダ付けで有名なテクニックが、ハンダメッキという手法だ。最初に貼り合わせたい両方の箇所に、ハンダを溶かしてメッキのように薄く付けておき、一気に接着する方法だ。たとえば、端子に銅線を付けたい場合は、端子と銅線それぞれにハンダを溶かして付けておく。両方を合わせてハンダゴテを当てれば、同じハンダなのですぐに融合して簡単に付くのである。私のアップル・パワーマックの内部電源は、コネクターだけを再利用して、市販の電池にハンダ付けをした手製だ。もちろん安く仕上がった。

●基盤上のダイオードのような小さな部品にハンダを付けるときには、余分なハンダを吸い取る用具が必要だ。余分なハンダはすぐに吸引器で吸い取るか、吸い取り銅線（編んだ銅線で作られている。銅線がハンダを吸着する）で取り除く。大きなパーツのときは、押さえたまま古い歯ブラシで掃き飛ばせばすむ。最後に、ハンダ付けは付いているようでも、付いていない場合があるから引っ張って確認をすることだ。

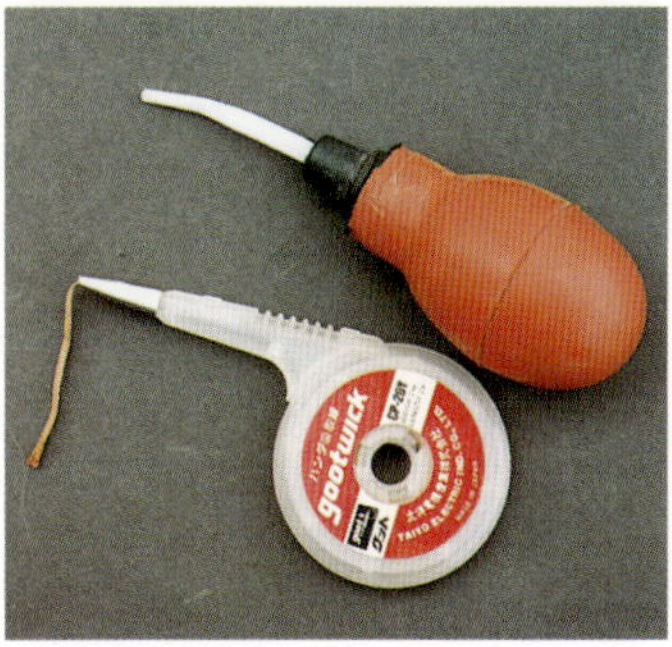

斧&チェーンソー

薪用の木を切り倒さねばならない。庭の木が立ち枯れた。チェーンソーや斧を使うチャンスは多い。立ち枯れた木をそのままにしておいたら、いつ倒れるかわからない。だから倒れる方向や時期をコントロールして人間が切り倒す。これによって田園生活の安全が守られる。そして、その木から薪を切り出す。だから田園生活では薪ストーブが重用されるのである。我が家の庭の約5000平方メートルの原野には、直径30センチ以上の柏が100本以上、ほかにもあらゆる樹木が生えている。

私が穴を掘り、女房は堆肥を入れ、我が家で植林したのが、白樺300本、赤エゾ松300本、サクランボ50本、リンゴ50本、梨5本だ。どれも燃料がなくなったときには薪になる。しかし、チェーンソーがなかったら、切り倒すのも〝超〟がつくほどの重労働になるし、危険もある。

毎年、春になると、私はチェーンソーを使って2年後の薪作りの仕事を始める。薪作りは田園生活の大事な仕事。だから、チェーンソーと斧の使い方は完璧にマスターする必要がある。

チェーンソーや斧を使用するときの基本

チェーンソーや斧は基本を守らないとけがをするし最悪の場合、死亡事故につながることもある。だから十分な注意が必要だ。

●近くに人がいるときは作業をしない
チェーンソーも斧も、ときには木片をはじき飛ばす。それが人にぶつかればけがとなる。だから人が来たら作業を中止して、注意をする。

●疲れているときは作業をしない
チェーンソーも斧もコントロールするには力が必要である。疲労してくると頭の回転も悪くなり、力でコントロールすることができなくなる。だから、疲れたなと感じたら作業を中止する。振動で毛細血管が損傷する白蠟《はくろう》病予防のため、1日の作業はかならず満タンにしたタンクの燃料がなくなった時点で終了すること。

●足場の悪いところでの作業は細心の注意を払う

チェーンソーや斧で木を切り倒す場所は、傾斜地が多い。だから、作業をする前に、足が引っ掛かって邪魔になりそうなものをかならず排除すること。そして、山側に逃げられるように算段をしておく。またハシゴや木の上など、不安定な姿勢ではチェーンソーを絶対に使用してはならない。

●刃物が切れる状態で作業をする

チェーンソーも斧も刃物。刃が付いていないと、余計な力を必要とするので疲れて危険度も増す。だから常に刃物は切れるようにして作業をする。

●作業は両手で腰を入れて

チェーンソーはキックバック（跳ね返り）やプッシュバック（引き込み）を起こすし、チェーンが木に挟まりチェーンソー本体が回転し反発する力（プールイン）が生じることがある。このとき、腰に力を入れ、両手でチェーンソーを確実にホールドしていれば事故は起きにくいのだが、いい加減な持ち方をしていると、チェーンソーが撥《は》ね、バランスを崩し事故になる。

●防護用具を身に着ける

事故はだれにでも起きる可能性がある。万が一のため防護用品を身に着けること。斧でさえ、不注意で足の骨を砕く人がいることを忘れないように。

チェーンソーのチェーンを目立てる

通常、新品のチェーンソーには取扱説明書が付いていて、目立ての角度、形式が書かれている。その説明書に従って目立てを行うとうまくいく。しかし中古で購入した場合には、説明書が付いていない。チェーンもオリジナルの刃とは違う場合もある。このようなときには、安全のために新しいチェーンを正規代理店から購入することをすすめる。そして、その際にコピーでもよいから「安全のために」という名目で取扱説明書を分けてもらうことだ。

古いチェーンはどのような負荷をかけて使用していたかが判断できないから、いつごろ切れるか予測ができない。新しいチェーンに合った、目立てヤスリと目立て用ファイルホルダーも同時に購入する。

❶チェーンソーは使用終了時に研ぐ癖をつけること。

❷目立て用ファイルホルダーに、目立てヤスリを装着し、ホルダーに刻まれた印に合わせてヤスリですべての刃を研ぎ上げる。かならず刃の内側からヤ

スリを当てること。また金ヤスリは押して削るようにセットすること。

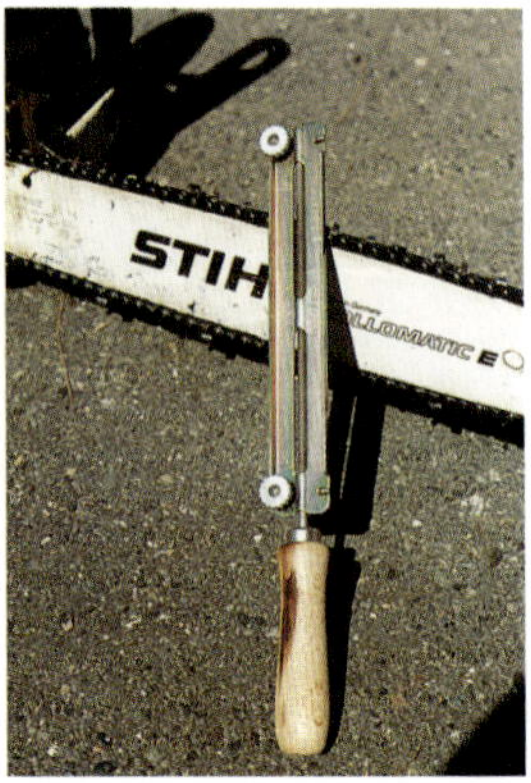

混合燃料の作り方

エンジン付き刈り払い機やチェーンソーには混合燃料を使用する。混合燃料は2サイクルエンジンの宿命だ。面倒くさいが、作らなければならない。オイルの種類によって20対1か25対1で混合する。今は容器1つで簡単に混合できる便利なものが売られているので、かならず買うべきである。

混合燃料は新鮮なものが燃えやすいので、作りすぎないようにする。その年に余った混合燃料は、翌年に使わないこと。プラグにカーボンが付きやすくなり、エンジンもかかりにくくなるからだ。余った燃料は、落ち葉や枝、燃えるゴミを屋外で燃やすときに空き缶に入れ、たき付けにすればよく燃える。

薪にする木の倒し方

去年の秋まで元気だった木でも、冬の寒さや冷たい風のために枯れてしまうことがある。だから切り倒す。ログハウスや材木用の木を切り倒すのは、木が水分を吸い上げていない冬だけということを知っておこう。「冬以外に切ると不幸が起きる」という言葉はアメリカのランバージャック（樵《きこり》）のことわざ。木食い虫が入り、カビが生え、多量の水分が木を腐らせる。

❶立ち枯れた木を発見

アメリカやカナダでは、国有林の中の立ち枯れた木や風倒木を欲しい人が切ることを許されている。しかし、日本では絶対に許されないので自分の山や庭の木だけにする。

❷倒す方向を決める

周りに電線や道路がないかをチェック。もちろん人間も移動させる。切る人は山側で作業をし、木は谷側に倒すようにする。

❸受け口を作る

木を倒す方向を決めるのが受け口。チェーンソーで木を倒す方向に受け口を作る。木の直径の4分の1ほどの深さに45度の角度で切り込みを入れる。次に水平に切り込みを入れ、受け口を作る（イラスト❶❷）。

❹追い口を作り、木を倒す

受け口と反対方向にチェーンソーで追い口と呼ばれる切り込みを入れ、木を切り倒す。受け口の先端より3センチから5センチほど高い場所に水平に切り込みを入れる。このとき、木の直径の10分の1は切らずに残す。こうすると木は徐々に倒れていく。木の倒れる方向と後ろ側にはいないこと。倒れる途中で止まった場合は、ロープをかけて車やトラクターで引き倒すこと（イラスト❸）。

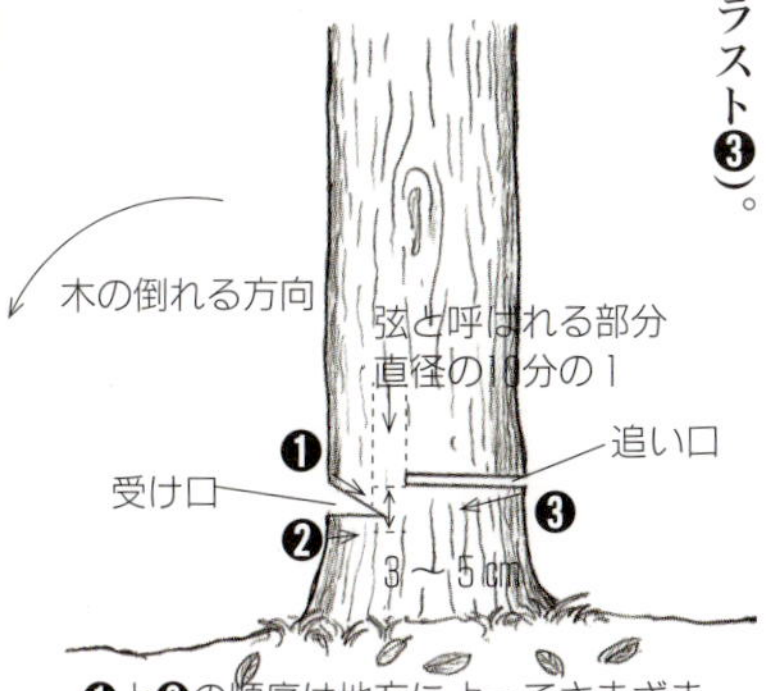

❶と❷の順序は地方によってさまざま

薪にするための木の分断方法

❶ストーブに入る寸法を測り、分断する数を割り出す。

❷細い丸太を分断する幅に合わせて下敷き用に並べる。

❸薪にする丸太を下敷きの上に並べる。

❹チェーンソーで丸太を切り下ろす。下敷き用の木に支えられているから、

チェーンソーの歯が挟まることなく丸太を切断できる。

❺切断した丸太を斧で割る。切断面が乾燥すると割りにくくなるので、割る分量だけを切断する。

狙いがはずれてもストッパーに当たる

安全な薪割りのテクニック

●大量に薪を作るときは、体が疲労してくる。誤って斧が振り下ろされても危険が及ばないようにする。これには、斧の刃が向かってきても防護してくれるストッパーになるものを用意することだ。人間と薪割り台の間にストッパーが置かれていれば、弾かれたり、狙いが狂って斧の刃が向かってきても防護してくれる。

●斧が木に食い込み離れなくなったときは、大ハンマーで斧の上部をたたき割るのだが、細心の注意が必要である。斧がたたかれる作りになっていない場合は、専用のくさびを打ち込み割ることになる。たたかれてもよい設計、構造になっていても、斧の状態を調べてからたたく。

●上部の鉄にひび割れがある場合は要注意。大ハンマーでたたいたときに斧側の鉄がちぎれ飛ぶことがあるからだ。このような場合はかならず目や顔を守るプロテクターをすること。根の部分や枝が分岐する箇所は斧で割るのは困難なので、チェーンソーで縦に切ったほうが能率的である。

崩れない薪の積み方

薪割りのあとは薪を並べる仕事が待つ。薪置きの専用台がない場合は、以下のように並べるとよい。

❶最初に両端を2つに割った安定性のよい薪を選んで、井桁に薪を積み上げる。

❷薪は、常に樹皮が付いたほうを上にする。樹皮は防水性があり、雨が降っても屋根の役目をする。決して密に並べてはならない。密に並べると乾燥し

づらくなるからだ。そして最低1年間は乾かす。私は2年間、乾燥させてから使用している。こうすると煙突にタール状の燃えかすが付きにくいからである。

薪ストーブの燃やし方

暖炉の中で、薪が燃えて出るエネルギーの約80パーセントは、煙突から屋外に放出され非効率的だ。だから効率のよい薪ストーブが昔から北欧で使われつづけてきた。しかし北欧製の分厚い鋳鉄製の薪ストーブを温めるには時間がかかる。だからヨーロッパではストーブの火を消してはならないといわれるのである。一度火をつけたら消してはならない。これがコツ。少々暑くても窓をあけ、冷たい空気を入れて部屋の温度を下げ、ストーブを消さない。

❶最初にストーブの中にたき付けをたっぷり用意する。新聞を燃やしたき付けを燃やし、燃えやすい細い薪をくべていく。

❷ストーブのドアは完全に閉めずに隙間をあけておく。これで空気が大量に入り燃えやすくなる。

❸完全に火が付いたら、ストーブのドアを閉めてもいい。しかし、空気流入窓はあけておくこと。

❹火の勢いが強くなったら太めの薪をくべていく。状況に応じて空気流入窓のあき具合を調節する。

ストーブの灰を捨てるときは、ストーブの中に2センチほどの厚みの灰を火床として残しておくこと。

燃料用樹木の種類

基本的に燃える木はすべて燃料になる。しかし、燃えやすく火持ちに優れているのは、ドングリ類の実る樹木、柏やナラ材だ。カエデ類もよい燃料となる。北海道では柏が最上とされている。私は自分の敷地の樹木は温存して、地元の森林組合から購入している。柏の薪が約9割、残りはクルミやミズナラが混じる。

道具を研ぐ

道具イコール刃物といってよいほど、田園生活では多くの刃物が使われる。ポケットナイフ、鍬、シャベル、鎌……。道具に刃が付いている以上は研がなければならなくなる。といって手で研ぎ上げていたら時間がなくなる。趣味の研ぎなら時間をかけられるだろうが、田園生活では仕事が多く、時間をかけてはいられない。能率的に迅速に。

私は前述したように『アメリカン・カスタムナイフ』（集英社刊）という本を20年ほど前に出したことがある。自らナイフを作り、多くのナイフを研ぎ上げてきた。そして私の狩猟と魚釣りを軸とした人生の中で、刃物を研ぐという行為は生活の一部になっている。だから、速く、切れる刃の付け方を会得したのである。田園生活、狩猟、魚釣り……。それぞれの刃物には、それぞれの刃の付け方がある。この項では刃物を研ぐノウハウを紹介しよう。

必需品 ベルトグラインダー

刃物を研ぐために、どこの刃物工場でも電動砥石を使用しているのが現実。個人でも田園生活をする以上は電動のベルトグラインダーを持つことをすすめる。迅速に刃を研げ、ほかの削る作業にも役立つからだ。私の愛用している機械は、前述したデルタ・ベルトグラインダー。

［ベルトグラインダーを使った砥ぎ方の基本］

❶ベルトを装着する。刃物の刃がこぼれている、欠けている場合は、刃の形を元に戻すために120番のベルトで直角に刃を落とし、形を整える。次にオリジナルと同じ角度の刃を付ける。その後、粒子の番手を約2倍ずつ上げ、粒子を細かくしながら刃を付けてゆく。刃物の熱が上がらないように、水を入れた桶を用意し、たえず水の中に浸け冷やしながら行う。

道具を研ぐ

❷最終は400番のベルトで仕上げ、前の刃を付ける。

❸仕上げは使用している400番のベルトにスプレーの潤滑油を振りかけ、研磨をすると仕上げの刃が付くのである。これが、アメリカのカスタムナイフ・メーカーの研ぎの方法である。刃こぼれがなく、単に切れなくなった刃は、この潤滑油を塗った400番で研磨をすればよい。潤滑油はCRC5―56でもWD40でもよい。

以上が大多数の刃物を研ぐ基本である。ナイフや包丁、ノミを研ぐ場合は、後述するように、さらなる仕上げの研ぎが必要である。

[刃の角度]

刃物には用途別に刃の形と角度がある。買い求めたときの角度がよいと思う人は、その角度を再現して研ぎ上げればよい結果が得られる。不満がある人は、望みに応じて鋭利にしたり鈍角にすればよい。しかしメーカーが付けた角度は、その素材にメーカーがもっとも適していると総合的に判断した角度であることを知っておいてほしい。刃の角度を知るには、角度を調べるプレートが必要である。なければ自作する。

[刃物角度調べプレートの自作方法]

下敷きのようなプラスチックの板に、分度器で角度を15度から5度刻みで描き、カッターで切り取れば完成。ちなみにアメリカ製の角度調べのプレートは15、20、25、30、35、45、50、70度となっている。

砥石の種類と選び方

砥石の種類は大きく分けて、水を使用する水砥石と油を使う油砥石に分かれる。値段は数百円の砥石から、日本刀の研ぎに使われる数十万円もする天然砥石まで、ピンからキリまである。

田園生活に使用するのは人造砥石で十分である。私は水砥石の中仕上げはキングのデラックス1000を使い、仕上げは黄緑色の砥石を使っている。これは、いつどこで買ったか覚えていない。

油砥石はアメリカの刃物を研ぐときに時々使う。これはアメリカ・ノートンの3面砥石を使用している。荒砥石と中砥石の2面は人造砥石だが、仕上げ用はハード・アーカンサス天然砥石を使用している。

包丁を研ぐ

通常の使用で切れなくなった包丁はベルトグラインダーを使用するまでもない。人造砥石の中砥石を使用し、仕上げ砥石で研げば良い刃が付く。注意しなければならないのは、日本の包丁は片刃のものが多いということ。安物は刃持ちが悪いということ。私の家では、高価だが、刃持ち抜群のスウェーデン鋼を鍛造した日本橋・木屋の包丁#6を使用している。片刃で、いつまでも切れ味を保つ。

[出刃包丁を研ぐコツ]

十分に水をしみ込ませた砥石を縦に置く。片刃の包丁は、軽く押さえるくらいの力で研ぐのがポイント。刃の角度に注意しながら研ぐ。コツは、刃先を砥石にあて隙間を見ながら刃先と砥石を密着させる。そして砥石の表面を薄くはぎ取るような感覚で研ぐことである。裏面は平面を砥石に密着させて研ぎ上げる。

ステンレス製以外の包丁は、使用した後はかならず水分をふき取ること。

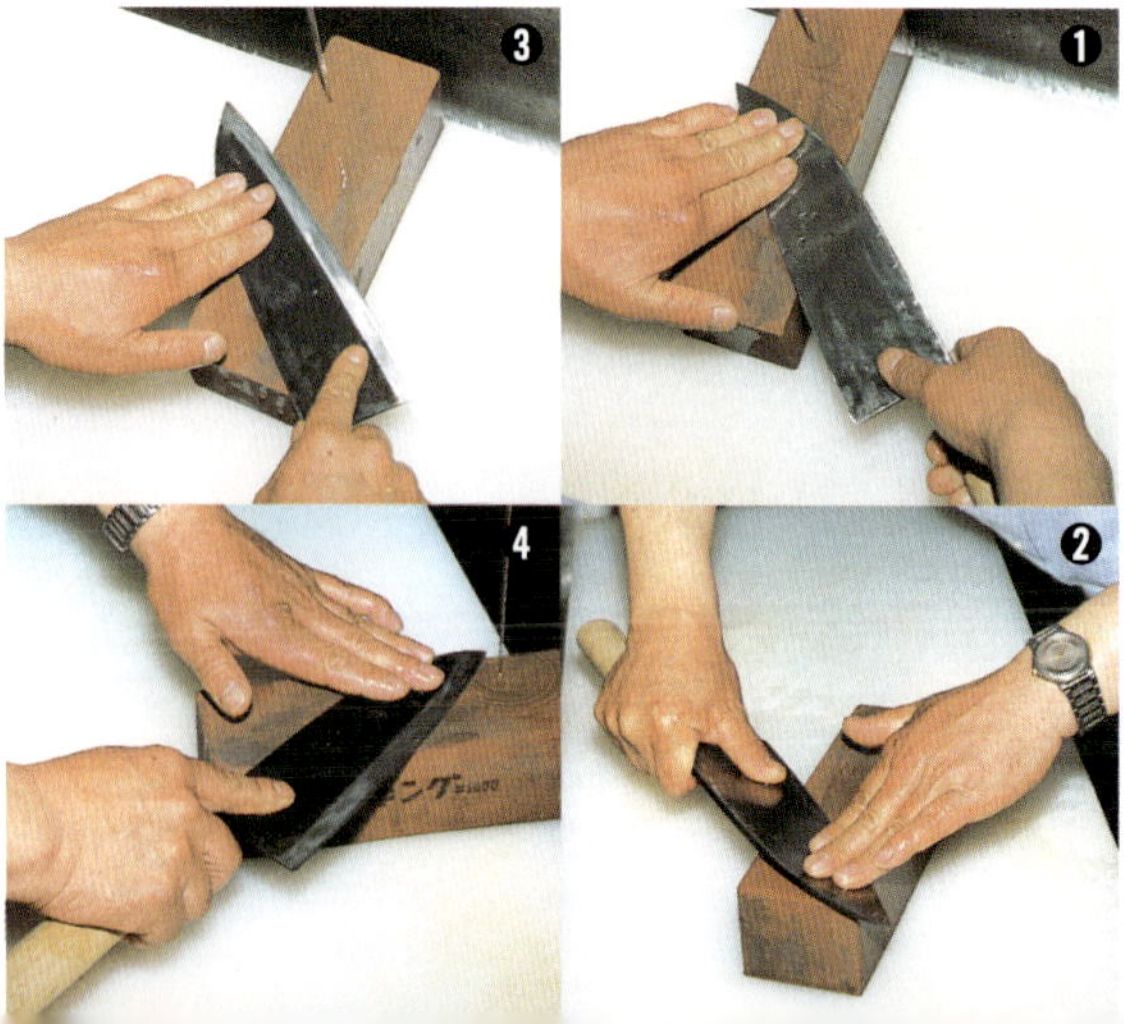

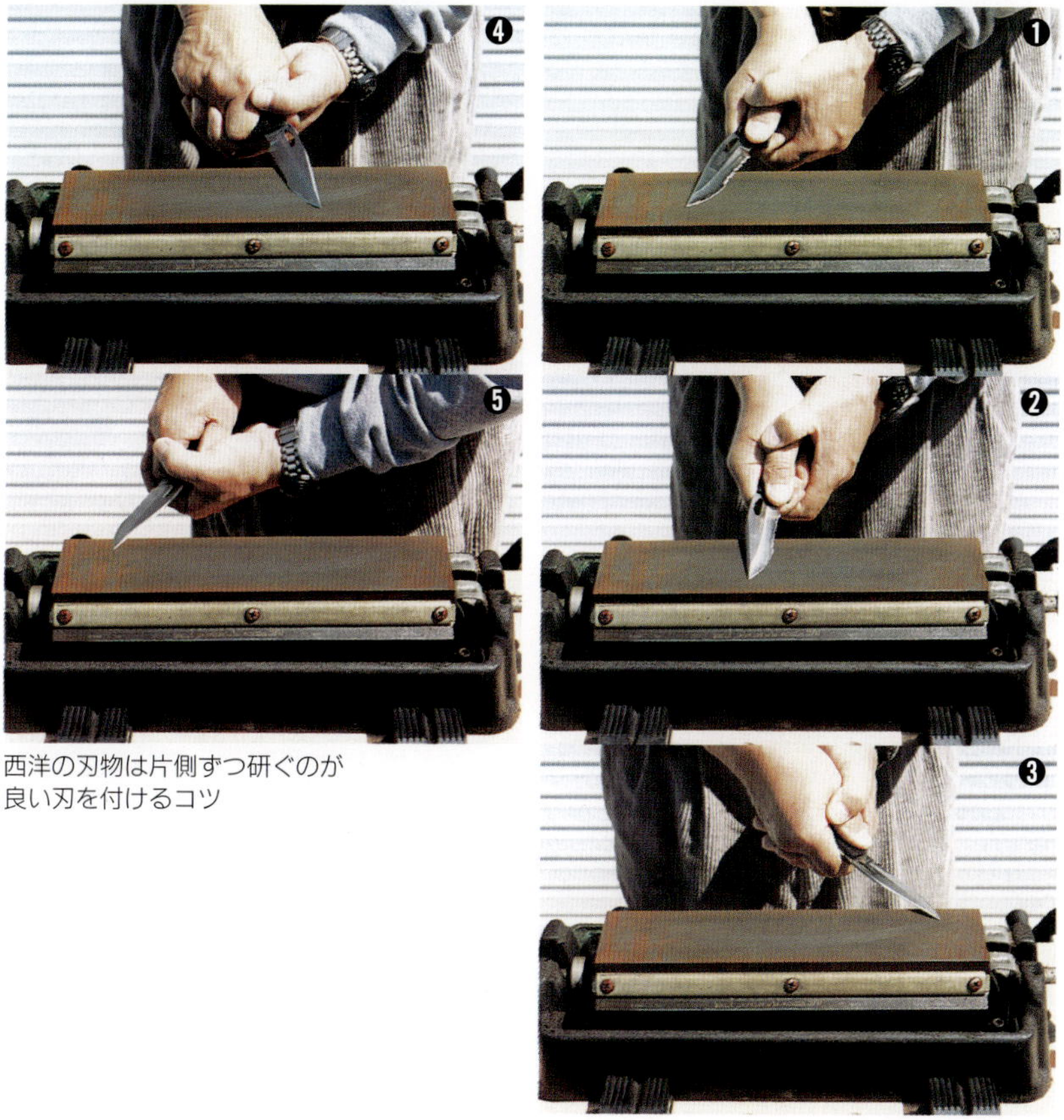

西洋の刃物は片側ずつ研ぐのが
良い刃を付けるコツ

ナイフを研ぐ

ナイフは小はポケットナイフから大はボーイー・ナイフまで多種多様。その多くは日本の刃物より鈍角に研ぎ上げられている。これらのナイフを研ぐときも、刃が欠けていたり、磨耗が多くなければ中砥石と仕上げ砥石で十分である。

[ナイフを研ぐコツ]

砥石を腰の高さの台の上に横に置く。両手でナイフを保持して、腰の回転で砥石の上を滑らす。1回ごとにナイフを裏返し研ぐ。これを刃が付くまで繰り返す。仕上げは仕上げ砥石を使用する。最近はダイヤモンド・シャープナーやセラミック・シャープナーを仕上げに使うことが多い。

刃物が研ぎ上がったかどうかを調べ

ダイヤモンド・シャープナーは、
2～3回も擦れば鋭利な刃が付く

るには、頭髪やすね毛の上を刃物で削《そ》ぐようにし、刃の食い込み方で判断する。または爪に刃先を当て、滑らず、ブレーキがかかったように食い込めば刃が付いていることになる。

【バフ仕上げとヘアライン・フィニッシュ】

アメリカのカスタムナイフ・メーカーは最終仕上げにバフをかけるかヘアライン・フィニッシュをする。

●バフで刃を仕上げる方法

これはグリーンクロムと呼ばれる、緑色の磨き棒をバフに塗り付け、刃先をバフの回転方向の下に向けて、かするように軽くバフ研磨することによってできる。この方法が、アメリカの大多数のカスタムナイフの切れ味を再現する方法である。ただし、厳重な注意をもって行わないと、回転するバフにナイフの刃先が巻き込まれ、バフにはじき飛ばされたナイフによって手を切断することもある。素人は絶対に行わないこと。

●ヘアライン・フィニッシュの仕上げ方

高級なカスタム・ナイフは細い美しいヘアラインが刃の上に刃先に向かって流れている。研いだり、傷がついて

【ヘアライン・フィニッシュ】

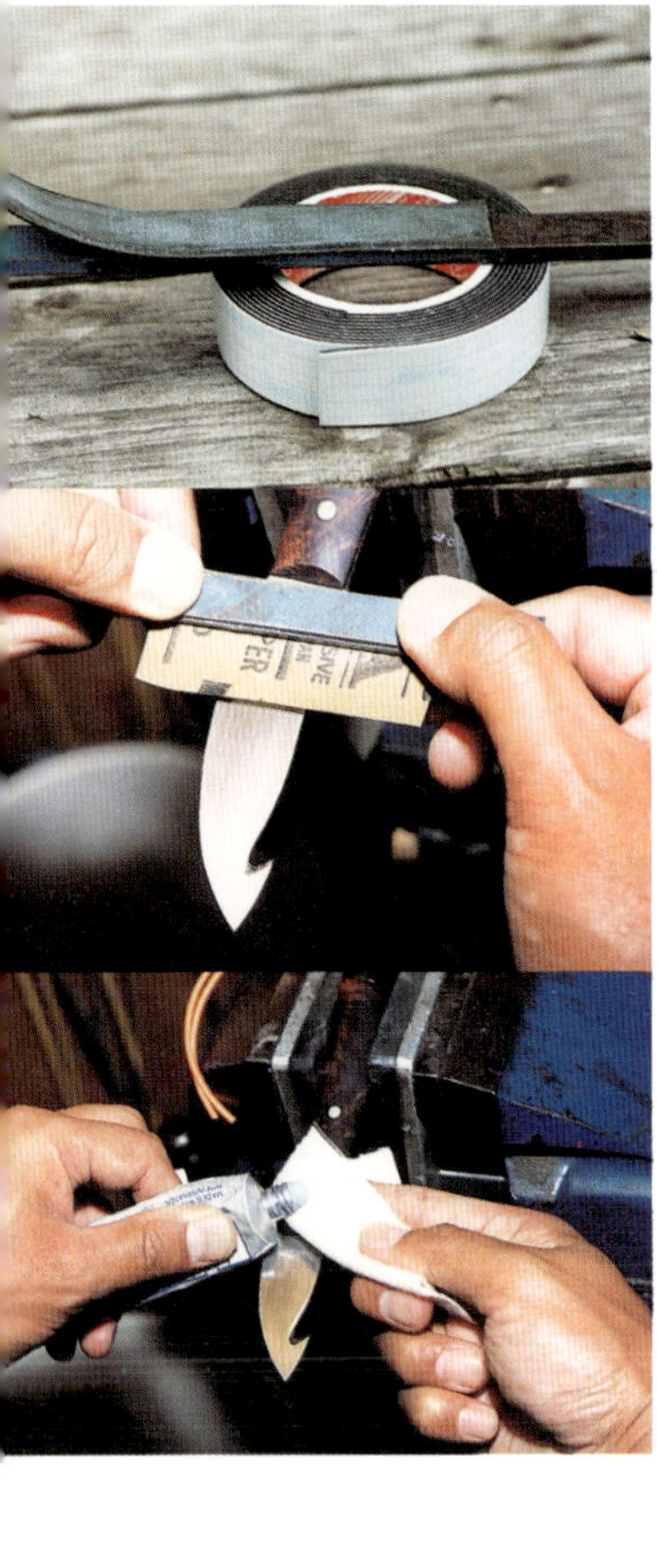

道具を研ぐ

このラインがなくなったら以下のようにすると再現できる

これは適当な小型平ヤスリと500番の紙ヤスリの間に薄いゴムや厚めの両面テープを挟み、刃の根元から刃先に向かって一方向だけ擦るとできる。その後、金属磨きで軽く磨くと柔らかなヘアライン・フィニッシュが完成する。

鎌や鍬を研ぐ

鎌や鍬は片刃の道具。日本の多くの片刃の刃物は硬く焼き入れされた炭素鋼を使用している。片刃は刃の角度が半分になるから鋭角な刃が付く。それゆえ、切れ味を高める。だが鋭角な刃物は、刃先が少し磨耗しただけで、すぐに鈍角になってしまう。だからたえず研がなければならないのである。

❶片刃の刃物の裏側のフラットな部分はあくまでもフラットにしておく。この部分が磨耗する前に、かならず研ぎに入ること。先端が磨耗していたら、刃は蛤刃の状態になり、鈍角になり強度は増す。しかし、風になびく草は切れない。これでは鎌の用を足さない。だから研ぐ。

❷刃の付いているほうを研ぐ、買ってきたときの刃の角度を再現する研ぎを行う。ベルトグラインダーがあれば早い。なければ砥石やダイヤモンド・シャープナーで研ぐ。私は作業終了時にはベルトグラインダーの仕上げの400番で研ぎ上げる。野外では600番の粒子のダイヤモンド・シャープナーを腰ベルトに装着して、草刈りをしている。切れなくなると、ダイヤモンド・シャープナーを取り出し、刃の方向から擦り上げる。これで刃が付くのである。

❶研磨時に高熱にならないように油をベルトにかける
❷グラインダーの回転方向は常に刃先から当たるようにする

斧を研ぐ

日本語には斧と幅広刃のまさかりがあるが、外国にも斧のようなものでアックスとマウルがある。私の使用するのはスウェーデン・アクドールのアックスとマウル。とくにマウルは優れていると感じる物である。

　斧は木を削り切り倒すのが主用途であり、割るのはマウルが適している。当然、マウルは蛤型の刃の上に、木を割り裂くようなデザインになっている。
❶ベルトグラインダーで研ぎ上げる。これも購入したときの刃の形を再現するようにする。各メーカーは自社の刃物に合った、最適な刃の形にして出荷していることを思い出すこと。
❷刃こぼれがある場合は、荒い番手のベルトで刃先をまっすぐにしてから研ぎ上げたほうが刃を付けやすい。最終の番手は400番にする。かならず水で冷やしながら研ぐこと。これを怠ると焼きが戻ってしまう。

これがアクドールのマウル。
刃の形状が丸太を割りやすくなっている

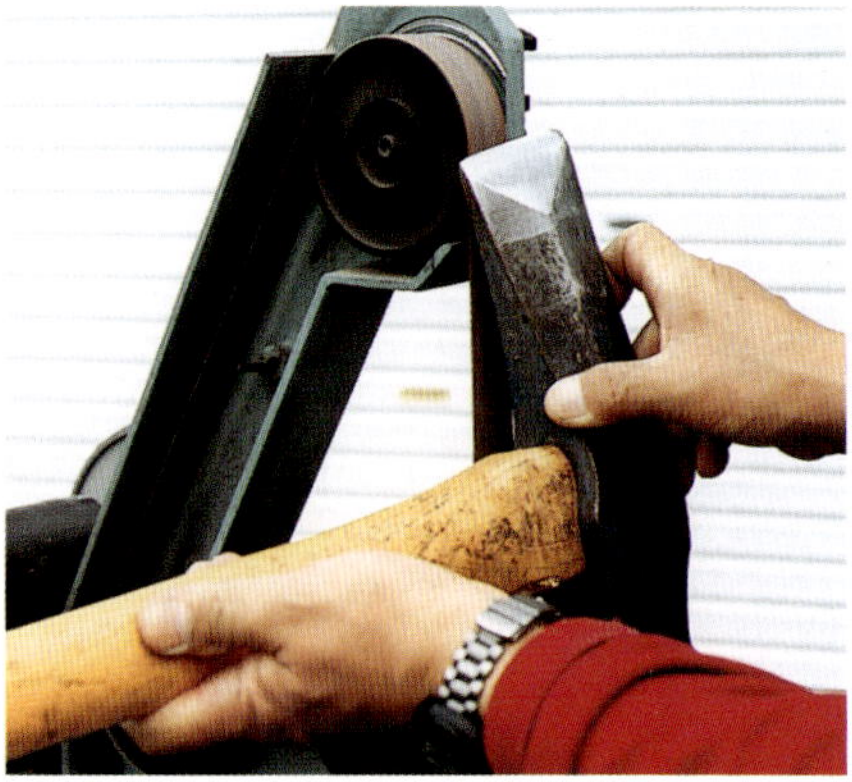

ノミを研ぐ

日曜大工仕事でも、ノミは必要になる。釘だけでは堅固な組み付けはできない。ノミでほぞを掘り、溝を作り組み合わす。この作業をするノミが切れないと、組み立て時にガタがでることになる。彫刻用、細工用、大工用とあるが彫刻用がもっとも鋭利を必要とし、大工用がもっともじょうぶな厚い刃となっている。

　ノミは刃こぼれがないかぎり、水砥石を使用して手で研ぐべき刃物である。しかし、カンナの刃と同様に研ぐのに熟練を要する。初心者は刃をホールドして、研いでくれる道具を使用したほうがうまくいくだろう。

ハサミを研ぐ

何とかとハサミは使いようと言われるが、刃が付いていないハサミでは切れない。ハサミは2枚の片刃が交差をしながら物を切る。だから2枚の刃に隙間が生じたら切れないということ。使いようというのは、この2枚の刃を隙間なく交差させるテクニックのことをいうのである。ハサミに入れた親指側を押し気味にし、反対側の刃を引き気味に力を加え、刃と刃が擦り合うようにハサミを閉じていけばよく切れる。刃が欠けたり、丸く磨耗していたら、切れ味が悪くなる。ハサミの平面に見える内側は研がないこと。平面に見えても凹型に湾曲している場合が多いからだ。刃の付いている表面側に砥石を当てて研ぐ。刃の角度はオリジナルのままにする。これだけで切れ味が戻る。

釣り針を研ぐ

現在の釣り針はひと昔前の釣り針に比べ非常に鋭利な針先になった。しかし、やはり研がなければ釣果に影響が出る。釣り場で水の中に投げ込む前に研ぐのがベストである。超鋭利な針先は、移動中にパッケージに擦れるだけで鋭利さを失う。だから釣りのベストにシャープナーを装着しておく。小さな針にはセラミック・シャープナーが使いやすい。大きな針には、ダイヤモンド・シャープナーが優れている。

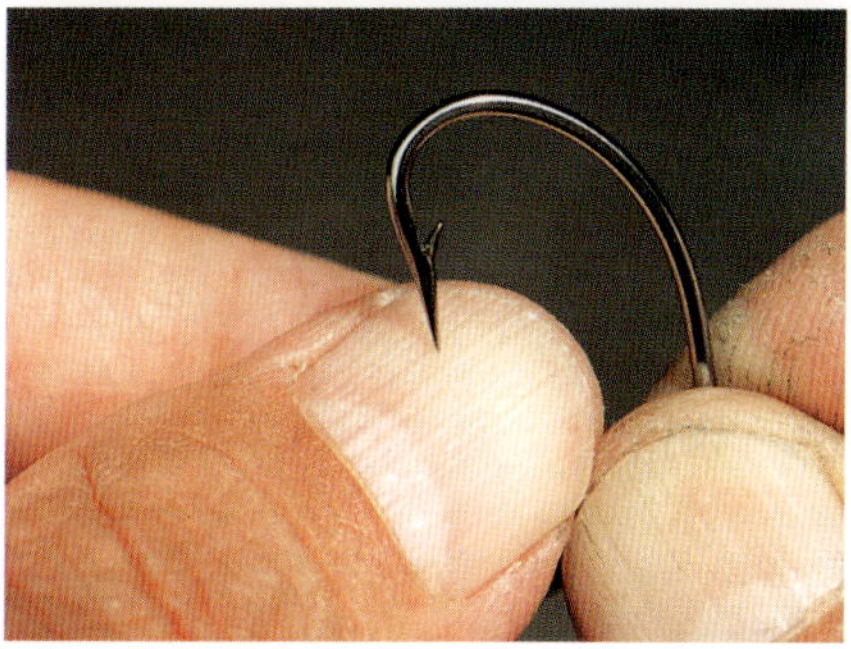

❶針先からピラミッドのような三角錐を作る感じで研ぐ。
❷爪先に針先を当て、滑るようなら研ぎが足りない。爪に食い込んでいけばパーフェクト。

バリは光や綿棒で調べる

刃物の先端がまくれあがったり、バリが出ていたら切れない。そこで、ランプや太陽の光に刃先を当ててみて、刃先が乱反射すれば、そこがバリの場所だ。目が悪い人は綿棒で刃先を擦すれば綿の繊維がバリやまくれに絡みつき、一目瞭然となる。

先端の乱反射したところがバリ

道具を研ぐ

必要なケミカル類

われわれの生活にケミカル類は深く浸透し、なくてはならないものになっている。田園生活でも多くのケミカル類が必要だ。機械類には潤滑油が、鉄類には防錆油や塗料が必要である。塗装面にはワックス類が、布地には防水液、機械や道具を洗浄する洗浄液も必要である。そして接着剤もケミカル類だ。DIYの店も、カーショップもケミカル類の売り場が広い。それだけ重要なのである。なければ、機械は早く壊れるし、車も錆びるし、家も風化する。

趣味の多い私は数えきれないほどのケミカル類を持っている。銃器用から釣り具用、電気用、機械用。接着剤から潤滑剤……。多くのケミカル類の中から私がベストと感じ、使用しているものを紹介しよう。

常備・愛用する接着剤

「組み立て家具が壊れたから接着して」「椅子がバラバラになったので接着して」「長靴に穴があいたからふさいで」……。家族からの要望も多いし、私自身も接着剤を頻繁に利用する。釣り竿の修理。ライフル銃の命中精度を上げるためのデブコンを使用した銃床ベッディング。銃床と機関部の接着。ライフル・スコープを、衝撃でずらさないためのリングとの接着。毛鉤を作るときも接着……。

物と物を接着することは、野外も屋内でも多い。だから接着剤の種類も多い。目的、用途によって接着剤は違う。ここでは私が常備し使用している接着剤を紹介する。これらの使用方法と用途を知っておけば、通常の男の生活と田園生活に十分だ。

[瞬間接着剤]

テレビのコマーシャルでトライアル・バイクが前輪を上げ、タイヤが壁に瞬間に接着され、ライダーが降りてもバイクはそのままというシーンを多くの人が見たことがあるだろう。あの接着剤が、シアノアクリート系の瞬間接着剤である。

高いブランドもので300円ほど。ディスカウントショップで3本100円という安さのものもある。シアノアクリート系の瞬間接着剤は、安くても高くても基本的に接着強度は同じで、衝撃と熱を与えないかぎりじょうぶである。だが、横からハンマーで軽くた

必要なケミカル類

たくだけで剝がれるし、熱に弱い。約90度の熱で劣化してしまう性質を持つ。金属に付着した瞬間接着剤はライターで炙れば燃えるので、除去が簡単だ。

私は車の傷に、この接着剤をしみ込ませ錆を防いだり、銃の木部の強化防水やフライ作りに多用している（写真Ⓐ Ⓑ）。

【木工用ボンド】

小学校や中学校の木工細工の授業のときに使用した白いボンド。それが酢酸ビニール樹脂エマルジョン接着剤だ。木材と木材の接着に適し、紙や布も接着できる。乾くと透明になるのだが、乾くまで圧着しておかなければならない（写真Ⓒ）。

【合成ゴム系接着剤】

通称、ゴム糊。皮と皮や皮とゴムを接着するのに適している。基本は両面に塗り、半乾きのときに圧着する。溶剤が乾燥すると硬化するのだが、シンナーなどの溶剤を付けると剝がれる性質がある。だから、将来剝がす必要のある箇所を接着するときに便利な接着剤である。空気の入らない場所は溶剤が蒸発しないので接着できない（写真Ⓓ）。

【2液性ウルトラフレックス接着剤】

私が愛用する最新の接着剤がこれ。3M社の釣り具部門が販売している。日本では釣り具店で900円くらいで購入できる。2液を混合して使うのだが硬化が早く、ゴム糊のように柔らかい。しかもじょうぶで強力な接着をする。修理が難しかったゴム長靴の曲がる部分も簡単に補修ができるし、ちょっとやそっとでは剝がれないのである。バイクや小型トラクターのハンドル・グリップの交換など、柔軟さが求められる箇所の接着に最適な接着剤といえる（写真Ⓔ）。

［エポキシ系接着剤］
必要量を混合する2液混合タイプのものが多い。硬化スピードは5分から24時間まで多種多様である。暑いときは硬化スピードが速まるので注意が必要だ。金属と金属、金属と木材、ガラス、陶器も強力に接着する。私は5分硬化型と30分硬化型、そして24時間硬化型を使用することが多い（写真Ⓐ）。

ベッディングと呼ばれる、ライフル銃の機関部と銃床の密着度を上げるための作業には、デブコン・スチールと呼ばれる、鉄粉がエポキシ系接着剤に混合されたじょうぶな接着剤を使う（写真Ⓑ）。

［塩化ビニール用接着剤］
接着といっても溶かして融合する塩化ビニール専用の接着剤である。排水パイプをつなぐのに使用する（写真Ⓒ）。

ほかにも接着剤は数多くあるが、必要になったときに購入すること。接着剤は古くなると劣化したり固まってしまうので買い置きはしないこと。とくに液体の接着剤は揮発性が強いので店においてあっても、蒸発して中身がないものもあるので注意する。

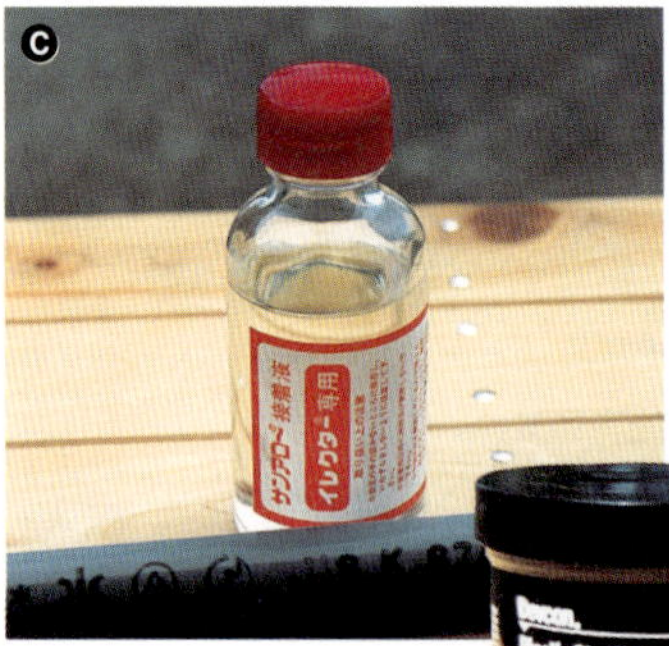

Ⓒ

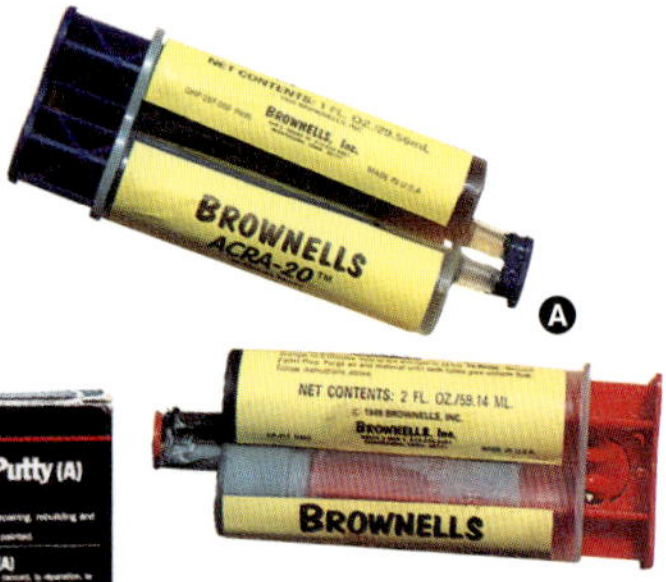

Ⓐ

Ⓑ

接着の基本テクニック

❶接着面の脱脂とペーパーかけ
接着面に油分が付いたら接着はしない。だから脱脂をする。現在、私が愛用する脱脂剤はヨコモ・モータークリーナーと呼ばれるモーター洗浄剤。約1000円でラジコンショップで入手できる。次に接着する表面がツルツルしている場合は、ヤスリをかけ、表面に細かい傷をつけて接着強度を上げる。

❷混合、乾燥、作業時間を守ること
2液混合タイプの接着剤は決められた接着時間を守ること。混合に使用する器はプリンなどのお菓子の空き容器

必要なケミカル類

が便利なので、洗って保存しておくとよい。かき混ぜる棒はアイスクリームの木のスプーンを使う。使い捨てできるので、アイスクリームを買うときに余分にもらっておく。

ゴム糊系は乾かす時間を守ってから接着する。エポキシ系は作業時間が過ぎると固まってくるので、決められた時間内に作業を終えること。

❸硬化するまで動かさない

木材と木材に使用する木工用ボンドは、接着面がすぐにずれてしまうので固定しておく。エポキシ系は硬化する前に接着面がずれると強度を損なうので動かしてはならない。クランプや万力を使ったり、重量物を載せ固まるまで固定すること。

❹はみ出した接着剤はふく、切り取る

木工用ボンドはぬらしたボロ布でふき取れる。粘着性の強いエポキシ系は、半乾きのときに竹べらで切り取ると簡単に剝がせる。合成ゴム糊系はシンナーでふき取れるが、接着面以外に障害を与えることがあるので要注意。これも半乾きのとき、綿棒に巻き付けていくとよく取れる。

潤滑油関係

液体、粉末、グリースがある。私の愛用はテフロン入りと、モリブデン入りが大多数。いろいろと試してきたが、以下のものを気に入って使用している。

【液体潤滑油】

［レミントン・オイル］

デュポン系列のレミントン社が銃用に発売しているテフロン入りのオイル。浸透しやすい、さらさらのオイル。錆びついたネジとボルトにしみ込ませておくと、楽にゆるめることができる。銃砲店で入手可能。CRCのスーパー5－56テフロン入りも同じように使える（写真Ⓐ）。

［ブレークフリー・オイル］

粘度があるのがこのテフロン入りのオイル。表面から流れ落ちにくいので、自転車のワイヤー部分やチェーンにも使用する（写真Ⓑ）。

［トリフロウ・オイル］

レミントンとブレークフリーの中間の粘度のテフロン入りオイル。これも浸透しやすいのだが、ブレークフリーと同じように使用する前によく振ること（写真Ⓒ）。

Ⓒ　Ⓑ　Ⓐ

【粉末系】
［テフロン・パウダー］
白い粉末のテフロンだ。釣り糸やフライ・ラインの結び目に瞬間接着剤やゴム糊を付け、乾く前にこのパウダーをまぶしておくと、スムーズにガイドを通るようになる。ほかにもいろいろな用途がある。銃砲店や専門工具店で入手可能（写真Ⓐ）。

［モリブデン・パウダー］
手や服に付くと汚れが落ちにくいので、手の触れない場所によく使う。また冬の狩猟は氷点下30度を超す寒さが襲うこともある。銃の油をふき取り、この粉を機関部にまぶして出猟する。金属と金属の接触面に効果がある。

【グリース系】
［モリブデン・グリース］
圧力がかかる部品と部品の接触部分に使う。カーショップにも多くのモリブデン・グリースが売られている。これはパウダーより汚れが落ちにくいので注意して扱うこと（写真Ⓑ）。

［セラミック・グリース］
本来はラジコン模型用で、プラスチックと金属が接する面の潤滑に主に使用される。金属と金属でも十分な潤滑効力を発揮する（写真Ⓒ）。

防錆油関係

錆止め用で、液体とグリース系がある。

［シース・防錆油］
銃用の防錆油。小さなパッケージに入っていて、とても使いやすい（写真Ⓓ）。

［WD40やCRC5―56潤滑防錆油］
安売りのときは1本150円くらいで買えるので、買い置きしてある。少量のパーツを洗浄するときやパーツを浸け置きするときによく使う（写真Ⓔ）。

ワックス系

表面に皮膜を作り、空気を遮断して守るのがワックス系。

[カルバナ・ストック・ワックス]

カルバナ蠟《ろう》が多く入ったワックス。銃の木部やバンブーロッドを磨くのに使用する（写真Ⓕ）。

[ルネッサンス・ワックス]

イギリスの博物館で使用している皇室マーク付きのワックス。釣り竿や磨きに使用する（写真Ⓖ）。

[ボーエシールド]

アメリカのボーイング社が開発した、浸透して水分を排除し、乾燥してワックス系の皮膜を作る液体。潤滑効果も併せ持つ。釣りのリールなどに使用している（写真Ⓗ）。

防水系

[スコッチガード]

フッ素樹脂系の防水スプレー。だれでも使ったことがある有名な防水スプレー（写真Ⓘ）。

[バーブアとフィルソン・オイル]

ワックス系のオイルで、繊維の中に入り込み防水効果を高め生地をじょうぶにする。しかし生地は硬くなり、通気性は悪く蒸れやすくなる。だから私は湿った草原やブッシュを歩くときに使用する、チャップスに多用する（写真Ⓙ）。

第3章

田園生活ベーシック

道具を安く買う方法

道具を扱えるから人間。田園生活には多くの道具が必要である。畑を耕すにも、土を掘るにも道具なしでは田園生活は成り立たない。だからといって、すべて必要な道具を正規価格で購入していたら、お金はあっというまになくなっていく。道具がある分、人間は楽になれるが経費がかかる。だからうまくやる。営業活動をしていた人なら、日本の流通マージンが高すぎるのを知っているだろうし、どのようにしたら安く購入できるかを知っているはずだ。友人、知人のネットワークを使うだけで、予算を大きくカットできる場合もある。セールの時期や処分の状態を知るだけで、かなりの額を値切ることができる。

私はカナダで生活をするまでは、物を買うのに値切ったことはなかった。

ところが、カナダの農場主は何でも値切るのだ。するとどんどん値段は下がり、大きな利益を得るのだった。このことは私の人生に大きな影響を与えた。何を買うにも、挨拶代わりに値段の交渉をするようになったのだ。値切るには情報が重要だし、練習も必要で、物をみる目を持たなくてはいけない。その結果、どれだけ得したかがわからないほど大きな成果を上げたのである。田園生活に必要な道具をうまく買うにはノウハウがあるのである。

工具類は大都会の処分品を狙う

ＪＩＳマーク。日本工業規格に合格した工場の製品が付けるマークである。基本的に、このマークがついていない工具は買わない。ディスカウント・ショップでは多くの工具が格安で並んでいるが、かならずＪＩＳマークを確認して買うこと。品質と耐久性が違うのである。また、ＪＩＳ／ＨのＨマークが付いた工具を処分品の中に見つけたら買いである。負荷に強い最強の工具にＨのマークが付くのである。

これらの工具を安く買えるのは、大都市近郊のホームセンターやドゥ・イット・ユアセルフ（ＤＩＹ）の店。日本の大都市周辺の市場は少しでも錆びていたり箱が汚くなったら、処分品の仲間入り。田園地帯では錆びていても正価売り。この違いは大きい。かたやファッション的に工具を飾る世界。かたや恒常的に工具を使う世界。田園生活を始めようと思っている人は、大都市周辺の店を探して、掘り出し物の工具を、処分品の中から買い求めておくのがベストである。

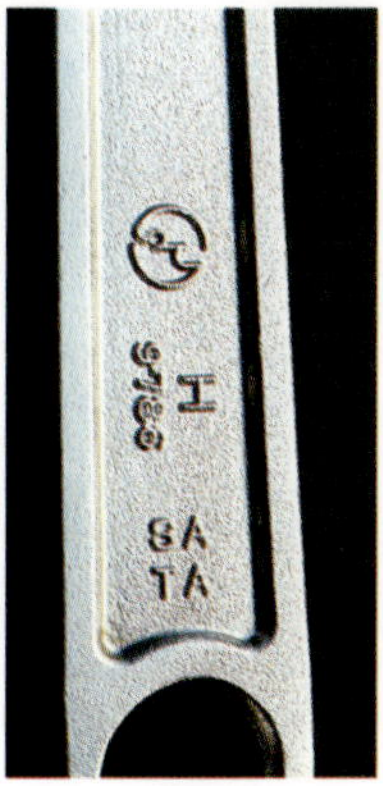

中古の道具は田園地帯が豊富

イギリス・マッセイファーガソンのトラクター、25万円で中古購入。アタッチメントの土起こしプラウ、1万円で中古購入。土砕きのロータリー、2万円で中古購入。ドイツ・スチール製のチェーンソー、2万5000円で中古購入。女房専用の小さなシャベル、100円で中古購入……。

農機具修理工場や代理店、古道具屋では多くの中古品が売られている。田園生活では実際に使われる道具がすべて。道具コレクターなる人は皆無に等しい。使ってみて良くなかったり、その人のライフスタイルに合わなければ処分される。当然、売り値は安い。中古でもいいという人には狙い目だ。値切れば安くなるし、あたりはずれがあるとはいえ、十分な働きをしてくれる。

ディーラーが主催するセール時には、中古は狙い目だ。だいたい保証を付けてくれるし、保証がなくても壊れたら面倒をみてくれる。私のトラクターは修理工場から、チェーンソーは代理店から購入したもの。ぬかりはない。地元の新聞を購読していれば、これらのセールの情報は広告の中から入手できる。そしてセールへは、常に朝一番に行くことを心がければ、目玉を入手できる可能性が高くなる。

農家の流行遅れが狙い目

農家が使用する農機具にも流行がある。資本主義社会の日本。次から次へと流行を作らなければ、企業や農協が成り立たない。私のトラクターは25馬力だが、今のトラクターは100馬力以上が主流。7~8年前には75馬力が主流だった。

このトラクターの中古は、10年の税金の償却耐用年数を過ぎたものが狙い目だ。なぜならば10年を過ぎたら1馬力約1万円という価格が常識となって通用しているからだ。ただし人気機種は高くなるが。少し前の主流の500万円ほどした75馬力のトラクターでさえ、約75万円で入手できる。農機具の10年はまだまだ十分に使える。ちなみに私のトラクター、マッセイファーガソン135は30年も前のモデルである。部品もいまだに供給されているし、イギリスでも現役で使用されているトラクターの名機だ。

中古市の朝の熱狂後が狙い目

音更町では1年に1回、大きな中古農機具展が開かれる。小型から大型のトラクターまで数百台が出展。パーツなどの部品まで展示即売される。ここでは農家で使われなくなった農機具もリサイクルされる。ときにはポルシェのトラクターも出荷されるほどだ。新機種で人気のあるものはもちろん、往年の名機といわれる機械にも人気が高まる。こうしたものの周りは人だかりとなり、開幕と同時に抽選となる。独特の熱気が会場を包み、ひとりしか求める人がいない場合でも、5人も6人も並ぶことがある。なんと当選の確率を高めるために友人、知人、家族を並ばせるからである。

朝の熱狂が過ぎ去ると、会場は静かになり、ゆっくりと機械を見て回れるようになる。売れた機械には売約済みのシールが貼られ、素人でもどこの何が人気で、どのくらいの値段が相場なのかが理解できる。そして残り物から良い品を値切って買うことができるようになるのだ。

ほとんどの機械は農協に委託されて並べられている委託品。売れなければ農家が引き取らねばならない。だから値切れる。初日より2日目、2日目より3日目の最終日。しかし、狙った機械をほかの人に買われてしまったら後の祭り。適当なときに手を打つことだ。

毎年6月に行われる
音更町の中古市

だが売れてしまっても、ディーラーに予約しておけば、同じような値段で入手できることを知っておこう。離農する農家が増えているので、中古農機具の供給は多いのである。そしてもう1点、アドバイス。農協へのマージンは、非組合員に販売したときには派生しない。あなたが非組合員ならディーラーは値引きしてくれるはずだ。

外国から個人輸入で買う

大きな農機具を個人輸入している人

がいる。農協を通すより半額で購入できるそうである。しかし、大きな農機具を買うのはおすすめできない。○○補助、△△補助……。国によるさまざまな農機具購買補助システムがあるので、これらの補助を上手に利用する。並行輸入をしなくても約半額で購入できるのである。

むしろ、小物や部品を個人輸入する。小物や部品は驚くほど高価なので、もっともメリットがある。代行業者も地方新聞に広告を出しているので、はじめは代行業者に頼んだほうが賢明かもしれない。個人の場合は個人のリスクでインターネットで探し求めて購入する方法がもっとも安くなる。

これら個人輸入した機械でも、田園地帯の修理工場は修理してくれる。修理がきかないのではと心配する必要はない。多くの出張修理業者がいるのが田園地帯なのだ。

業務用マニュアルは必需品

田園生活では多くの機械が使われる。当然、機械の宿命である故障が起きる。その多くは保証期間が過ぎた後だ。そこでメーカーのサービス係に電話をして来てもらうと、請求書の額に驚くことになる。出張費が高いのである。メーカーとしては40キロも50キロも離れた田園地帯のサービスを安くはできないのだ。だから自分で修理ができるようにならなければ、コストが高くつく。しかし機械を買うときに付いてくる説明書では、何の役にも立たない。そこで用意しておくのが業務用マニュアル。

業務用マニュアルは修理の方法がイラストや写真とともに、事細かく記載されている。メーカーのサービスの人間が、このマニュアルを見て修理できるように作られているからだ。当然、われわれが使っても機械の修理ができるようになる。だからメーカーに注文して、業務用サービス・マニュアルを購入する。同時にパーツ・リストブックも購入する。マニュアルがなければ、現在のブラックボックス化した機械は直せない。

昔の機械は単純な作りだった。私はカナダでトラックのエンジンをひとりで下ろし修理をしたことがあった。農繁期でだれも応援できないくらい忙しかったからだ。30年近く前の機械の修理は難しくなかった。配線も簡単だった。マニュアルがなくても修理が可能だった。しかし、現在は違う。まずは業務用マニュアルを用意する。そこから田園生活の機械類のメンテナンスは始まるのである。

必修　ひもの結び方

田園生活は街の中よりひもを結ぶことが多くなる。野菜を束ねる、切り取った薪に幌《ほろ》をかける。添え木に苗木を結ぶ、丸太にロープをかけ引きずる……。多くの結びが必要になる。代々農家や漁業の人は、結びを知っているが、都会人たちは知らない。必要がないのだから知らなくても当然だ。しかし田園生活では必要なのである。この項では、わかりやすく写真で紹介する。同じ結びでも業種、山、海で結びの名称は違うことがある。

かならず覚える結びと応用方法

[止め結び]

読んで字のごとし、滑り止めのコブとして使用したり、ひもの端をほどけないように止める結び。

応用／リールに糸を巻き付けるとき、最後はかならず止め結びをする。これでゆるまなくなる。

[止め結び]

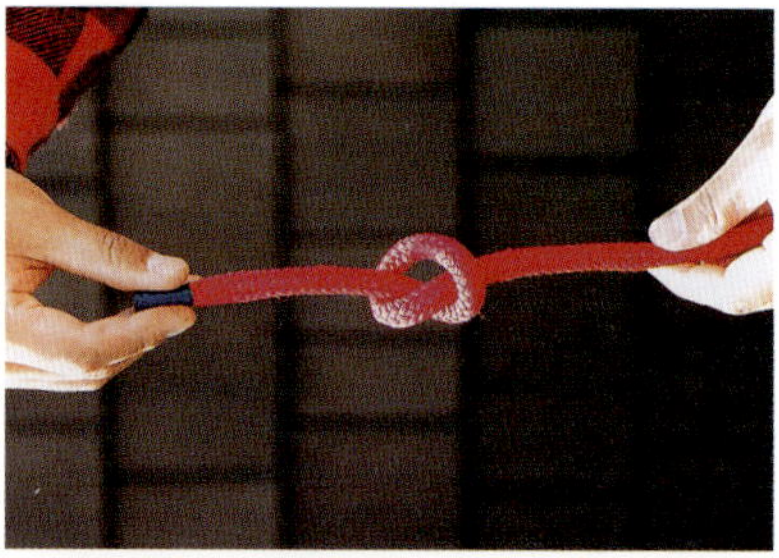

[止め結び／応用]

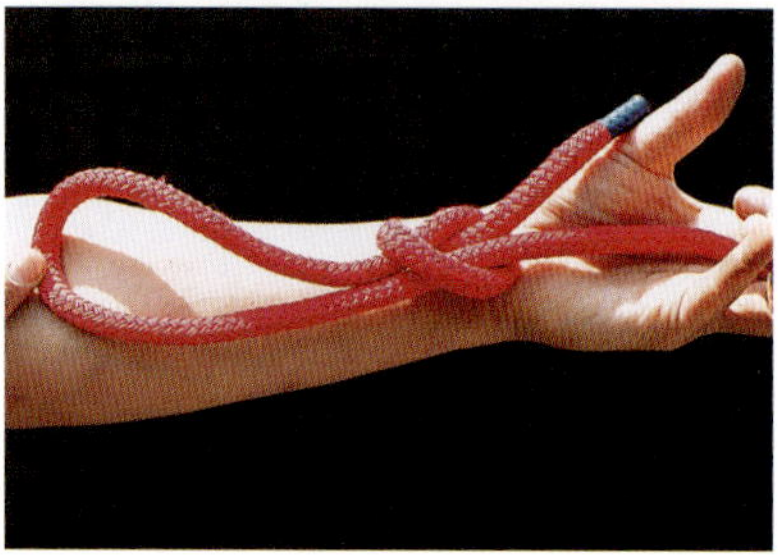

[8の字結び]

結んだ姿が数字の8に似ているからこの名前になった。止め結びより大きい結び目になる。

応用／8の字結びで輪を作る

●ダブルにして8の字を作れば牽引やフックに引っかける輪が作れる。

●シングルで作った8の字から木に回し、8の字に通せばダブル8の字ができる（写真❶～❸）。

●1本のロープの端に8の字を作り、

必修 ひもの結び方

もう1本のロープの端で結びを反対側に追いかけ通していけば、2本のロープをつなぐこともできる（写真❹）。

［本結び］

小学生以上ならだれでもできる結び。しっかり結べるし、ほどくのも容易だ。

ほどき方／写真のようにつかみ引けば、直線になり、引き抜ける（写真❶〜❸）。

応用／だれでも知っている蝶々結び。

［8の字結び］

［8の字結び／応用］

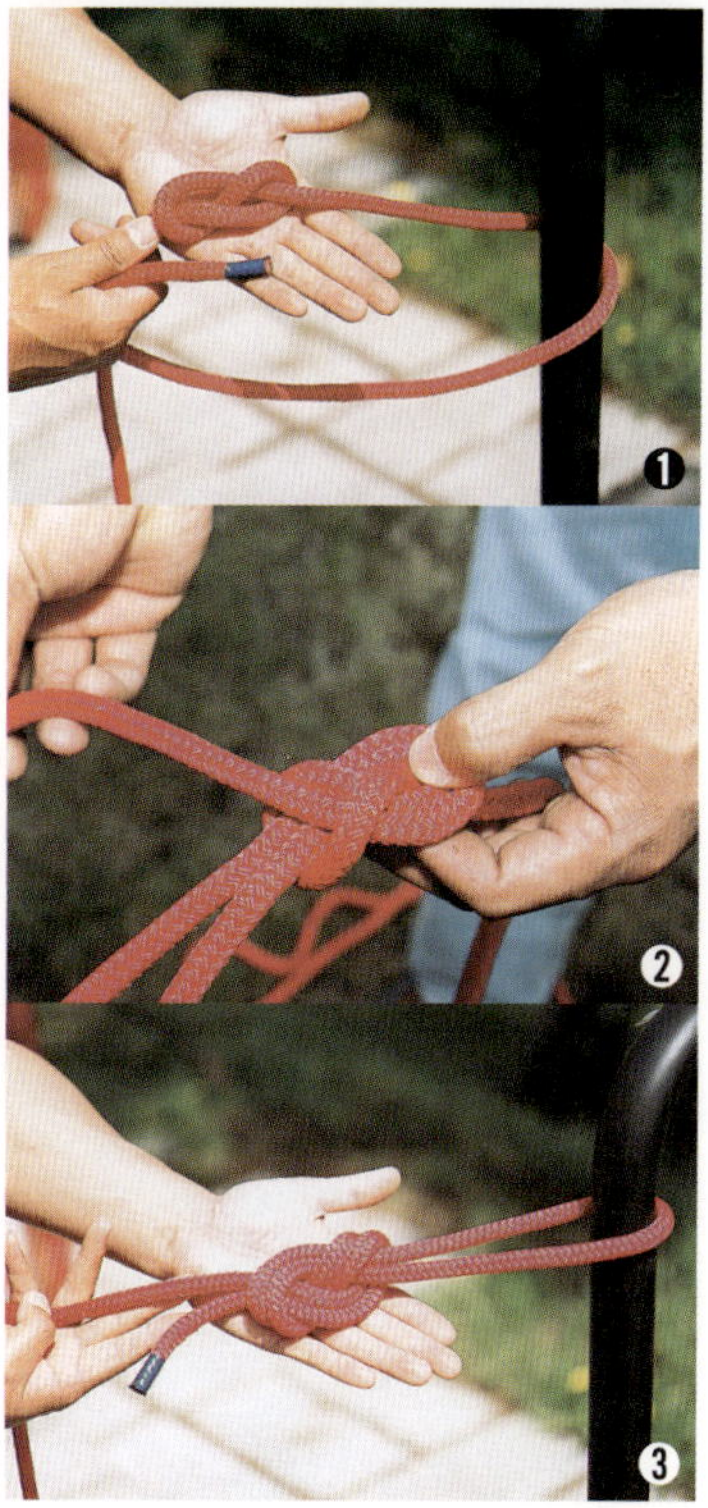

❹

［本結び］

［本結び／ほどき方］

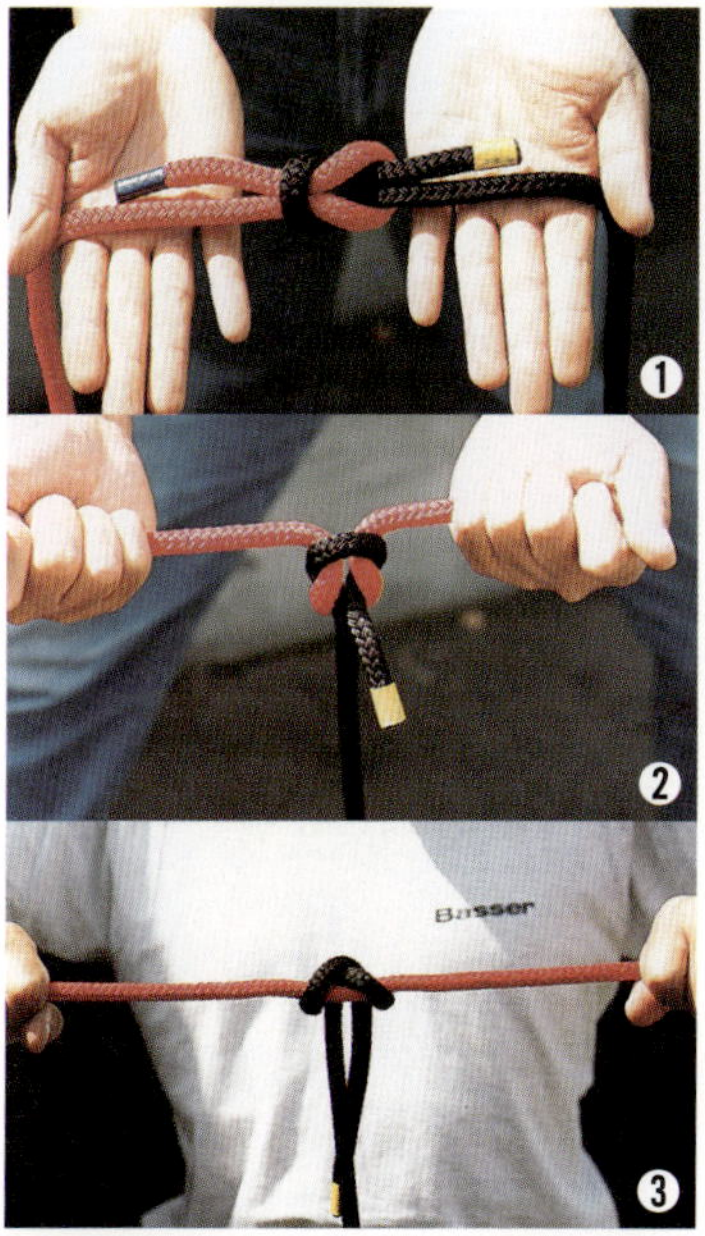

［本結び／応用］

[もやい結び]

結んだ輪がゆるまず、締まらず、ほどきやすい。〝結びの王様〟と呼ばれる結び。

応用／使い方は数知れずあるが、自分自身をもやう（つなぐ）方法がこれ。覚えておくと助かることがあるだろう。

[もやい結び]

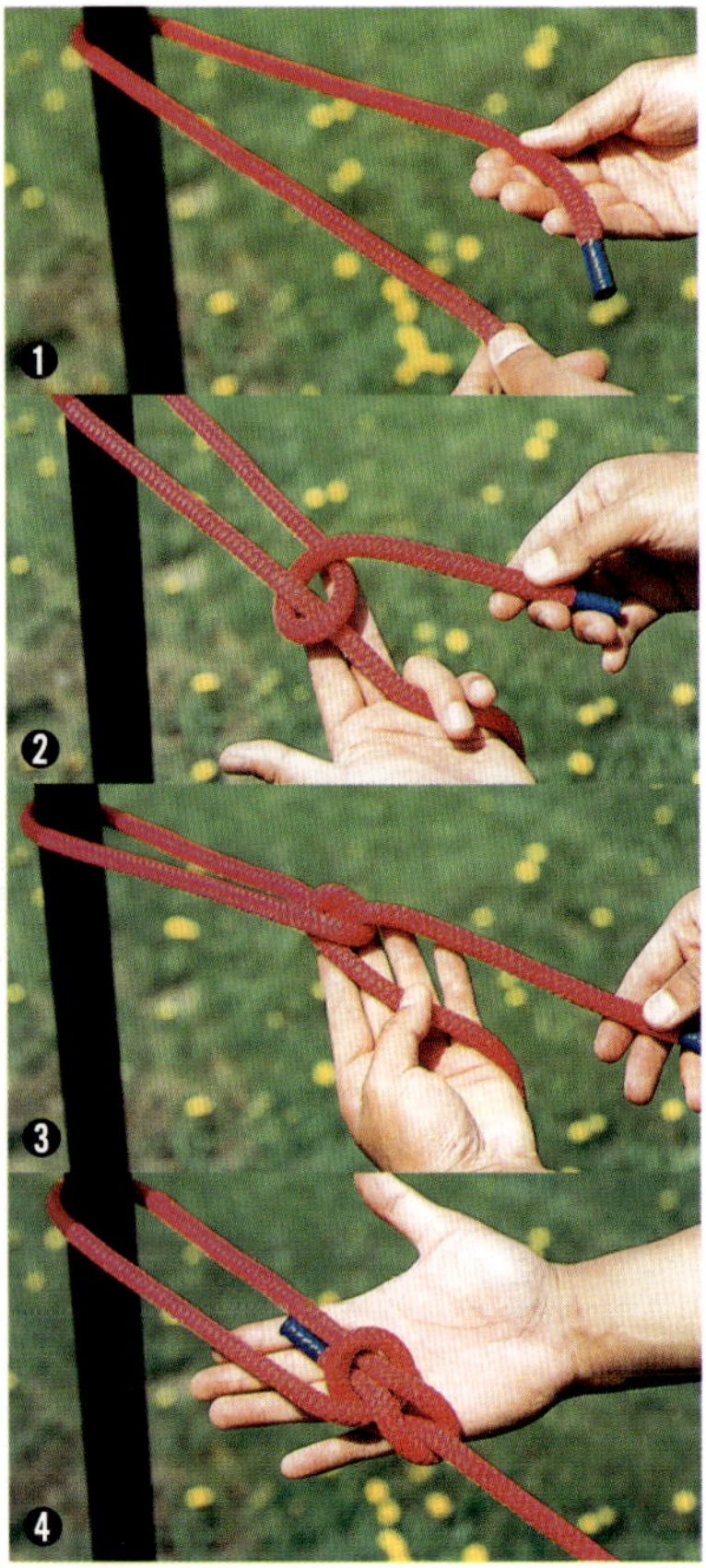

❷で引くと❸になる。左手のロープの下を通して輪に通すと完成

[もやい結び／応用]

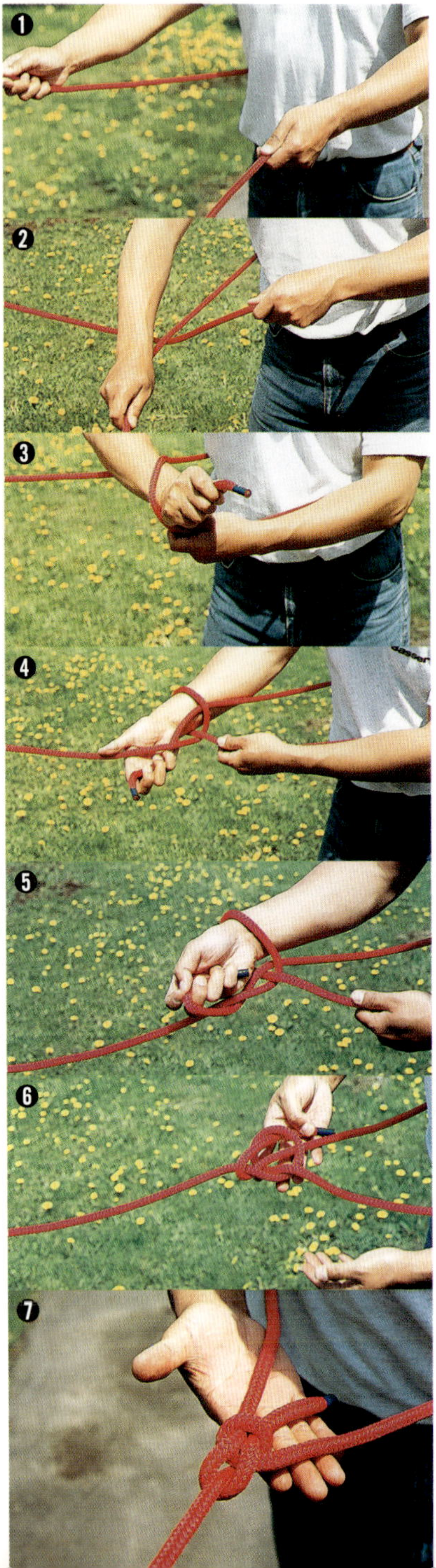

右手に持ったロープを上に重ね、❸のようにヘソの前に回し、❹～❼のように右側に回しロープを通す

必修 ひもの結び方

[テグス結び]

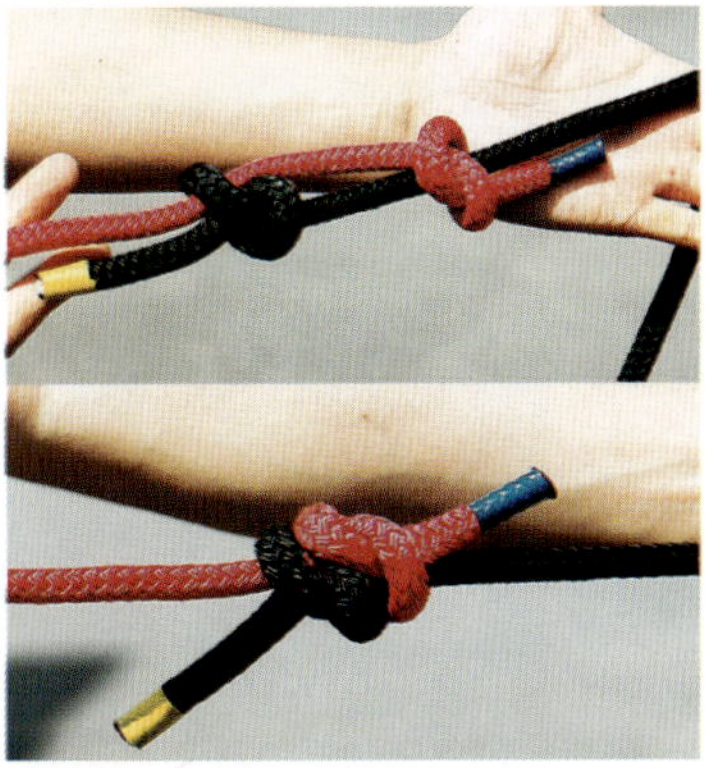

互いのロープを中心にして一結びを作る。そして締めればテグス結び

[外科結び]

[外科結び]
外科手術の縫合時に使われた結びだそうだが、私は靴ひもの結びに使用している。

[テグス結び]
ロープとロープを簡単に結ぶときはこの結び。

[シートベンド]
太いロープに細いロープを結ぶのはこの結び。応用／太いロープを渡したいのだが、重すぎて飛ばせない。そんなとき細いロープを飛ばし、端にこの結びをして太いロープにつなぎ渡す。

[一結び]
これだけでは使うことがないが、ほかの結びの説明に必要な基礎となる結び方。

[二結び]
犬を木につなぐ。ロープの端を木に結ぶ。イージーにふだん、よく使う結びである。

[捻じり結び]
立木にロープを張ったりするときに使う。ロープに力が加わっているかぎりはほどけない結び。

[捻じり結び]

[二結び]

[一結び]

[シートベンド]

[丸太結び]
捻じり結びの発展型が、この丸太結び。丸太を引きずるときの結び。

[巻き結び]
杭をロープで結ぶ。よく使う結びである。
応用／杭とロープで庭の立ち入り禁止区域を作るときに簡単にできる結び。

[張り綱結び(トラッカー・ヒッチ)]
幌を張る。テントの張り綱を張る。簡単でぎゅうぎゅう締められ、ゆるまない。私の愛用の締め方。

[丸太結び]

[巻き結び](上からかぶせられる場合)

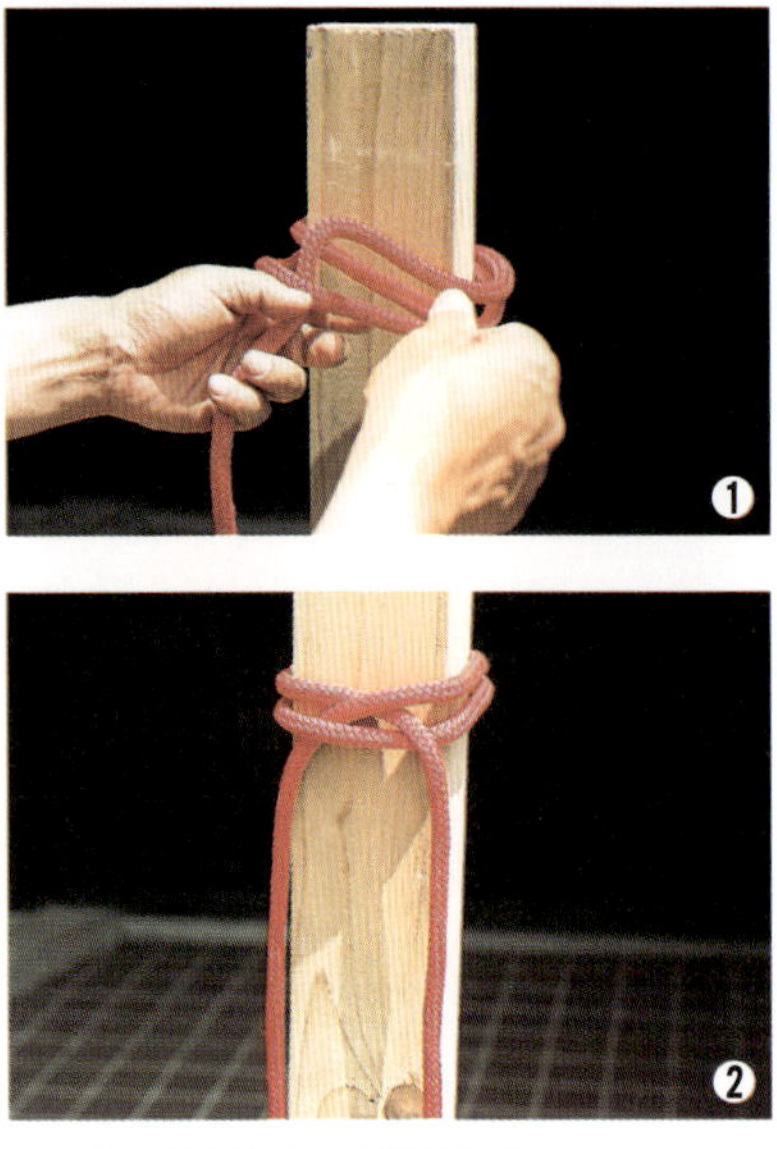

上からかぶせるくらいの場合は、
この結び。
かぶすことのできない場合は、
右写真の結びのように締める

[巻き結び](上からかぶせられない場合)

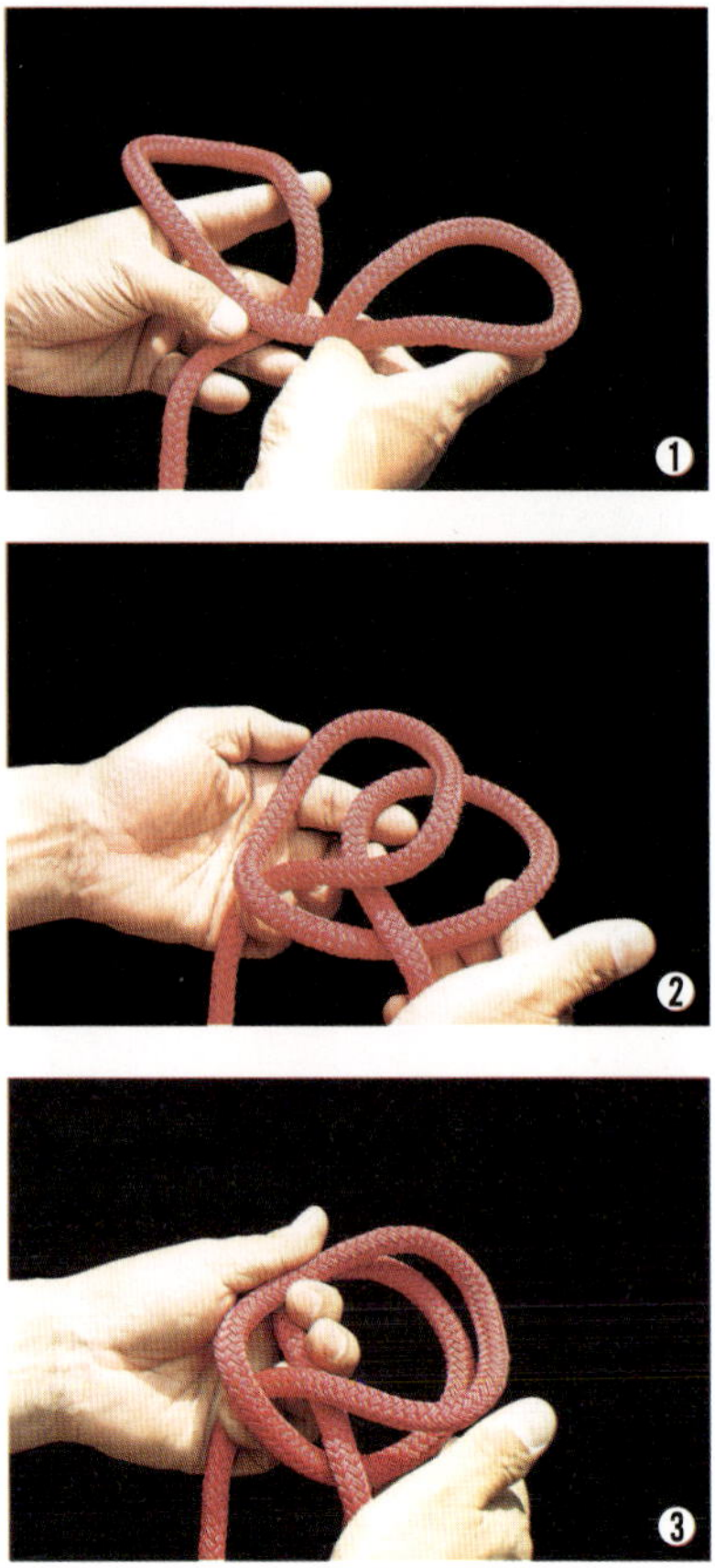

必修 ひもの結び方

[張り綱結び(トラッカー・ヒッチ)]

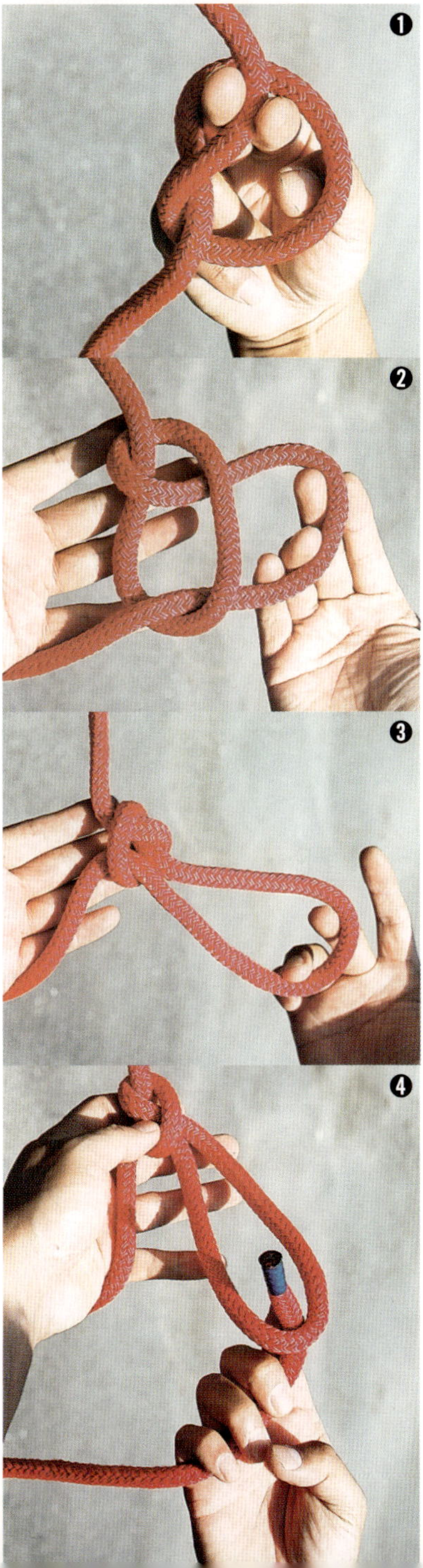

❶右手でロープをつかみ引き出す
❷❸ループを作りだす
❹ロープを張る対象物に通した後に、
ループに通し引き絞る
❺〜❼止め結びをして完成

[コンストリクター・ノット]

❶輪を作る
❷輪の頂点を持ち、引き下げ8の字の形にする
❸～❺8の字を2つ折りにして輪を作り、引き絞れば完成

[コンストリクター・ノット]

肥料やジャガイモの入った袋の口を締めるときに使う結び。

ほどきやすいようにするときは片方のひもを真ん中に挟む。

[引き解け結び]

すぐにほどきたい。このような人々に愛用される、一瞬でほどけるようにしておく結び。

必修 ひもの結び方

[引き解け結び]

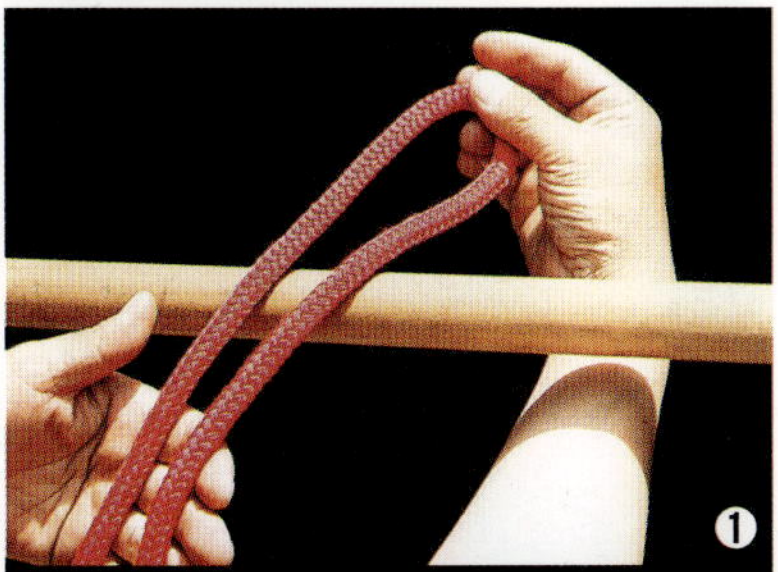

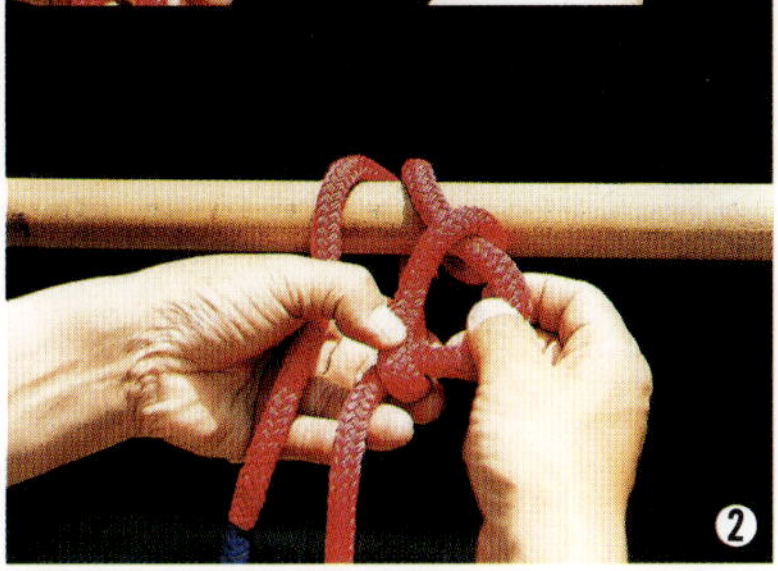

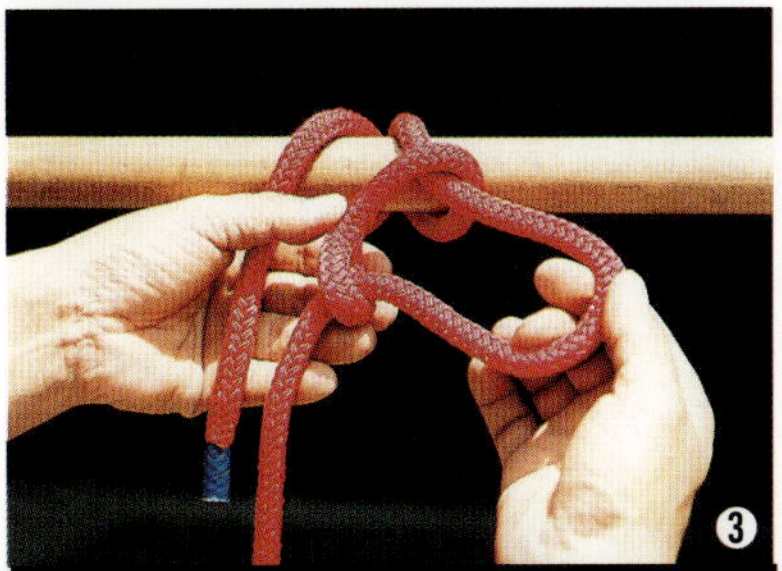

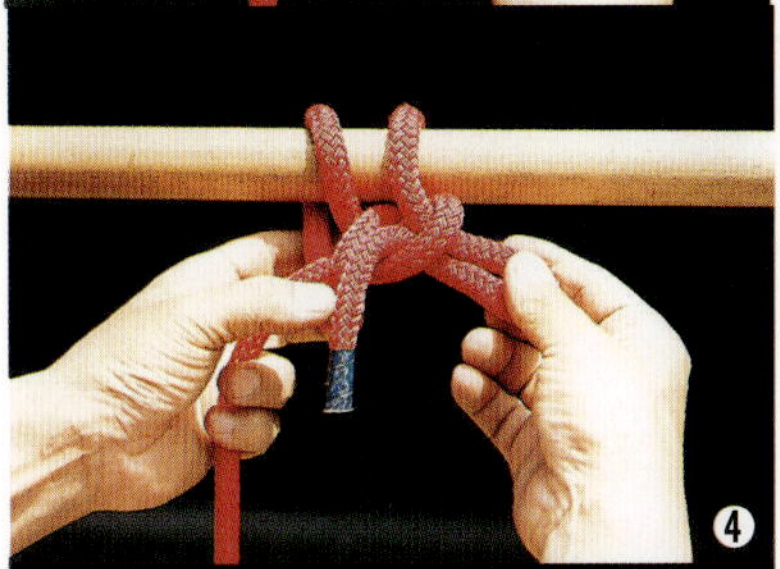

❶端を50〜80センチ重ねて上から回す
❷回してできた輪の中に長いほうのロープを通し、ループを作る
❸このループの中に本体側の短いひもを通し、小さなループを作る
❹締めつける
❺短い青いテープの部分を引けば、すぐにほどける

[バンドル・ノット]

ロープを腰につるしたり、ハンディーにしまっておくときにこのようにしておく。

ローピングの基本

[常に手袋とヘルメットを]

ロープの摩擦と熱は、人間の手の皮を簡単にはぎ取る。手袋なしでは、動くロープを保持することは不可能。だからかならず手袋をすることだ。またロープが上方にある作業をするときは落下物に備えてヘルメットを着用する。

[確保には二重の安全を]

人間が落下しないように、ひとりの人間を1本のロープだけで確保することは不可能である。専用の保持具を使用したり、立木にロープをひと回りさせると、少しずつゆるめることで保持することができる。

鋭利な岩角でロープはときに簡単に切れる。そのような場面でも対処できるように2本のロープを使用したり、安全な登山用規格に合格したロープだけを使うようにする。

[ロープのメンテナンス]

ロープを使用したら湿気を取り、乾燥させた後でコイル状に巻き、冷暗所に保管する。カビを生やさないこと。傷がついたり、大きな負荷のかかったロープは人間の確保用には使わないようにする。また、乾燥させるときには太陽光線に当てないようにして乾かす。紫外線はナイロンを劣化させる。

[知恵を使う]

ロープを使うときは頭を使わねばならない。溺れている人にロープだけを投げても、腕力のない人は掴まれない。しかし、1つの結び目があれば掴まれる。輪があれば体も通せる。

遠くに太いロープを飛ばそうと思っても無理。石に細引きを結んで投げれば遠くまで飛ぶ。その細引きの端にシートベンドで太いロープを結べば、太いロープも遠くに渡すことができる。ロープだけでは役に立たない。あなたの知恵が必要なのである。

[ロープの切り方]

切りたい箇所にビニールテープをき

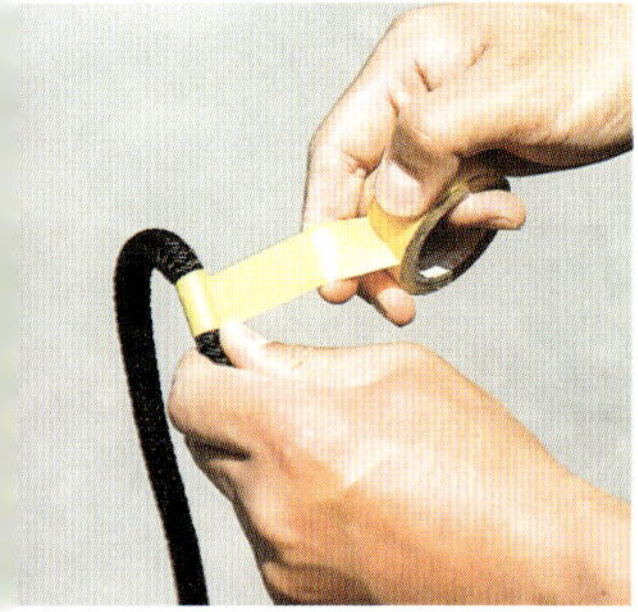

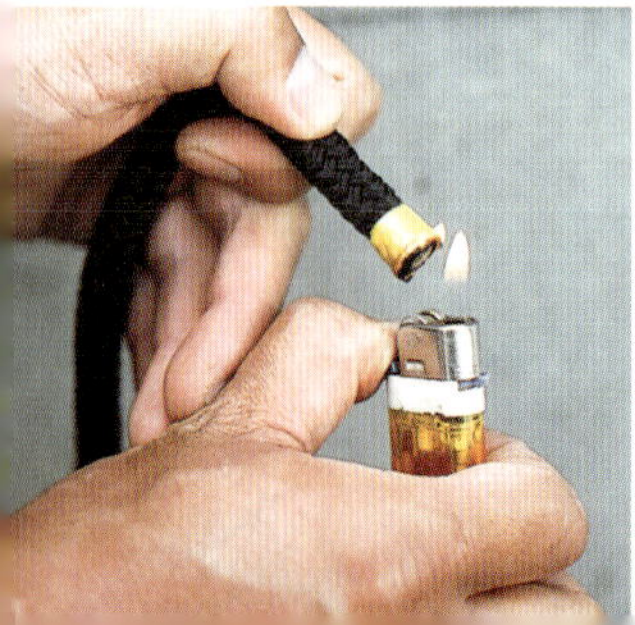

つく巻きつける。中心をハサミで切断し、切り口をライターの火で炙り、ほつれないようにして完成。

タープに幌をかける方法

田園生活ではよく幌をかける。薪を積んだあとにかける。簡易な日除けを作る。トラクターの車庫を作る。すべてタープと呼ばれる幌をかける仕事である。そこで幌を用意する。高価な幌は鳩目と呼ばれるひもを通す金具が多く付いているが、安物は数個しか付いていない。少ない金具だけで幌を止めると、風の抵抗が大きくなり破れやすくなる。そこで鳩目がなくても幌がかけられる用具を使ったり、金具なしでも結べるひもの結び方を覚える必要がある。

［プラスチックの用具を使う］

アウトドア・ショップやキャンプ用品売り場で売られているのが、タープホルダー・グロメットと呼ばれる用具だ。これはタープを挟み込めば、ひもを通して引き絞れるようになる便利な用具だ。

［石を使う］

滑らかな3～4センチの丸い石を用意して、タープでくるみ、巻き結びで締めれば、簡単に引き絞るひもがつけられる（写真❶～❹）。

［締める］

風に飛ばされないように、しっかりと締めなければならない。それには、張り綱結び（トラッカー・ヒッチ）が簡単で締めやすい。

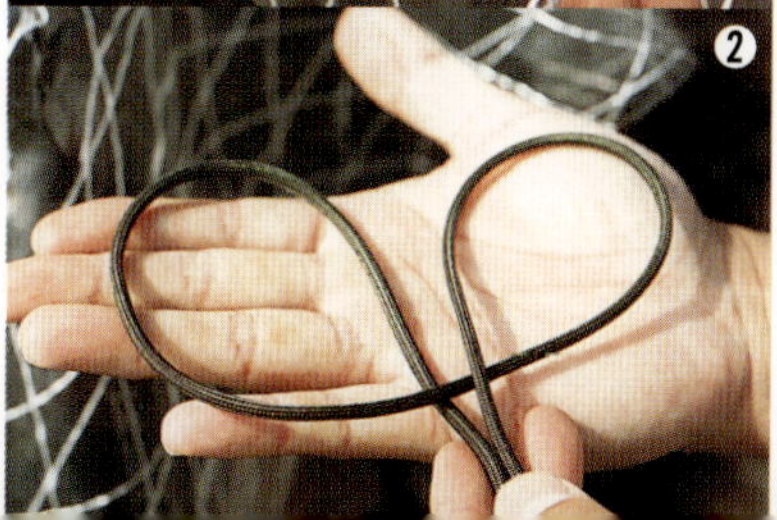

針金の結び方

針金で杭を縛る。針金で木と木を縛る。じょうぶな針金は知識がなければ縛るのは難しい。だが、少しの知識があれば簡単でじょうぶな結びができる。気が付いているだろうが、DIYの店で足場用の針金を売っている。2つ折りになっている。針金はこの2つ折りによって簡単に締めつけることができるのだ。この折り曲げてあるUの字の中にテーパーになった工具を差し込み、捻じっていく。プライヤーのハンドル部分を差し込んで捻じってもいいが、テーパーになっていないと抜けにくくなるのでかならずテーパー型を使用したほうがよい。針金は、人の力では強く引けないが、工具に巻き付けて引けば、強く引けるのだ。

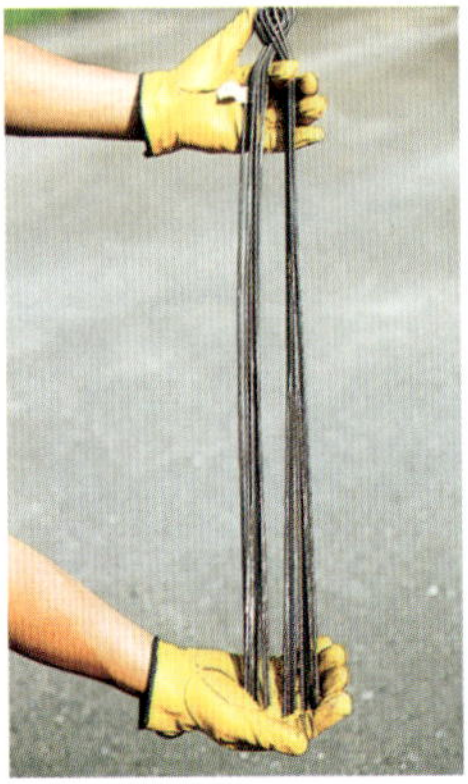

［ダブル・コブ・ヒッチ］

足場を組むときや、丸太と丸太を組むときに使用する結び（写真❶〜❸）。

［シングル・コブ・ヒッチ］

長い針金を木などにしっかりと固定する結び。

［8の字結び］

針金の8の字結びは、ロープとは少し違う。針金と針金を簡易につなぐ場合に使われる。

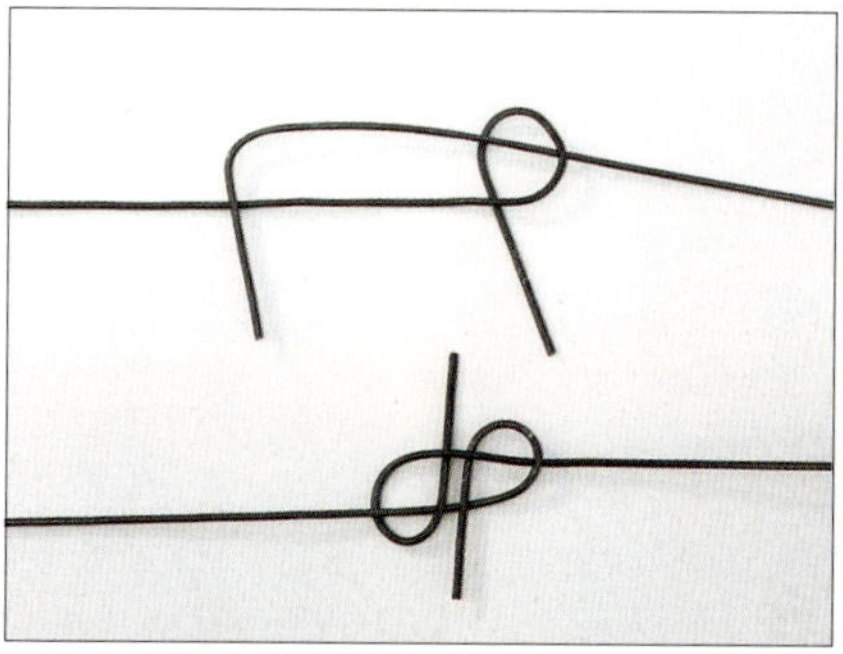

［ダブルループ］

針金と針金をしっかりと結ぶ方法。非常に強い。

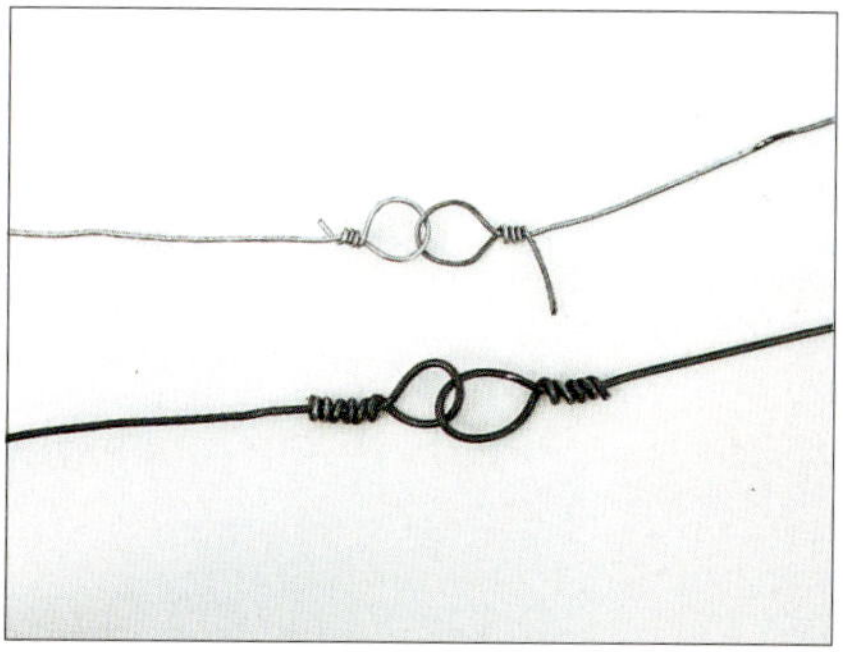

除雪の方法

雪国の住人の希望は、雪のない正月を過ごすこと。しかし、雪は人間の都合を考えず降ってくる。祝い事の日も、旅行に行く日も、まったく関係なし。大雪が降れば交通はストップし、雪が山になる。知らん顔をしたくてもやらねばならないのが、雪国につきものの除雪作業だ。

除雪用の道具は、店に山となって売られている。シャベルもプラスチックにポリカーボネート製、アルミニウム製。スノーダンプと呼ばれたり、ママさんダンプと呼ばれる大型の雪運び機もある。エンジンを積んだロータリー除雪機もある。結局、各家庭すべてに必要なのが除雪用具。そして除雪には大人全員が駆り出される。この仕事を喜んでやる大人は、自治体に道路の除雪を任されて巨額な支払いを受ける業者だけ。

除雪用具の種類と使用方法

[アルミニウムシャベル]

シャベル部分全体がアルミニウムで作られている。雪に刺さりやすく雪をすくいやすい。除雪や車のスタック脱出用のシャベル。必需品である（写真左Ⓐ）。

[プラスチック・シャベル]

プラスチックで作られたシャベル。先端部分は、ステンレスのカバーがしてある。テラスやデッキを傷つけにくい（写真上Ⓑ）。

[スノーダンプ]

そりのように雪の上を滑りながら、雪をすくい、運び、捨てるのに適した除雪用具である（写真Ⓒ）。

［エンジン除雪機］

雪をかき込み、遠くへ飛ばす。除雪する部分が30平方メートル以上になる家では、備えておくべき道具。このパワフルさは驚異的である。

氷割りは必需品

なんで氷割りが？　最初はそう思った。しかし、雪国で生活してみてわかったのだ。雪は解けて水になり、夜に氷になるということが。雪はシャベルで片づけることができるが、氷はつるはしや専用の氷割り、通称ドン突きが必要なのである。使い方は見てのとおりだ。

除雪機使用の基本ルール

［安全な服を着、靴を履く］

除雪機は7馬力から12馬力もあるエンジンが付いている。そして回転部分が雪を切り取る。この機械を人間が歩きながらコントロールするわけだ。下は雪。雪の下は氷の場合もある。何よりも靴。足元が滑ったら危険この上ない。だからスパイク付きの長靴を履く。服は、機械に巻き込まれることのないフィットしたフード付き防寒服にする。

ダブダブな服、ひもの垂れている服は着てはならない。手袋はハンドルを握る手が滑らない防寒皮手袋にする。毛糸や軍手は滑るのでよくない。

[機械のチェックはエンジンを止めてから]

回転が上がらない。雪が飛ばない。多くのチェック事項が作業中に起きる。このとき、かならずエンジンのスイッチを切ること。

[狭い場所はスノーダンプで]

狭い場所はスノーダンプで雪集めをしてから除雪機で飛ばすようにする。機械が接触するギリギリのところでは使用しない。機械が家にぶつかり損傷する。

[人や家屋方向に雪を飛ばさない]

除雪機は雪を20メートルも飛ばす力がある。雪の中に混じっている石も飛ばす。飛ぶ方向に窓があれば割れるし、人間がいれば大けがとなる。

[風上側から作業をし、風下に雪を飛ばす]

風上側から作業をし、風下に雪を飛ばす。風下側から作業をはじめると、すでに除雪を終えた場所に雪が飛ぶことになる。だから作業は、風上側から風下側へ。

[作業が終わったら整備をする]

すべての機械の鉄則。雪を落とし、燃料を補給しておく。大雪が降ってもすぐに使えるからだ。

極寒時のエンジンの止め方

外気が氷点下になる場合、エンジンを切ると同時にチョークを引く。これで次にエンジンをかけるとき、極寒の氷点下でもエンジンはかかりやすくなる。最近の車はオートチョークになり、このテクニックを知らない人ばかりとなったが、チョーク付きのエンジンに有効である。

除雪の方法

セキュリティー

30年近く前、友人の田舎に招待された。山口県の豪農のその家は、鍵をかけない家だった。都会育ちの私には信じられなかった。「泥棒に入られないのかい?」と聞くと、友人は「ここら辺には泥棒はいない」と断言した。「田舎っていいなあ」とそのとき、私は思ったのである。しかし、今の日本は違う。カントリー専門の空き巣が農家に入り込み、金目の物を盗んでゆく。車庫に駐車した車からも盗んでゆく。ときには車さえも盗んでしまうのだ。

田園地帯でも性的変質者が現れ、被害者が出る。学校からは用心のビラが配られる。すでに日本の田園での犯罪抑止力はなくなった。車社会の宿命なのか、田舎でも近所付き合いが薄れ、他人の目を気にしなくなった。当然、各種犯罪があっても犯人は捕まらなくなってきている。昔、ある元警視総監の人が言った言葉がある。「日本の警察の検挙率が高いのは、交通違反者を数に入れるからだ。それを除いたら検挙率は低いのだ」。

田園生活でもわれわれは、自分たちで、自分と家族を守らなければならないのである。私はこれまでの人生の中で、盗難にあったことが1度もない。スリにあったこともない。火事を起こしたこともない。何もない。用心しているからだろうか。運が良いだけだろうか。

センサーライトの設置

人が近づくと点灯するライト。これを設置しておくと盗人は敬遠するようだ。家の中にも何が設置してあるかわからない、と思ってくれるようだ。真実は泥棒に聞いてみなければわからないが、我が家にはソーラー電池のセンサーライトが設置されている。購入するときに注意するのは、屋内型か屋外型かということ。雨や吹雪に耐えられる屋外型でなければ田園生活では役に立たないので、チェックをお忘れなく。

ケミカルメースに、バットと木刀

日本の家庭でよく見かけるのが木刀にバット。防犯用具としては、ないよりはましだ。しかし、我が家はケミカルメース。防犯用品専門店で売られている催涙ガスだ。

小型なためにベッドサイドに置けるし、使いやすい。実際に使用したことはないが、30分間は相手の行動能力を奪うとのこと。

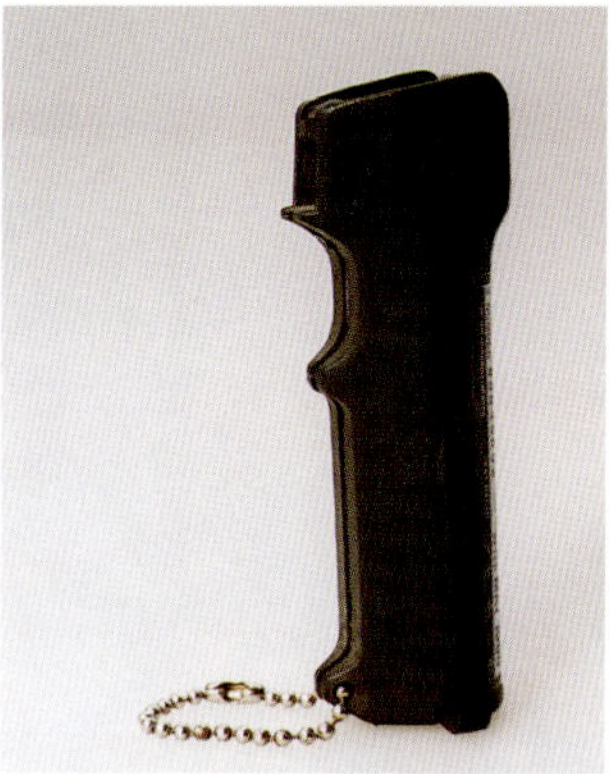

消火器は各部屋へ

田園生活で火事になったら大変だ。消防団に呼び出しがかかり、着替えて出動するまでに時間がかかる。おまけに消火栓がないところが大多数。水がなければ火を消すことはできない。だから各部屋に消火器を用意する。燃えはじめに消火できるか否かが、すべてを燃やすかボヤで済むかの分岐点だからだ。

野焼きのルールと方法

春になるとあちらこちらで野焼きの煙があがる。道の路肩の枯れ草や川原の草が燃やされる。多くの虫が逃げ込み越冬している場所だから燃やすのだ。牧草地では、新しい牧草がより伸びるようにと燃やされる。ところが、毎年事故が起きる。草が燃え、樹木が燃え、森が燃え、小屋が燃える火事になり、煙幕を張られたようになる道路上では交通事故が起きる。

枯れ草を燃やすのに都合が良いのは風の強い日。風が弱いと、火はうまく燃え移ってくれない。だから、農家は風の強い日に、風上から燃やす。何年もやっているのだから、経験で消える場所を知っているから、消火用の水はいらないという人がいる。これをまねしたら危険だ。野焼きは万全な準備をしてから始めるべきである。

［水を用意してから行動する］

燃えはじめたら火の勢いは強くなる。だから勢いがつく前に余分な場所の火を消す。我が家はホースをつなぎ100メートル先まで水が出るようにしてから燃やしはじめる。そして危ないなと思ったらすぐに水をかけて消す。ここに移り住んで最初の年に火が燃え広がり、長靴が溶ける寸前まで足で消した、怖い思いをしたからだ。エゾ松の下に火の手が進んだら、大変なことになる。松類は燃えやすく一気に木のてっぺんまで火が上ることになるからだ。

［無風か微風のときに行う］

風が吹いているときに燃やしはじめると、火の勢いで上昇気流が起こり、さらに風が強くなる。火の勢いはさらに強くなり、一気に燃え広がる。こうなるとひとりでは手がつけられない状態になるので、風のないときにゆっくりとすること。家や防風林が燃えてからでは後悔しても遅いのである。

大きなものを燃やすたき火は、雨の日に

風で落ちた枯れ枝。送られてくる荷物の梱包用のダンボール……。田園生活では燃やすものが多い。そこで庭で燃やすことになる。

我が家では1度苦い経験をしたことがある。飛び散った火の粉が枯草に燃え広がっていったのだ。その火は、たき火の場所から20メートルも離れたところにある我が家の資材置き場にまで達し、たきつけ用に取っておいた廃材を燃やしてしまった。当時、長いホースは用意しておらず、子供たちは焦り、消火用の雪を集めに沢まで走り、バケツに持ってきたのだった。それからは、たき火は雨がぱらつき始めたときに火をつけることにした。こうすれば草はぬれていて、燃え移る心配がない。万が一、火の粉が家に飛んでもぬれている家は燃えない。樹木も燃えない。

たき火の用意は、燃やすものの下にコーヒーなどの空き缶を一つ鎮座させておくだけ。雨が降りはじめたら、その缶に古くなった混合ガソリンを注ぎ込み、火をつける。あとは燃え広がるのをゆっくり待てばいい。火が盛んになったら、時々様子を見て安全確認をする。大きなものもこれで燃え尽きてくれる。

車の中には貴重品を置かない

車は1年に1回くらいしか洗わない。だから車体はドロドロ。車上荒らしの盗人も、近づくと服が汚れると思うのか、1度も被害にあっていない。釣具店の客の中で、1度も車上荒らしの被害にあっていない人は珍しいと言われたことがある。それほど、釣り人の車が狙われるのだそうだ。田園生活はもちろん、山の中でも、海辺でも、貴重品を置いておかない。これが最良の防護方法だ。

田園生活をしている私の友人は、家の前に駐車する自分の車に鍵をかけない。車上荒らしに窓や鍵を壊されるより、何も貴重品をおかずにいたほうがよいと考えているからだ。

犬の飼い方

田園生活をしている人で、犬を飼っていない人はいるのだろうか。私にとって犬は仲間でありパートナーと思っている。犬もそう思っているのか、見知らぬ人間が来たら、家と家族を守るために真剣に吠える。だから盗人が入ってこない。盗人も怖い番犬がいる家より、いない家に押し入ったほうが楽なのだろう。番犬のいない家が泥棒の被害にあう確率が高い。田園生活でも犬を放し飼いにはできないが、長いケーブルで走れるようにすることはできる。私の家では、これで現在のところ被害にはあっていない。

犬がいるとキツネなどの害獣、熊や鹿も近づいてこない。猟に連れていけばキジを探してくれるし、打ち落とした獲物を探して持って来てくれる。話相手になるし、心が安定する。何はともあれ田園生活を始めたら犬を飼うことである。

犬の選択方法

【地域に合った犬種を選ぶ】

寒い地方に暖かい地方産の犬種を選ぶと、寒さに耐えられず死ぬこともある。また寒さに耐えるために、冬のえさの量が倍になり経費がかかるようになる。日本犬なら地域産の犬種を選ぶこと。洋犬の場合は発祥の地の気候風土を考慮すること。

【用途に合った犬種を選ぶ】

そりを引くために犬を飼うことがはやったときがあった。使役犬をペットとして飼うのは無理なのに、流行だからと街の中で飼い、そして持て余し山に捨てる。北海道の有名観光地近くの山の中で、ハスキー犬の野犬をよく見かける。怖いことだ。田園地帯で番犬として、遊び相手として犬を飼うのなら、寒いところではレトリバー、暖かいところではビーグル犬がおすすめだ。

友人のラブラドールレトリバーは飼主の子供にもやさしい

【オス犬かメス犬か】

田園地帯で飼うなら、オス犬をすすめる。メス犬は発情期に多くのオス犬が集まり、いつの間にか雑種の子犬を産み、困ることになるからだ。メス犬の発情期のにおいは、10キロ離れたところで放し飼いされているオス犬も引きつけてしまうのである。そして夜になると忍び込んで来て、メス犬の争奪戦が起こる。追い払っても追い払っても、メスのにおいの誘惑を絶つことはできないのである。

犬の躾け方

犬にも人間と同じように個性があり、聞き分けのいい犬、悪い犬、ふてくされる犬、頭の良い犬、良くない犬がいる。加えて飼い主の個性も影響する。だが、方法はどうであれ犬の躾けでもっとも重要なのは、だれがリーダーかを教え、リーダーの指示には絶対服従を教えることである。そして、5つの命令を守るように躾ける。私は鞭と飴と愛情でこの5つを完全にマスターできるように躾けてきた。

[待て]

もっとも重要な訓練のひとつ。食事をしていても「待て」の訓練で食べるのをやめ、走りだしても止まるようにする。その訓練は、子犬のときに食べることをとおして始める。毎日、何をあげるにも「待て」の命令をし、首輪を押さえて食べさせない。そして「よし」の命令とともに首輪を押さえている手をゆるめ食べさせる。2〜3日で首輪を持たなくても「待て」の命令とともに待つようになる。次に、いつでも「待て」の命令がかかったら、その場で停止するよう訓練する。「待て」の命令をかけ、犬から離れる。犬が動いたら、かならず元の位置に戻し再度命令する。すぐに犬は命令に従うようになる。

次に野原で長いひもをつけ、犬を先に歩かせ「待て」の声で停止するように訓練をする。「待て」の命令をかけても止まらない場合は、首輪を強く引っ張り強制的に停止させる。気性の強い犬は命令を無視しようとする場合が多い。そのときは、思い切りひもを引っ張り大きな衝撃を犬の首に与えることである。それでも言うことを聞かない犬には、刺《とげ》の付いた首輪で訓練する。訓練は力関係であることを犬に理解させる。良い親分でなければ良い子分は生まれないのだ。

待て！

[来い]

「来い」の訓練は、簡単なようで難しい。庭などの距離の離れていない場所では、「来い」の命令とともに犬はすぐに走ってくる。犬が来たら一緒に遊び、おいしい食べ物を与える。これを繰り返していると、犬は「来い」の命令でかならず来るようになる。ところが距離が離れ、犬に冒険心が芽生えはじめると、事態は変わる。命令を無視しはじめるのだ。命令が聞こえても聞こえないふりをする。こういう犬には、矯正が必要である。

犬を呼ぶと近くまでは来る。そこで、矯正用の30メートルほどの細引きひもを首輪に付けて遊ばせるのである。そして呼ぶ。来ないとひもを思いっ切り引っ張る。ひもにつながれていることが犬にはわからないので、非常に効果的である。これを繰り返す。ときには10メートル、あるときには25メートル走ったあとに思いっきり引っ張る。これでだいたいの犬は命令を聞くようになるのである。

来い！

気性の強い犬種には刺付きの
矯正首輪が必要である

[付け]

飼い主を引っ張って歩いているのが日本の犬の散歩。諸外国では見かけない姿である。犬が先に歩くということは、犬のほうが順位が上ということである。だから犬が飼い主の言うことを聞かないのだ。散歩のときも、飼い主の命令に従わせねばならない。

犬を散歩に連れて行くときは「付け」の命令を発し、犬の鼻先が、飼い主の

付け！

左腰に来るように引き綱を引き締める。絶対に犬を前に出してはならない。前に出ようとしたら、引き綱の余りの部分で犬の鼻先を軽くたたく。前に出ようとすると再度たたく。これを1週間も続ければ覚える。この訓練のとき、「待て」で止まる訓練も併用するとよい。

［前へ］

「待て」「付け」の命令のあとの言葉が、「前へ」。必要なときに犬を前に行かせる訓練だ。これは引き綱をゆるめたり、放したりするときに「前へ」と言い訓練すると簡単に覚える。

［ノー］

犬が悪さをしたり、飼い主の意思に反した行動をとったときに発する言葉。これは英語の「ノー」が遠くまで届くので最適だ。犬はすぐにこの言葉の意味を理解する。反対にほめ言葉は、どんな言葉を使っても犬は理解する。「グッドボーイ」「いい子だ」「お前は名犬だ」と、何を言っても犬は喜ぶ。人間の態度で犬は的確に判断しているのである。

犬の健康管理

犬は言葉をしゃべれない。飼い主が健康管理を怠ると、病気や毒物中毒で死んでしまうかもしれない。ふだんと様子が違うときは注意する。。

［犬の持ち運び方］

犬を何かの上に載せなければならないときは多い。まず左手を犬の足の部分にまわし、右手を前胸部にまわして持ち上げる。

［えさと水の与え方］

えさは基本的には1日1回にする。子犬のときは、成長に応じて複数回与えなければならない。分量などは、ドッグフードの説明書に従えば栄養は満たされる。乾燥ドッグフードを食べさせる場合は、絶対に水を切らしてはならない。牛乳をあげても、水と牛乳は違うと認識すること。夏は毎日水を交換する。冬の気温が氷点下になる地方は、水入れをヒーター付きのものにして凍らないようにする。

［ワクチン注射］

犬には人間の子供と同じように成長過程でかならずワクチンを注射する。アメリカでは10ドルくらいで打てるワクチン注射も日本では数万円もとられることがあるが、我慢するよりない。犬を病気で死なせるわけにはいかないからだ。生後60日が過ぎたら、ジステンパーとパルボ感染症、レプトスピラ症、伝染性肝炎の混合ワクチンを獣医がいるところで打つようにする。

［暑さ、寒さの対処方法］

犬小屋は冬は暖かく、夏は涼しく、犬が快適に過ごせるようにしなければならない。冬は、エスキモー犬や樺太犬なら寒さに耐えられるかもしれないが、犬だからといって表に出したままにはできない。とくに短毛種の犬は注意が肝心だ。夏は暑ければ犬は日陰に避難するので、日陰ができる場所で飼わなければならない。

犬が潜り込むテラスの下には、日除けのカーテンを張る

夏に犬を走らせ、後ろ足が痙攣《けいれん》し、歩き方がよたよたで、目が充血し頭が熱くなっていたら熱射病だ。すぐに冷やさねばならない。人間と違って汗腺を持たない犬は、放熱は長い舌と呼吸からしかできない。だからすぐに頭と胸部、脳と心臓部を水で冷やさねばならない。水道水を直接かけるのがよい。私は夏に犬と散歩する前に、かならず犬の頭と胸に水をかけ、ぬらしてから出発することにしている。こうすると気化熱で放熱できる。また、川の近くで遊ばせるようにする。

頭と胸の毛に水をしみ込ます

［犬に食べさせてはならない物］

●ブロイラーの頭…鶏の成長を促進させる成長ホルモンが蓄積されている。
●鳥の骨…犬が噛み砕くとささくれだち、鋭い刃物状になり胃腸を傷つける。
●生魚…鮭や鱒の生を食べると、中毒を起こす犬がいるそうである。
●熱いもの…犬は犬舌。熱いものはだめ、歯にも悪影響がでる。

ランニング・ケーブルの張り方

田園生活でも犬を放し飼いにはできない。かといって、つなぎっぱなしでは犬が運動不足になる。そこでランニング・ケーブルを張る。ケーブルは、運動不足にならないよう、走り回ることができる長さがほしい。必要なものは支柱と適当な長さのワイヤー・ケーブル、長さ調節用ボルト、滑車、犬をつなぐ鎖と金具。

犬の飼い方

❶支柱を立てる

立木があれば立木の間にケーブルを張るのがベスト。私は、支柱は廃材を利用して作ったが、建設足場用の支柱があれば打ち込み用の剣先があり使いやすい。かならずロープを張り、犬の力で支柱が倒されないようにする。

❷ワイヤーを張る

ワイヤー・ケーブルを滑車に通したあとに張る。片側に長さ調節用のボルトを長く伸ばした状態で装着する。そして装着後にボルトを締め、ワイヤーをピンと張る。私の犬のワイヤー・ケーブルの長さは25メートルである。支柱の横に、ワイヤーを高く支える支柱を立ててある。

❸滑車に犬の鎖をつなぐ

滑車に犬の鎖をつなぐ。すぐに脱着できる金具を取り付けると便利である。犬の首輪側の脱着用の押しボタンは、ペンチで折って取り外す。これをしていないと、寝ているうちに鎖がいつの間にか首輪から外れ、犬が脱走することが起きるからだ。

犬側の金具の脱着用ボタンは折っておく

コラム

犬小屋の保温

犬に保温は必要ないという人がいる。とんでもない間違いだ。野生に暮らしていても動物たちは、冬は地温の高いところ、日当たりの良いところ、風の当たらないところに集まる。暖かいところでは体力を使わなくてすむからだ。犬も人間と同じ、寒いままだと多くのドッグフードを食べ、そして多量に糞をする。そこで寒い地方で犬を飼う人は、犬小屋の内側全体に建築用保温材のスタイロフォームを張る。床は、犬が足で引っかくので、スタイロフォームを張った上にコンパネを乗せる。これで犬は暖かく快適な冬を過ごせることになる。犬の水入れも、ヒーター付きで水が凍らないようにするとよい。

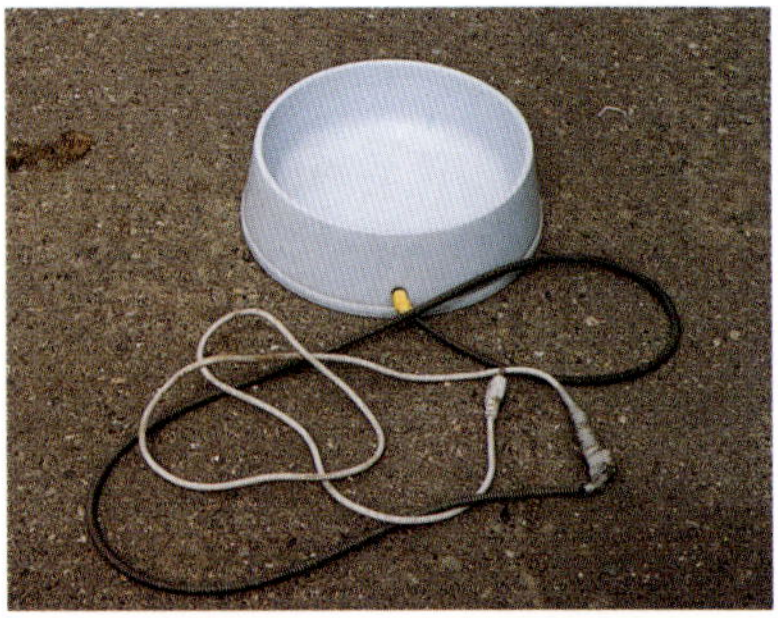
ヒーター付き水入れ

犬の飼い方

スズメバチにはたいまつがベスト

敷地内でスズメバチの巣を見つけたら、ただちに退治する。巣の発見方法はスズメバチの発する音である。人間が巣に近づくと、2匹のスズメバチが飛び出し、「キチキチ」と音を立てる。キチキチバッタというバッタを知っている人はわかりやすいのだが、あのバッタが立てる音である。スズメバチの「入ってくるな！　巣に近づくな！」という威嚇音だから、すぐに退避をする。するとガードマン役のスズメバチは巣に戻る。人間が威嚇音に気づかず、そのまま巣に接近すると、本格的な攻撃を受けることになる。遊びに夢中な子供たちに用心しろと言うのは無理なこと。可哀相だがスズメバチを巣ごと退治する。

方法は古いバスタオルにガソリンを含ませ、巣にかぶせ、火をつける。そして手にはたいまつを持ち、出てくるスズメバチを火攻めにしてしまうのだ。スズメバチの羽根は薄く燃えやすい。ブンブン飛んできても、たいまつを一振りするだけで、みんな羽根が燃え墜落してしまう。あとは頭の黄色い芋虫と同じこと。ただし、この方法は、スズメバチが巣の中にいる早朝、夜明け前の暗いうちに行うこと。昼間は表で働いているスズメバチが戻ってきて、背後から攻撃を仕掛けてくることになる。このスズメバチの退治方法は音更町の森林組合に勤めている友人に教えてもらった森のテクニック。

森林の中で作業中に多くのスズメバチの巣と遭遇する。巣があるからといって作業を休めないのが山で働く人々、通称、山子たち。だから巣を見つけしだい退治する。退治しないと攻撃をしかけてくるからだ。ひとりが2本の木に渡し広げた、ガソリンを浸したバスタオルを巣に掛け火をつける。その間、もうひとりはたいまつを持ち、スズメバチの攻撃に対処する。これで後ろから襲われることもなく完璧とのことだ。ひとりで行うときは防護のネットを頭にかぶり、厚い皮手袋をはめ、蜂が袖口や裾から入り込まないようにガムテープで完全に閉めておくこと。服も針が通らない厚手のものにすること。

［たいまつの作り方］

❶たいまつは〝松明〟と書く。あれば松の生木、なければほかの生木を使用する。ボロ布を木の先にきつく巻き付け、針金をらせん状に巻き、ずり落ちないようにする。エンジン・オイルの廃油に漬け、たっぷりと吸わせたのち、ボロ布のほうを下にして立てかけ、余分な廃油を落とす。逆さにして油が垂れ落ちなければよい。

❷厚い皮手袋をはめ、火をつける。森が乾燥している冬の季節にはスズメバチはいない。森の中が春から夏の水分が豊富な季節には、安心してたいまつを使えるが、ほかのものに燃え移らないように厳重に注意をして行うこと。とくに白樺の皮や松類の葉に炎を近づけないこと。

家の近くでは
たいまつを使わないこと

家に作られたスズメバチの巣の排除方法

スズメバチが家の周りに飛んできたら要注意だ。いつのまにか巣を作りはじめる。最初は1つの穴。次に2つ。ベージュ色の直径1センチのナットのような形の巣を見つけたらすぐに殺虫剤をかけて殺す。見えるところはこれで完了する。

問題は見えないところに巣を作られた場合だ。スズメバチが軒下に止まり、どこかに消えたときは、家の内側に巣を作っている可能性が高い。ただちに通路をふさぐことだ。通路は電線や電話線を通すためにあけられた小さな穴の場合もある。そのようなときは、パテやコーキング材でふさぐ。同時に穴という穴に、殺虫剤をたっぷりかける。この殺虫剤に触れた蜂は毒が回り、やがて死に至る。あとは穴がふさがれた家の中で生き延びた蜂が居室に現れることがあるので、ハエタタキを用意しておくこと。ハエタタキは飛び回る蜂を潰すのにとても有効な武器である。

テレビのアンテナ線を通す穴からスズメバチが家の中に入っていった

スズメバチの捕獲方法

蜂やスズメバチがブンブン飛んでいる。高価なエアゾール殺虫剤を使うと不経済なことにすぐになくなってしまう。田園生活ではよくあること。そこでスズメバチ取りのビンわなを作る。必要なのは2リットルの角形のペットボトルと、おびき寄せるための誘香液(酒と酢、砂糖で作る)だ。この方法は、留萌営林署の職員が考案したものを北海道新聞が掲載し、鶴居村や阿寒町、道東方面に広まった。安上がりで効果は抜群である。わなの作り方は簡単で設置もやさしい。

❶2リットルの四角い空きペットボトルを用意する。上から4分の1の部分に3センチ四方の穴をカッターで切り取り、4面に穴をあける。

❷ペットボトル1本に付き、日本酒150cc、酢50cc、砂糖50〜75グラムを入れて混合する。通常知られているのはこの配合だが、私はオオスズメバチも確実に捕らえるために蜂蜜を30ccほど加えて粘りを出し、液体の中から逃げられないようにする。この誘香液をペットボトルに入れて、テラスの上や雨の当たらない場所、当たりにくい場所につるしたり、置く。これでスズメバチやアブ、ハエが勝手に入って、溺れ死ぬ。えさのありかを探している蜂の斥候が死ぬので、スズメバチの本隊はやって来ない。蜂の死骸や雨水がたまったら効果が少なくなるので、ペット

ボトルの中身を捨てて液を入れなおす。

つるして10分後でこうなる

ダニの防護と除去方法

森林地帯にはダニがつきもの。山菜採りに樹林に入れば、かならずダニがつく。ダニはライム病を媒介することがあるので、体に付着したり、食いつかれたりしないように以下のことを守る。

❶明るい色の帽子をかならずかぶる。袖口の開いているものはだめ。閉まっているデザインにする。洋服も明るい色にする。靴下をズボンの裾の上にかぶせる。そして防虫剤を裾と袖口、帽子の上に付ける。

効果の高いアメリカ製防虫剤

❷森林から出てすぐに帽子を脱ぎ、ダニを探す。服も見る。明るい色の服を着ていると、這いずり回るダニを発見しやすい。同行者がいる場合は互いに確認をする。ダニがいたらライターで炙り殺す。

❸家に戻って変だなと感じたら、すぐにダニを探す。這っている状態なら、すぐにピンセットで取り、ライターの火で焼き殺す。肌にダニが食いついていた場合は、除去をするのだが、注意深く行わなければならない。

❹ピンセットや専門の用具を持ち、頭の部分を挟む。ゆっくりとちぎれないように引きずり出す。うまく引きずり出せたら消毒をして、化膿止めの薬を塗っておく。ダニの頭がちぎれてしまったら化膿することが多くなるので、ライターの炎で10秒以上炙り、殺菌をした鋭利な針で頭の部分をほじくり出すか、医者に取ってもらう必要がある。

ダニの体内にはライム病の病原スピロヘータが入っている場合があるので、厳重な注意が必要である。

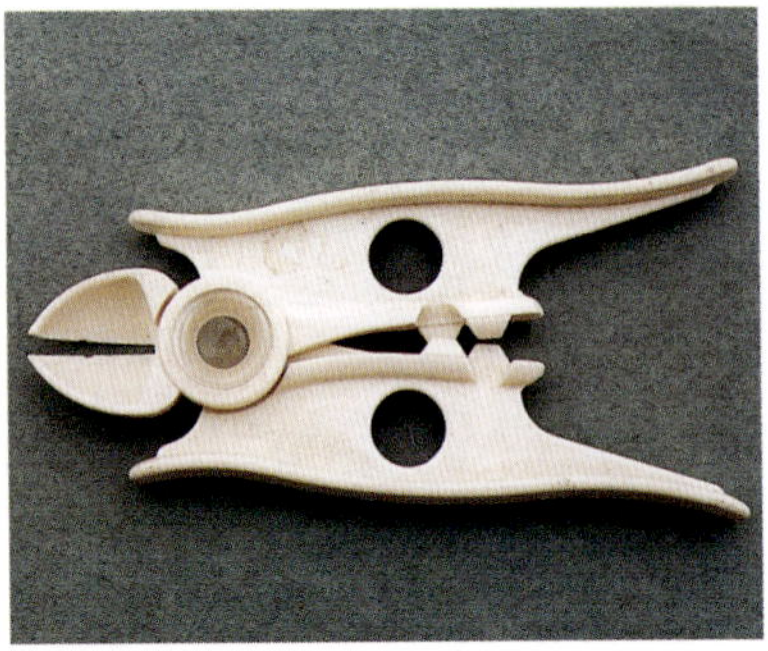
ダニをつまむ専用のピンセット

また、除去する前に石油を綿棒につけ、塗り込むとダニは死ぬ。それから引き抜いてもよい。肌の弱い人は石油で肌がかぶれる場合があるので注意すること。また消したばかりのマッチの軸をダニのお尻に当てると、熱さで出てくることも多い。現在はよい防虫剤が売られているので、噛まれないようにかならず体に防虫剤を塗って森林や山に入ることである。

❺犬も防護をしてあげなければならない。犬用には、薬局や動物病院で入手できるドイツ・バイエル社のボルホ・プラスカラーという、蚤《のみ》とマダニを駆除する首輪をつける。春先に装着して秋まで効果が持続する。私の愛犬は毎年、この首輪を使用している。

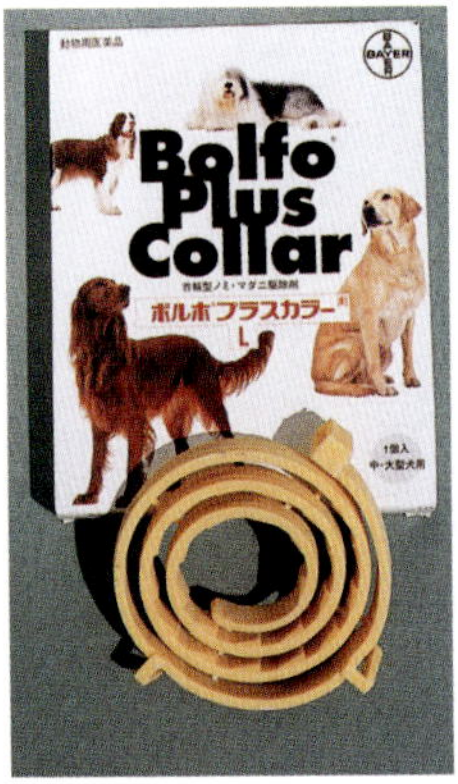

寄生虫予防のルール

「道草を食ってはならない」

北海道の昔の人は、寄生虫予防の言葉を子供たちに教え伝えた。セリやクレソンには、小さなカタツムリのようなヒメモノアラガイがよく付いている。その体内に、中間宿主メタセルカリアが入り込んでいて、肝蛭《かんてつ》（肝臓に寄生するヒル）を人間に寄生させる。だから「道の草を食べてはならない」と子供たちに教えたのだそうだ。

この言い伝えは、今では忘れ去られたものになってしまった。しかし、別な形で肝蛭の被害は広がっている。野生動物のエゾ鹿などに多く発生しているのだ。本来は家畜である羊や牛の病気や寄生虫が、牧草を食べにくる野生の鹿やカモシカ、熊にまで広がっているのである。家畜は、飼料に抗生物質が含まれていて発病しにくい。ワクチン注射も打たれている。病気になると獣医も来てくれる。しかし、野生鳥獣にはワクチンも獣医もない。

だから手を洗う、山菜や畑で採れる野菜もよく洗う、生で肉を食べないという鉄則を守らねばならない。日本の田園にはまだまだ多くの寄生虫や住血吸虫がいることを忘れてはならない。そしてツツガムシにも寄生されることなく、つつがなく過ごしたい。

キタキツネとエキノコックス

25年ほど前には一部の地域の感染症だったエキノコックスは全道に広がった。北海道ではエキノコックスの1次検診を市町村が行っている。

エキノコックス症の主な媒介源はキタキツネだ。この病気が怖いのは、潜伏期間が数年から十数年もあることや、自覚症状が出たときには悪化しており、命にかかわるケースもあることだ。そのエキノコックスが青森で発見された。北海道にしか生息していないはずのキタキツネを青森で見たという情報もある。

長い潜伏期間が行政の責任逃れを導いたのだろう。キタキツネの農業被害は当時の環境庁、エキノコックスの担当は当時の厚生省というセクショナリズムも問題を広げた一因だ。さらに映画が巻き起こしたキタキツネブームが、観光資源という側面からキタキツネ駆除にブレーキをかけた。

行政は46パーセント、学者は平均60パーセントのキタキツネがエキノコックスに感染していると言うが、われわれ狩猟家たちは、10頭のうち9頭が感染していると感じている。

エキノコックスにかかり体力が落ち、皮膚病で毛が抜け落ちた罹病キツネが増えているのだ。駆除をする猟友会の人々でさえさわるのをいやがる現実。ビニールハウスの中で栽培されているメロンでさえ、洗って食べろと囁《ささや》かれている現実。私は「メロンは中身を食べるのだから関係ないのでは？」と保健関係者に質問したほどだ。すると「切ったときに表面についた卵が包丁について中身に付くのだ」と言われてしまった。

それから我が家は生食用のいちご畑は撤去し、野菜をはじめとして、すべての作物をよく洗って食べるようにしたのだ。防護方法は、何よりも卵の付いた果物や野菜を食べないことと、手洗いと作物の水洗いの励行なのである。

キツネ駆除は塩ビ管で

都会生活者や観光客には愛されているキタキツネも、田園生活者には嫌われているのが事実である。我が家の隣の農水省の牧場では、牛の出産まぎわ、母牛の胎内から子牛が出はじめて母牛が無防備の状態のときにキタキツネが襲いかかり、胎内から子牛を引きずり出して殺すそうである。そしてエキノコックスの卵をまき散らしていく。だからキツネの駆除が行われているのだが、狩猟者も気持ち悪がって、形だけの駆除になっている。ボランティアで駆除に参加しているのに、動物愛護者や映画の影響を受けた子供たちから非難される。病気の蔓延によってキツネが死に、自然に減るのを待つしかないのが現状である。

　しかし、田園生活者の畑や財産が荒らされた場合は、自衛で駆除するしかない。これには、塩ビ管を使う方法が行われている。

❶直径10センチの塩ビ管を130センチの長さに切る。30度から35度の斜度で地中や雪の中に埋める。入り口部分は30センチほど表に出して置く。10センチほどの石を底に落とし、魚でも肉でもキツネが好むえさを投げ込んでおく。

この石を奥に入れておくと逃げられない

❷これで翌朝には、わなにかかったキツネを発見することになる。穴が大好きなキツネは、自分の力を過信して穴に入りえさをとろうとするのだ。が塩ビ管は滑り、キツネは後戻りできずに一巻の終わりとなる。

❸中にキツネが入っている場合は、尾が見えるのですぐにわかる。尾が動いているときは、引き出さないこと。ホースで水を入れればすぐに水死する。昔、私が子供のころは、東京のどの家庭でも網で作られたネズミ取りがあり、わなにかかったネズミをネズミ取りごと水に浸けて殺していたのだ。あれと同じことを田園生活でするだけ。

　基本的にわなを使用してキツネを捕獲する場合は甲種狩猟免許が必要である。

蛇への対処方法

　招かざる客、それが蛇だ。春先は、日当たりのよい岩や土の上で、とぐろを巻いて暖まっているから発見しやす

害虫・害獣対策

いが、草が繁ってくると発見しづらくなる。だから、家の周りの草刈りは頻繁に行う。蛇は姿を隠せない場所には、あまり近寄ってこないからだ。

我が家ではまず犬が吠え、蛇を発見し次第退治となる。犬も蛇には警戒して飛びつかないし、吠え方が違う。私も本能的に蛇は好きではない。そして庭先のあちらこちらに置いてある1・5メートルほどに切ったビニールハウス用の鉄パイプで刺し殺す。蛇は尾を振り威嚇しながら向かってくることもあるので、かならず長い棒を使用すること。頭をパイプでたたき棒で刺す。

あとは棒に引っかけて畑に放り投げれば、常に上空を飛んでいるトンビが見つけ、すぐに持っていってしまう。

マムシのいる地方では、その美しい姿を傷つけずに殺し、焼酎に漬け込む。このマムシ酒をプレゼントする人もいれば精力増強のために愛飲している人もいる。蛇は、田園生活のユニフォームの1つ、ひざ下までのゴム長靴を履いていれば恐れるに足らず。蛇の牙はゴム長靴を貫かないからだ。ただし薄いゴムの長靴や穴のあいたものは牙が通るかもしれないので、あなどらないこと。万が一、毒蛇に噛まれたときは、毒を吸引道具で吸い出しながら病院へ急ぐこと。

薬局やアウトドアショップで入手できる吸引用具

動物の足跡判別方法

足跡を見て鹿を追う。小学生のとき、尊敬する人はと聞かれてアーネスト・トンプソン・シートンと答えた私にとって、シートンの小説『サンドヒルの牡鹿』を再現できる足跡追跡は夢だった。

高校1年生のとき、神奈川県の丹沢の山の中にバックパックを背負い弓矢を持ち、ひとりで野宿をした私には、初めて見た鹿の足跡は、どちらに行っているのかわからなかったのである。そして多摩動物公園で鹿を追いかけ回し研究をしたのである。足跡を読むのは物語を読むのと同じ楽しみがある。推理をしてイメージをする。すると足跡の上に躍動する動物たちの姿が現れるのである。

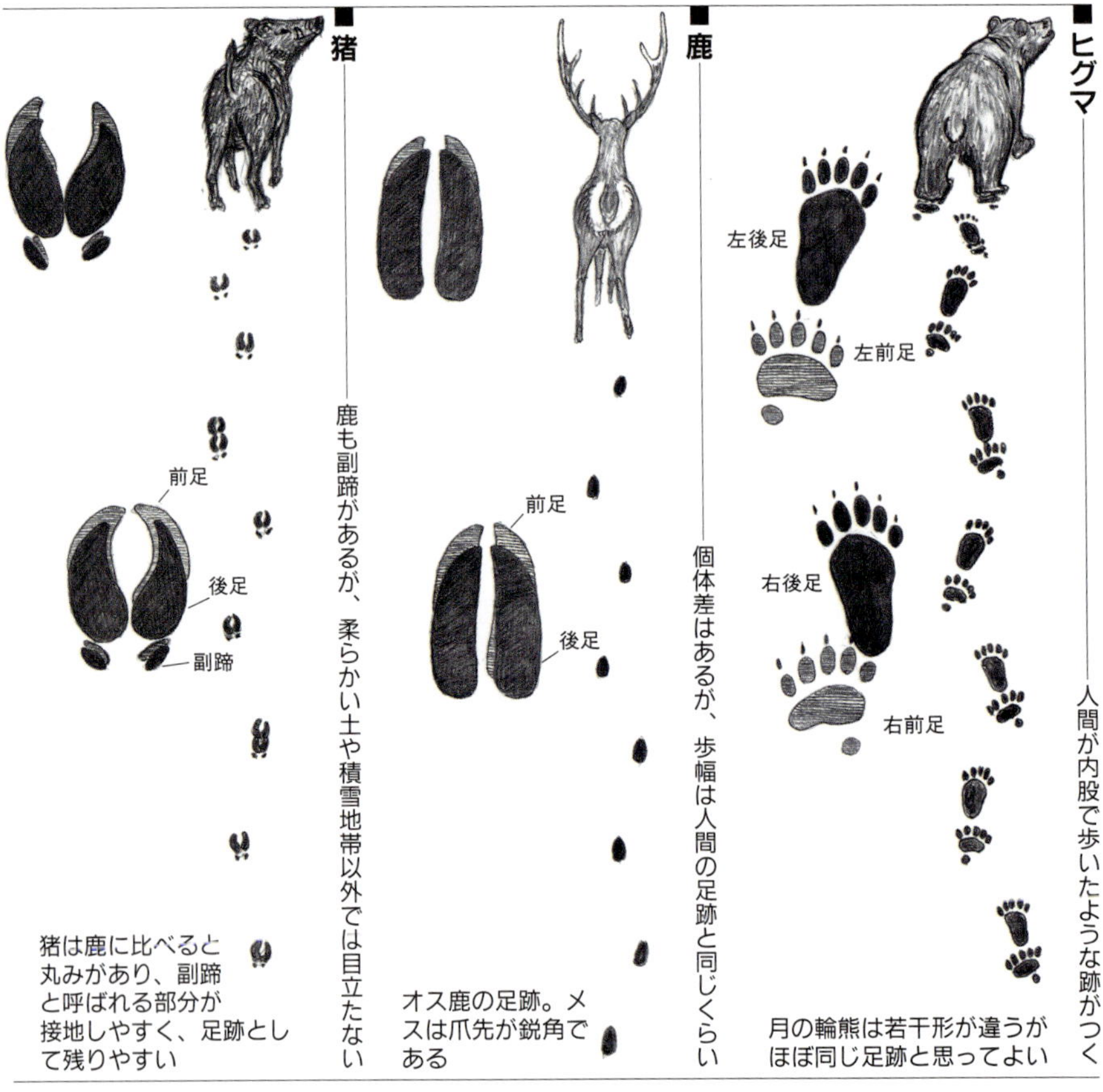
■ヒグマ
人間が内股で歩いたような跡がつく
左後足
左前足
右後足
右前足
月の輪熊は若干形が違うがほぼ同じ足跡と思ってよい
■鹿
個体差はあるが、歩幅は人間の足跡と同じくらい
前足
後足
オス鹿の足跡。メスは爪先が鋭角である
■猪
鹿も副蹄があるが、柔らかい土や積雪地帯以外では目立たない
前足
後足
副蹄
猪は鹿に比べると丸みがあり、副蹄と呼ばれる部分が接地しやすく、足跡として残りやすい

【熊とヒグマ】

熊とヒグマ、ともに判別しやすい足跡である。人間の足の形に似ているのが後ろ足。爪が鋭く伸びている前足の足跡は、たなごころから前の部分しかつかない。北海道の山の中で熊の足跡を見つけたら、ヒグマ。本州で見つけたら、月の輪熊に間違いない。用心をする必要がある。

【鹿と猪、カモシカ】

鹿も猪も、カモシカも偶蹄類《ぐうているい》。ひずめが2つに分かれているのが特徴で、よく似た足跡である。猪は、鹿に比べると短く太い。鹿は猪の足跡より少し尖っている。カモシカは、爪先が丸い感じの足跡である。これらの足跡を読むのは推理も必要である。カモシカの生息していない場所では鹿だし、猪のいない場所ではカモシカか鹿ということだ。泥にしっかりと残された足跡なら判別が容易だが、難しい場合は推理をする。この足跡を読む能力は、訓練が第一。猪猟の盛んな地方の猪猟師たちの能力は高く、葉っぱ1枚で向きを推理し、わずかな痕跡で体重、雌雄まであててしまう。

【キツネと狸】

ともに犬に似た足跡だ。しかし、犬に比べて無駄のない直線状に連続した足跡を残す。狸は「狸寝入り」で知られているが、狸は猟師に撃たれてかすり傷でもショックで気絶する。背負い籠の中やリュックサックの中で目覚めた狸は暴れはじめ、ときには知らない間に逃げてしまう。これを「狸寝入り」と呼んだのだ。

【ウサギ】

後ろ足の足跡が長いので判別が簡単。後ろ足が進行方向の前方に、前足が後方に跡が残るのが特徴。

ウサギの足跡

上がウサギ、下がキツネの足跡

鹿の足跡

［小動物］
リス、ネズミ、テン、イタチ、ミンク、多くの小動物が日本には生息している。

動物の急所

動物に襲われたとき、ナイフを持っていても、どこが急所かわからなければ、無駄な抵抗になる。急所を知っていればナイフ1本でも殺すことも可能である。動物の急所も人間と同じ。第一が脳、これを一撃で破壊できれば熊だろうと即死する。次いで脊髄、ここを損傷すれば動けなくなる。そして心臓。

昔から動物の急所は、〝あばら3枚目〟と言われつづけてきた。動物の前面のあばら骨から3枚目の位置の真ん中に心臓があり、重要な血管が通っている。そこをナイフや銃弾が貫けばかならず死ぬ。鳥は心臓のある胸のあたりをつかみ、押さえつづければ死ぬ。そして頸動脈の切断。こちらは時間がかかるが確実に死ぬ。肝臓を撃ち抜いても死ぬ。脳も急所の1つだが、動物の頭はじょうぶであることを知っておこう。

私は高校生のとき、多摩動物公園で鹿の頭にハンドボール大の石を投げつけ、角を折ろうとしたことがある。石は命中したのだが、バキッと音がしただけで鹿は逃げていってしまった。ひどい話だ。青春の懺悔《ざんげ》である。オス鹿は角と角を全力で相手とぶつけあう。喧嘩をして勝ったほうがメス鹿を獲得するのだから、じょうぶであたりまえ

［致命傷を与える急所］
イラストでは心臓が側面にあるように見えるが、胸骨の上のほぼ中心にある。

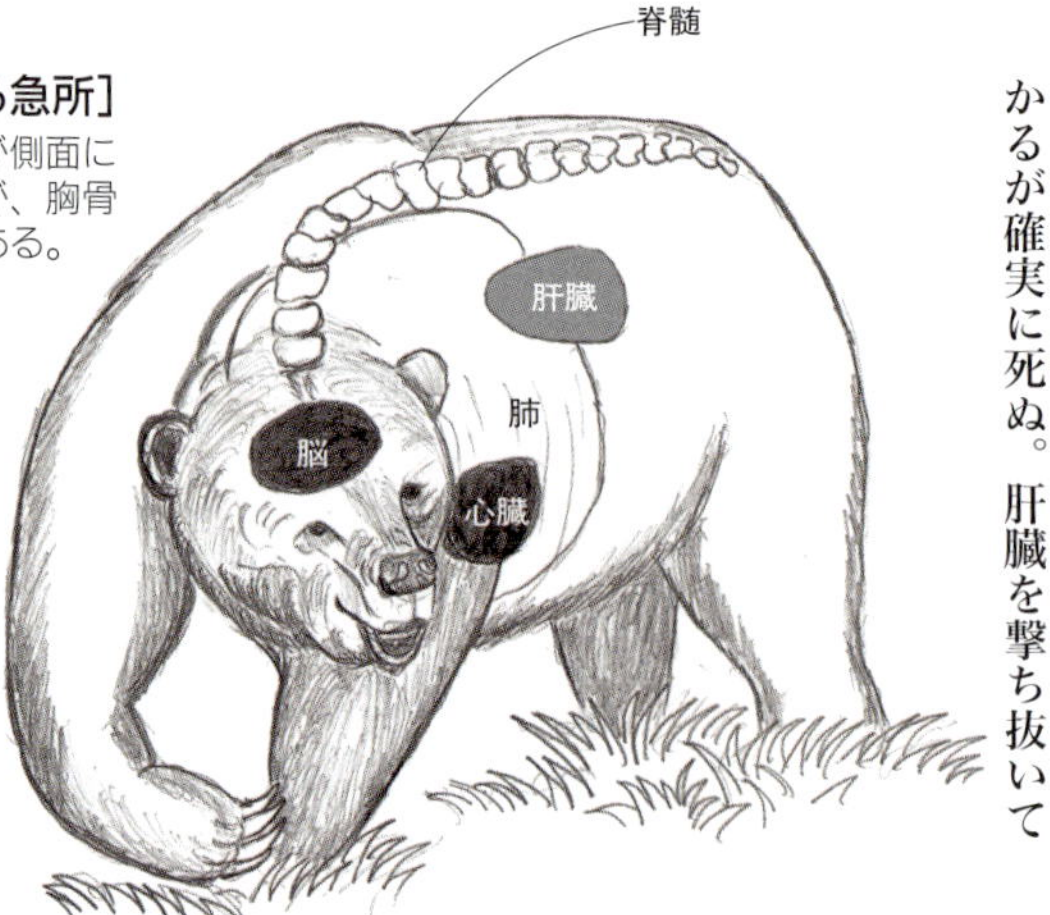

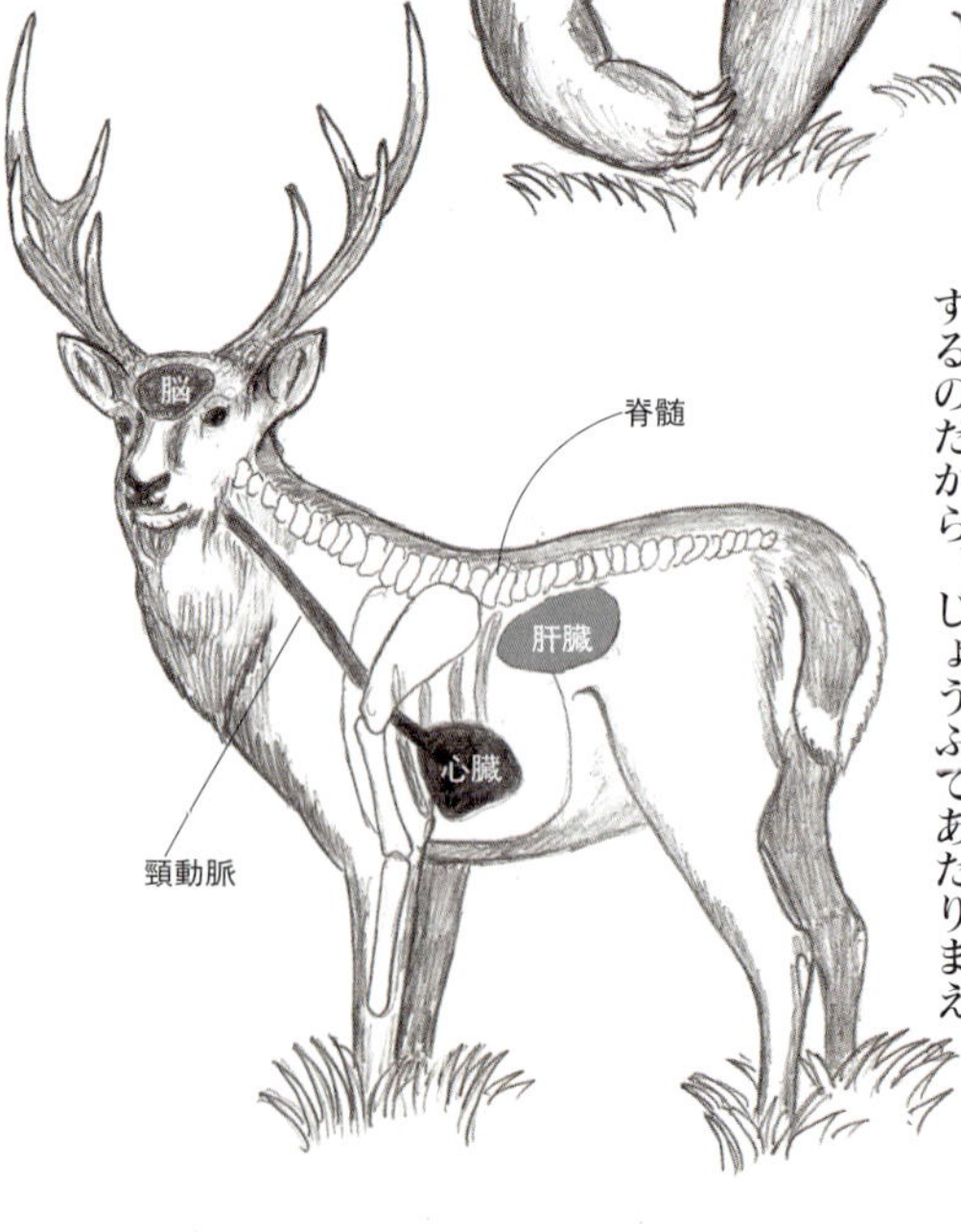

だったのだが、私は知らなかった。鹿が死んだらどうしようかと思いながらも、角が欲しくて投げたのである。

原始人のような筋肉モリモリのゴリラ体型の人間が投げれば効果があるのかもしれないが、都会の少年の筋肉では驚かしただけで終わりだった。現代の人間が動物と闘うには刃物と飛び道具が必要なのである。

ヒグマや熊に襲われたときの対処方法

日本の猛獣が熊だ。熊の生息地に住んでいる田園地帯の住人は、熊への恐怖心を持っている。とくに多くの殺傷事件を引き起こしてきたヒグマへの恐怖心は大きい。しかし、大多数の街に住む学者や熊の保護論者たちは「人間が熊のテリトリーに入り込むから事件が起きるので、熊は普通は何もしない」と言う。自然を知らない人間の机上の空論としか言いようがない。

自然は、たえずトライ&エラーを行う。どの種でも一部は未知なる行動を起こし、新しい生き方を模索する。それが種を守る多様性なのだ。猿が食べ物を洗い、道具を持つ。カラスが車や電車に木の実を割らせるように置く。「人間が何かをしなければ熊は何もしない」ということは「日本人のサラリーマンはおとなしい」「日本人は残虐だ」という決めつけと同じこと。日本人にも冒険心に満ちたサラリーマンがいる。獰猛なヤクザもいる。優しい人もいる。太平洋横断にひとりでヨットで挑む人もいる。極地や最高峰に挑む人もいる。山奥に入り込む人もいる。この多様性、それが自然なのだ。

学者たちは熊が好きだから研究をしている。熊がいなくなったら困るから熊・性善説に立ち「熊を保護しろ」と言うのだろう。熊の生息する場所で子育てをする親たちの心には知らん顔。ヒグマはえさがなければ子連れのメス鹿でも襲う。このことは、観光客が写したビデオがテレビで放映され多くの日本人が見たはずだ。ヒグマは「子鹿がいるから違う鹿を襲うことにしよう」とは、決して考えないのである。

昔、北海道の道南で子供の見ている前で、農作業をしている母親が襲われ食べられた事件もあった。日高山脈では前途のある九州の大学生を次から次へと襲い、食べてしまった事件もあった。

熊たちは多様性の表れとして、時々人間を襲う。もし人間が闘うことを放棄していたら、最良のえさとなる。動きが遅く、脂肪もたっぷりのっている。いくらでも取り放題、食べ放題ができるかもしれないのだ。だから、今も人間を襲うのである。襲われたとき、あなたが闘うことを放棄したら間違いなく食われてしまう。鉈《なた》やナイフ、防護スプレーを持って山に入り、万が一のときは闘うことをすすめる。山の中は原始時代と同じということを忘れてはならない。

❶人間の存在を知らせる

熊の生息地の登山道や林道を歩くときは、しゃべる、音を出す。原始の昔から人間は狩猟を行ってきた。その刷り込みの結果、人間の怖さを知らされている熊は、これだけで逃げ出す。問題は、原始のままの、人間の作った道のない自然の中を歩く人々。山菜採りや釣り人がもっとも熊と遭遇することが多い。静かに音も立てずに行動する人々には、熊も気づかず、接近遭遇となってしまう。だから、複数で行動し音を出すようにする。子熊を見たら、親熊がいると思って間違いない。すぐに退避しなければならない。間違っても子熊と親熊の間に入り込んではならない。攻撃を受ける確率が飛躍的に高まる。もっとも良い方法は、足跡があったり熊の糞があるような場所に入り込まないことである。

❷熊に遭遇したら

人間を怖がる熊は、すぐに逃げ出してくれる。その速さは驚くほどで、マシュマロがふわふわと軽く流れて行くように走る。アメリカで計測された記録では100メートルを8秒台で走ったそうである。曲がり角で鉢合わせをしてしまったら走って逃げてはだめだ。熊が追いかけたらすぐに捕まるからだ。熊の目を見て語りかける。「俺はお前に何もしないよ。しかし、お前が攻撃したら闘うよ」と。人間の怖さを知っている熊はこれで逃げていってくれる。

問題は人間の怖さを知らない熊だ。人間の若者もそうだが、若い熊も傍若無人である。とくに北海道では、春の熊の駆除が保護運動の高まりで行われなくなってからは、若熊と人間の接近遭遇が増えている。1999年には釣り人が殺された。多くの釣り人や山菜採りがヒグマの被害にあっている。

熊に追いかけられたら、持ち物を一つずつ投げ、熊の注意をそらし、逃げる。逃げきれなくなり、襲われそうになったら「コラッ」「ノー」と全身から大声を上げ熊を叱る。その声で熊は立ち上がり、反転し逃げてくれる可能性もある。逃げない場合は闘いの始まりだ。

防護スプレーを持っている人は、熊の目にかける。左手に棒でもジャケットでも持ちグルグル回し、右手で鉈《なた》やナイフを握る。鼻や頭を一撃すべく狙いをつけ攻撃を待つ。あとは神に祈り

ながら闘うのである。鉈や斧、ナイフの一撃をくらうと、熊は逃げ出している例が多い。ヒグマは木に登るのは、子熊だけ。月の輪熊は親でも自由に木に登ることを覚えておこう。

　私はヒグマを追跡していて、逆に待ち伏せを受けたことがある。森の中を足跡をたどり歩いていると、直径40センチほどの立木の高さ1・5メートルくらいのところに黒い横線があり、不審に思い停止した。距離は15メートルほど。動かず静止しつづけたとき、ヒグマが顔を出したのである。立木に腕をまわし体を支え、立って待ち伏せをしていたのだ。もし立木に巻きつけた腕に気がつかず進んでいたら、ヒグマの右手の鋭い爪の攻撃を受け餌食になっていたであろう。しかし私は気がつき、ヒグマを射止めたのである。

野犬防護の方法

　田園地帯では野犬がいる。山の中にも野犬がいる。とくに北海道では、いらない犬を捨てる〝不要犬ポスト〟というシステムが、動物保護団体の反対により廃止された。それからは、捨て場所に困り、山野に捨てられるようになり、野犬が増加した。ペットブームで飼われたハスキー犬なども、都会人たちは山や田園地帯に連れてきて捨てていく。そして野犬になる。

　犬は群れをつくる習性があり、常に複数で行動している。彼らは野獣である。鹿を追い詰め殺し生きている。そのような群れが、田園生活をしているあなたの周りにもやってくる。首輪をしている野犬もいる。しかし、犬は基本的に見るからに強そうな男を怖がる。そこで、野犬を見つけたら叱る、石を投げ攻撃する。パチンコで撃つ。棒を持つ。絶対に甘い顔をしてはならない。これで野犬はあなたの周りから消え、ほかの場所に移動する。闘う意思を持つ人間の怖さを野犬たちは知っているからだ。

　めったにないが、万が一攻撃をしてきたら、用意した武器、鉄パイプで闘う。鉄パイプがなければジャケットを脱ぎ、ジャケットを噛ませて蹴っ飛ばす。噛ませたジャケットを引くと犬はむきになって放さない。死角もできる。そこを攻撃する。犬はよけるのはすばやいが、攻撃は決して速くはない。

　子供は弱い。猿や犬をはじめ動物た

ちは、女、子供を馬鹿にする。闘う能力が低いのを本能で理解しているからだ。だから、田園生活では武器を用意する。我が家では庭のあちらこちらにビニールハウスの骨材の鉄パイプを切った棒がある。長さ1・5メートルほどの鉄パイプは先端を尖らせているので子供たちの護身用具に最適である。野犬が来たときは、この鉄パイプを持ち、走らずに、ゆっくり家に戻るように指導してある。そのおかげで、敷地に入ってきた野犬たちも、子供たちのすぐそばまでは接近してこない。武器を持ったとき、人間は地球を征服した闘争心が目覚める。その人間を動物たちは怖がるのである。

ネズミとリス、ウサギのかじり方の違い

なぜネズミは常に害獣なのか。保管してある穀物を食べる憎き動物だからか、病原菌の媒介者だからか。日本で好感を持たれたのは、「ネズミ小僧」くらいだろうか。外国のマンガではチーズを食べるかわいいネズミ。ミッキーマウスにトム&ジェリー。私も日本人、ネズミは嫌いだ。かわいいイメージを持つことはできない。ところが、リスはかわいいと思ってしまう。ネズミに比べて大きな瞳とふさふさした尾を持っているだけのネズミと同じ仲間なのに。西洋人がリスを好んで食べるのが不思議だ。しかし、果実や木の実で育ったリスはおいしいそうだ。だから、西洋の雑誌ではリスの猟の話がよく出てくる。最近、日本ではリスの猟は禁止になった。リスは日本人にとって害を及ぼさない動物だったのだろう。

[かじり方の違い]

ウサギとネズミ、紛れもない害獣である。植林をした白樺、リンゴ……。樹皮をかじり幹をかじる。ネズミは穴を掘って家に入ってくる。ネズミのかじり方は、体の高さを横一線でかじる。ウサギは体を伸ばして立ち上がってかじるので、上下に広くかじられた跡が残る。こうなると木は枯れる。

上:ネズミがかじった跡
左:ウサギがかじった跡

害虫・害獣対策

クルミをかじっても、リスとネズミはかじり方がまったく違う。リスはきれいに2つに割るが、ネズミは穴をあけて食べる。

リスのかじり方

ネズミのかじり方

【ネズミ退治の方法】

かじり方を見てネズミと判断したら退治する。ネズミが現れると直径5センチくらいの穴が見られるようになる。リスと違って夜行性のため姿はめったに見られないが、穴があったらネズミ。ネズミは1年中、免許もなく狩猟をしてもよい唯一の動物。すぐに薬局で購入した毒餌を巣の中に押し込む。翌日にはなくなっているので、再度毒餌を置く。食べなくなったら、違う種類の毒餌を置く。これで駆除は完了する。ウサギの駆除は狩猟免許をとり、狩猟期間中に自分でしなければならない。

ウサギの針金わなの作り方

田園や山の生活者は、昔から針金でくくりわなを作り、穀物を食べ、畑を荒らすウサギを害獣として退治していた。そして皮を剝《は》ぎ肉として食べ、貴重なタンパク源としていたのである。

❶畑を荒らしに来るウサギの通路を探す。通路の狭まったところにわなをかける。狭まっていなかったら、枝を立てたり、障害物を置いたりして、わなの位置を歩くように仕向ける。

❷荒物屋で20番の針金（0・9ミリ）を買い、直径12センチくらいの輪を作り仕掛ける。輪は引くと締まるように作る。輪の最下部は地面から9センチ上くらいにする。針金は細い立ち木に結んでおくか、ウサギがかろうじて引っ張っていける重さの枯れ木に結ぶ。これで針金が切られずにすむ。

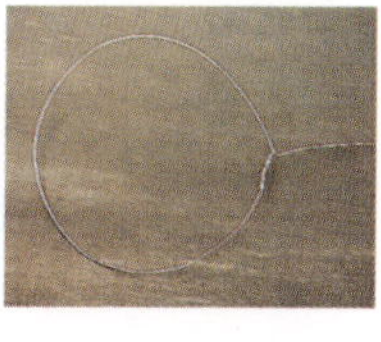

❸捕獲したら皮を剝ぎ取り、食糧にする。ウサギの皮の剝ぎ方は、片足を針金で結び、つり下げ、両足の皮を剝ぐ。次いで、内股部分の皮を裂き、そのまま靴下を脱がすように下に引く。するっと頭まですると剝がれる。最後に頭を切り落として皮剝ぎが終了する。

防腐と防虫、クレオソート液は必需品

木製のバーベキュー・テーブル、木のテラス、犬小屋の脚、木製の階段……。すべてクレオソート液を塗る。驚異的に腐らない。ペンキを塗っても剝がれた部分から水を吸い、かならず腐ってくる。ところが、一斗缶で3000円以下のこの薬はペンキより安く、役に立つ。リンゴの木の下にまけば虫が登ってこない。家の中に入ろうとする蟻の道に塗っておけば蟻も寄ってこない。炭焼きの際に、タールからしみ出る液体と同じ成分なので、消毒もできる。田園生活の屋外消毒の万能薬といえる。薄めれば農薬の代わりになり、使い道は多い。かならず用意しておくとよい。

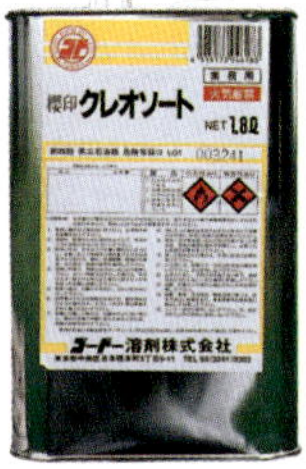

[テラスやベランダに塗る]
ペンキは表面処理。だから、表面が傷つくと雨がしみ込み腐りはじめる。土足で上がる場所には、内部まで浸透するクレオソート液をしみ込ませるようにたっぷりと塗る。2～3日放置したのちボロ布でふき取る。これで腐らず水を弾く処理が完成。

[木製の野外道具に塗る]
クレオソート液をたっぷりと入れた

容器に脚を入れる。30分ほど放置すると木の導管が液を吸い上げ内部に浸透する。脚全体に吸い込ませ、本体に塗る。テラスと同じように2、3日放置したのちふき取る。

[虫除けに使う]

リンゴなどの果樹につく虫で、昼間は土の中に隠れ、夜になると這いずり出てきて木に登り被害をもたらす。だから根元にまく。これで地面を這ってやってくる虫はこない。

車

カントリーライフで役立つ車の選び方

田園生活で車は必需品。車がなければ田園生活は成り立たない。持っている車で過ごしたいと思う人以外は4輪駆動車に決まりだ。雪、ぬかるみ、チェーンを巻かなくてもほとんどが走れる。スリップもしづらい。2輪駆動車より長所が多い。

［軽自動車か、普通自動車の4WDか］

軽自動車の長所は、車が軽いから砂地や雪道にも強いこと。登坂能力も高い。車が安く燃費もよく維持費が安い。短所は、軽い鉄板で作られているから衝突に弱い。だから、子供がいれば普通自動車がよい。衝突したときに助かる率が高いから。長距離を運転して遊ぶことが多い人も普通自動車がよい。それ以外は軽自動車のほうが長所が多い。

私は衝突に備えて、3ナンバーのいすゞ・ビッグホーン4WDに乗っている。気に入り9年間も乗りつづけている。妻は衝突に備えて安全性に定評のあるボルボのワゴンに乗っていたが、吹き溜まりに弱すぎるので、スバルのフォレスター4WDに乗り換えたばかりである。

［車の形は］

山道が多くアイスバーンのできる地方はロングホイールベースの車に決まる。前輪と後輪の距離が長ければ、スリップに強くスピンをしづらいからだ。山道の多い田園生活には人気のワンボックスカーはすすめない。ローリング（横揺れ）やピッチング（縦揺れ）が多くなり、疲れる。ただし農作業やガーデニングが主で、遠出もしない、子供もいないという人は、軽自動車の4WDワンボックスカーでも十分である。

［色は派手めに］

雪国では白は目立たず、事故に遭う確率が高くなると私は考える。そこで、妻の車は赤。私も赤が欲しかったのだが、買ったときに赤が発売されておらず、特注でも30万円かかると聞き、モスグリーンにしたのである。この色なら森に溶け込み、車上荒らしにも目立たないと思ったからだ。

景色のよい田園地帯では脇見運転が多い。そんな彼らの視界の端に入っても目立つ色の車は、安全性が高く田園生活ではよい選択になる。

砂利道の走り方

田園地帯には砂利道がある。都会生活者は砂利道も舗装道路と同じように高速で走っていく。砂利道には道路標識がないから、自由に走ってもいい道だと勘違いをしているのかもしれない。迷惑なことだが事実だ。田園生活者は自衛をしなければ、彼らのまき散らす石つぶてを受けることになる。自分の敷地が砂利道に面している場合は、車が来たら、危なくないところに逃げる。地元の人ならかならずスピードダウンをするのだが、スピードをゆるめない車には、逃げたのち背中を向ける。隠れる。これが身を守る術である。石がぶつかりけがをしたから車のナンバーを控えようとしても不可能。土埃で読むこともできないのだ。

車で砂利道を走る場合は、50メートルほど車間距離をあける。前方を走る車が飛ばす石つぶては、車のフロントガラスを一撃で割る。高級な合わせガラス以外は、窓が割れると真っ白になり視界がなくなる。すぐに寸前の記憶を頼りに車を止める。徐行していないと、路肩から転落したり、衝突をすることになる。だからはじめから車間距離をあけておき、危険を回避するのである。

ブースター・ケーブルのつなぎ方

バッテリーの上がった車に電源を供給するのがブースター・ケーブルの役目。田園生活の車にはかならず常備しておく用具だ。このケーブルのつなぎ方を間違えるとバッテリーを傷めるし、けがもする。

❶ケーブルの先端のクリップが錆びていたら、つないでも電気は通らない。最初にクリップを調べる。錆びていたり長期間使用していない場合はヤスリをかける。バッテリー側の端子もヤスリで磨く。

❷最初に電気を供給される車（弱っているほう）のバッテリー端子のプラス側に赤いケーブルのクリップを挟む。次に供給するバッテリー（元気なほう）

のプラス側に赤いケーブルの反対側のクリップを挟む。
❸次にマイナスの黒いケーブルを供給する側（元気なほう）のクリップを挟む。そして供給される側の端子に、黒いケーブルのクリップを慎重に挟むのである。瞬間的に火花が飛ぶことがあるので、可燃物を近くに置かないこと。またバッテリーから引火性のガスが発生する場合もあるので、泡の状態に注意をする。泡がブクブク出ているときは、最後の故障車へのクリップは、エンジン・ブロックにつなぐ。
❹元気なほうのエンジン回転を上げ、発電能力を上げる。そして、弱っているほうのエンジンを回すのだ。セルモーターが元気に回ったら電気は供給されている。回らなかったら、クリップの接触を調べる。クリップを挟んだままグリグリと回し、接触を確認して再度セルモーターを回す。エンジンがかかったら、装着したときと逆の順序でクリップを外していく。

プラスは赤、マイナスは黒。
絶対に間違えてはならない

タイヤチェーンのつけ方

私の車にはタイヤチェーンをフルシーズン積んである。春も夏も秋も。タイヤチェーンは積雪期だけではない。田園地帯は雨が降ってもぬかるみ、タイヤがスリップして動けなくなることもある。そのようなとき、タイヤチェーンをつければスタックから簡単に脱出できる。

冬はタイヤチェーンをつけないで走る。多くの人はタイヤチェーンをつけて山に入っていくが、私はつけない。常備してあるのはあくまでも脱出用だ。チェーンをつけて山奥に行き動けなくなったら、助けを求めないかぎり出てこられない。雪が降りはじめたらすぐに30センチは積もる。ぎりぎりで山に入ってはならない。４ＷＤマニアの人々は、グループで入ってスタックごっこをして楽しんでいるが、私は冬タイヤで入れるところまでしか入らない。これが私のやり方だ。
❶4輪駆動車は4輪にチェーンをつけるので2セットのチェーンを用意しておく。私のチェーンはVバー・クロスチェーンと呼ばれる駆動力を高めるチェーンである。車によっては装着でき

ない場合があるので、説明書やディーラーに問い合わせてから購入したほうがよい。また田園生活では金属製のチェーンにしたほうがよい。

❷平地では、ジャッキアップしてから付ければ簡単。しかし、私の場合は、冬タイヤで動けなくなり、戻るときにチェーンをつけるので、ジャッキアップなしで取りつける。シャベルでタイヤの周りの雪を除ける。タイヤの裏側の雪も取り除く。

❸チェーンを取り出し、左右に分ける。事前に印をしておくと、分けるのは容易。チェーンをタイヤにかぶせ、最初に車の内側のフックをチェーンにかける。次に表側のフックをかけ金具を反転させ止める。チェーンには裏表がある。チェーンの切り口はタイヤを傷つけるので表側と覚えておけば間違いない。余った鎖部分はチェーンを止める針金に固定する。チェーンを張るバンドをかける。少し走り、締めなおす。これでスタックから出てこられる。余ったチェーンは止めておかないと車に当たり、傷だらけになるので注意が必要だ（写真❶～❻）。

❹使用したチェーンは泥が付いていたら洗って乾燥させ、防錆油ＣＲＣ５－56を塗ってから車に積み込んでおく。

常に車の中にあるチェーン

写真❹は、
左がタイヤ外側用金具、
右がタイヤ内側用金具

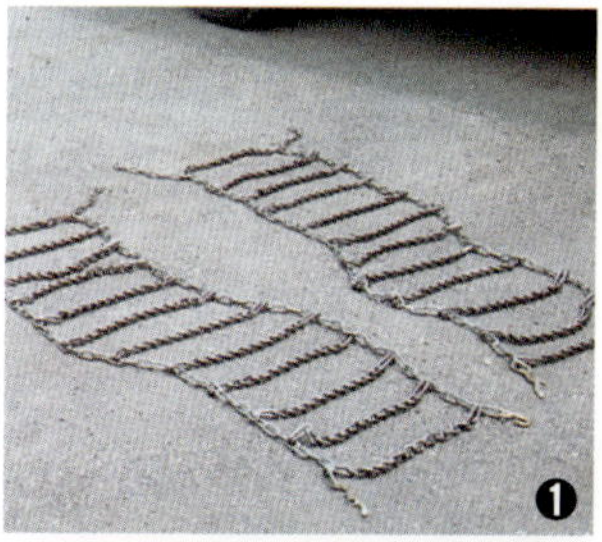

車に常備する物のリスト

車は道具であるし、道具箱でもある。私の車の中は魚釣りのシーズンと狩猟のシーズンで積荷が入れ替わる。

●工具のセット…私の工具袋にはクロスレンチから各種レンチ、バイスグリップ、鉄ノコ、車止め、各種ボルトにナットが入っている。そしてシャベル、牽引ロープに空気入れ。コンパネの40センチ×30センチの板は、泥濘地でのジャッキアップ時の必需品だ。

●着替えのセット…湖や川に落ちてずぶぬれになったときのために着替えの服が入っている。温泉用のタオルに石鹸も入っている。ゴアテックスの雨具にスパッツ、チャップス、ゴム長靴、寝袋も入っている。ダウンジャケットとダウンベストはカーテン代わりに車内に1年中つり下げてある。

●道具箱…断熱効果のある箱の中には、ガソリンバーナーと予備のガソリンにパーコレーター。ワイヤーケーブルにハンドウィンチ。ブースターケーブル。登山用の40メートルのザイル。ナイフにゴムボーイという折り畳ノコギリ。布バケツ、スタック時にタイヤの下に敷く下敷き。犬用のひもに水入れが入っている。グローブボックスの中には予備のヘッドライトの球、ヒューズ。手袋に双眼鏡、ファーストエイドキット、細引きを入れてある。

●春から秋までの魚釣りシーズンには、釣りの道具箱が入る。子供たちの釣り竿のセットにイクラに魚籠《びく》。私のフライ用品。殺菌処理を施したぬれナプキンも積んでおく。

●秋から冬の狩猟シーズンには、鴨笛に鹿笛のセット。肉袋。雪用アルミ・シャベルにエンジンウィンチ。スノーシューズにアザラシの皮のシールが張りつけられた山スキーのセットが入る。予備のナイフにダイヤモンド・シャープナー。

車の中で眠るときの注意

冬は寒いからエンジンをかけたまま

車の中で眠る人が多い。これはカナダではしてはならないと教えられた。寒いカナダでは駐車した車の中で人が死ぬのである。雪がマフラーにかぶったりして排気口がふさがれると、排ガスが車内に流れガス中毒になるからだ。また、マフラーの継ぎ手の部分やマフラーに穴があいている場合も、ガスが車内に充満して中毒死することもある。

寒かったら車の中に寝袋を積んでおいてその中で眠る。エンジンをかけたまま眠るのは、危険と隣り合わせである。どうしてもエンジンをかけたまま眠りたかったら、車の窓を左右とも上部4センチほどあけておき空気が流れるようにする。また携帯電話に30分の目覚ましをセットしてから眠る。日本でも、大雪で通行止めになった道路で、開通を待っていた人が、眠ったままガス中毒で死んだ例もある。

坂道で駐車する方法

厳冬期の北海道ではサイドブレーキを使えない。サイドブレーキが凍りついてしまうからだ。平地ならギアを入れて駐車すれば動かない。しかし、車を傾斜地に止める場合は、何かの衝撃で車が動き、坂を走り出したら大変だ。

だからこのテクニックで車を止める。

❶上りならギアをローに入れハンドルをいっぱいに切る。ギアが抜けて走りだしても、ガードレールや障害物に当たり止まるように切るのである。たとえば、上りの左側が盛り上がっていたら、ハンドルを左にいっぱいに切る。そして車から下りたら車止めを当てる。車止めがなければ石を当てる。

❷下りのときはギアをバックに入れ、同じようにハンドルをいっぱいに切る。そして車止めを当てるのだ。これで車は走りだすことはない。

車が横転したときの対処方法

車は横転する。レッカー車やクレーンを頼んだら多額の費用になる。そこで以下の方法を試してみる。これでだめなら頼めばよいのである。

❶砂利道やアイスバーンでスリップを

して車が横転したときは、すぐにエンジンキーをオフにする。けががなく、体を動かせるならばすぐに脱出する。周りに人がいるなら、頼んで車を起こす。早ければ早いほど、ブレーキオイルやガソリン、オイルの流失が防げる。自力走行して修理工場へ行く。

❷人がいなければ自分で起こす。しかし車は重い。横転した側のタイヤの下をシャベルで掘る。深さは25センチほどだ。あとは弾みをつけて車を起こす。穴を掘っていないと起こせないが、穴があると簡単に起こせる。またホイールの損傷も防げる。

穴を掘るときは、車が倒れてこないように厳重に注意して行う。また、万が一倒れてきても逃げられるスペースを事前に確保する。起き上がったらすぐにボンネットをあけ、ブレーキオイルを調べる。オイルが流失していたら、超スローでガソリンスタンドか修理工場へ向かう。

[横転した車の起こし方]

タイヤの中心部まで掘り、それから起こす。
あくまでも自己責任によって行うこと。

計量単位換算早見表

インチとメートルの換算式

■長さ

□インチ×2.54＝□センチメートル
□フィート×30.48＝□センチメートル
□ヤード×0.9144＝□メートル
□センチメートル×0.3937＝□インチ
□メートル×3.281＝□フィート
□メートル×1.094＝□ヤード
□キロメートル×0.6214＝□マイル
□マイル×1.609＝□キロメートル

■速度

□フィート／秒×0.3048＝□メートル／秒
□フィート／秒×0.6818＝□マイル／秒
□メートル／秒×3.281＝□フィート／秒
□キロメートル／時×0.6214＝□マイル／時
□マイル／時×1.609＝□キロメートル／時

■量度

□グレーン×0.0648＝□グラム
□グラム×15.43＝□グレーン
□グラム×0.03527＝□オンス
□オンス×437.5＝□グレーン
□オンス×28.35＝□グラム
□ポンド×7000＝□グレーン
□ポンド×16＝□オンス
□ポンド×453.6＝□グラム
□キログラム×2.205＝□ポンド

■容量

□立方インチ×16.39＝□立方センチメートル
□立方センチメートル×0.061＝□立方インチ
□リットル×0.2642＝□ガロン
□リットル×1.057＝□クォート
□ガロン×3.785＝□リットル
□クォート×0.9463＝□リットル

■面積

□平方センチメートル×0.155＝□平方インチ
□平方インチ×6.452＝□平方センチメートル

■温度

華氏□F度＝（9／5）×C＋32
摂氏□C度＝（F－32）×（5／9）

尺貫法の単位とメートル法の換算値

■長さ

1寸＝3.03センチメートル
1尺＝30.3センチメートル
1間＝6尺＝1.818センチメートル
1里＝3.93キロメートル

■重量

1匁＝3.75グラム
1貫＝1000匁＝3.75キログラム

■容量

1合＝10勺＝0.18リットル
1升＝10合＝1.803リットル

■面積

1坪＝3.306平方メートル
1畝（せ）＝30坪＝0.9917アール
1反＝10畝＝300坪＝0.09917ヘクタール
1町＝10反＝3000坪＝0.9917ヘクタール

□の中に数値を入れ式に合わせて計算する

※ガロンは米ガロン、英ガロンがあるが、我が国では米ガロンを採用。本書でも、それに従った。

メンテナンス

自転車のパンクの直し方

自転車もオートバイもパンクしたタイヤの直し方は同じ。タイヤからチューブを引き出し、穴をふさぎタイヤに戻し空気を入れる。

チューブが古くなり傷んでいたら、同じチューブを買ってきて交換する。自転車店に修理に出すより安くチューブが売られているのだ。ただし、ディスカウント・ショップで売られている安物の自転車は、ゴムチューブが使われていないことがある。その場合、ゴム糊が付かないから修理は不可能。

❶パンクしたタイヤに固定している空気注入口のナットと虫ゴムを外す。チューブレバー、なければプライヤーのハンドル部分を使用してタイヤを回しながらチューブを引き出す（写真❶）。

❷タイヤの虫ゴムを組み込み、空気を入れ水に浸けてみて、空気の泡の出る場所が穴の箇所。印を付け修理にかかる（写真❷）。

❸通常はセットで修理用具が売られている。その中にはパッチとゴム糊が入っている。修理箇所をきれいにしてヤスリをかけ、ゴム糊をパッチのサイズより大きく塗る。同時にパッチにも糊を塗っておく。さわってみて指に糊が付かなくなったときに圧着する。ゴムハンマーがあればたたくとより接着さ

❶

タイヤをはずすときは、
チューブに傷をつけないよう注意

れる。なければ平らなところに置き、素足で踏みつける（写真❸〜❻）。
❹組み立てて空気を入れれば修理は完了。

セラミック砥石の目詰まり解消方法

タッチアップと呼ばれる金属やセラミックの棒に刃物を滑らせて研ぐ方法がある。最近は、セラミックの研ぎ棒を使用する人が多い。しかし、すぐに目詰まりしてしまう。多くの刃物好きと称する人も、セラミックの研ぎ棒の目詰まりを解消する方法を知らなかった。最近アメリカでは、消しゴム感覚で使い、目詰まりを取る商品が売られているが、そのようなものは必要ない。カネヨの粉末クレンザーがあればいいのだ。目詰まりしたセラミックの研ぎ棒に粉末クレンザーをまぶし、指で擦り、しごく。これだけできれいになり、研ぎ棒本来の、研ぎができるようになる。

　白い研ぎ棒は仕上げ用で、産毛でも剃れるようなる。中研ぎ用は茶色である。日本では京セラ製の研ぎ棒が１０００円以下で金物店で売られている。使い方は、料理人がやっているように刃物の刃先を軽くなでるようにタッチアップするだけでよい。うまくできない人は、刃物に向かってヤスリをかけるように軽く当てるだけでよい。この場合1回ずつ刃物を裏返すこと。

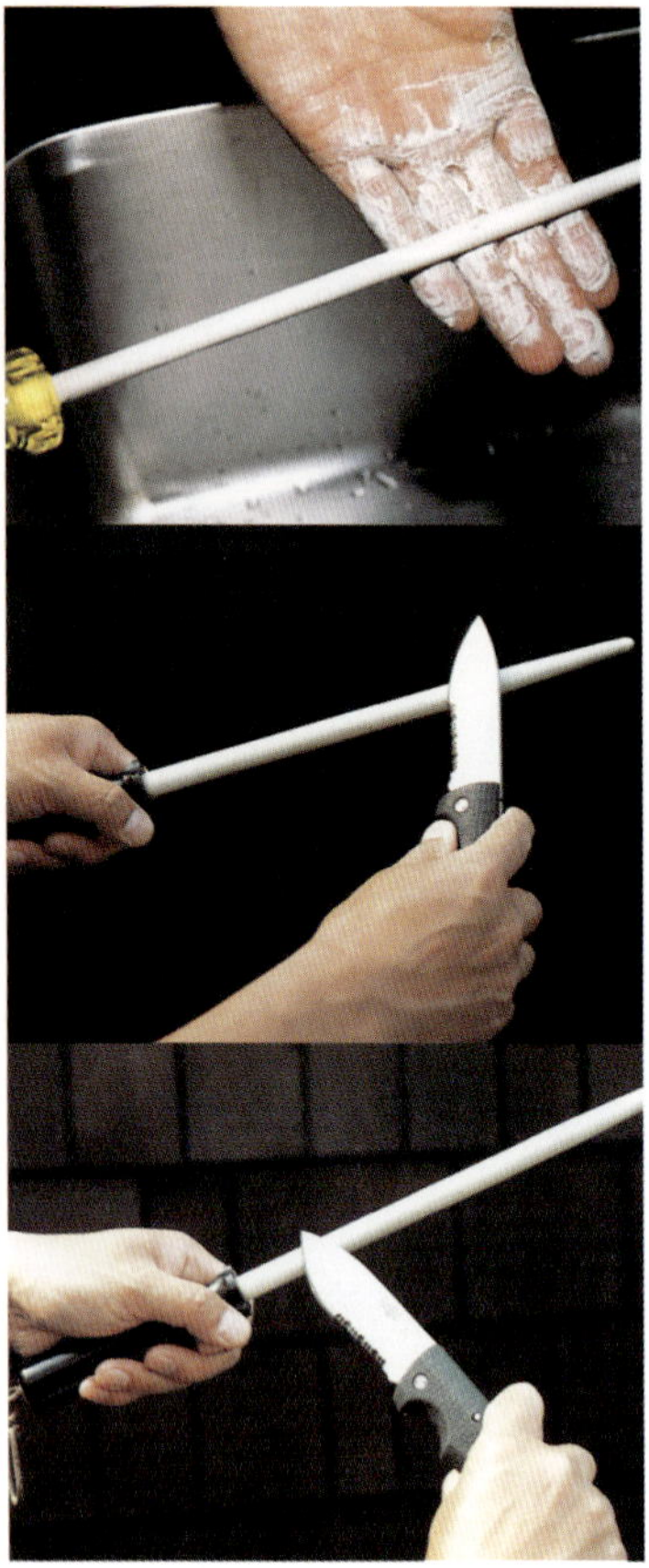

長靴修理の方法

　田園生活の大事な履物が長靴である。都会生活と違い、穴があいたからといって捨てない。修理は簡単。修理済みの長靴をはいていると田園生活のエキスパートのような雰囲気が漂う。

❶靴下が湿る。ぬれる。すぐに検査をする。長靴の中に水を注ぎ込み、長靴の表面をふき取り注視する。水がピューッと飛び出す、ジワーッとぬれる場所が修理の必要な箇所である。すぐに印を付ける。

❷時間があれば、乾かした後に修理に取りかかる。穴が小さい場合は必要ないが、５ミリ以上の傷には、廃棄した自転車のチューブを切り取りパッチを作る。角を付けたままだと剝がれやすいので、かならず角を切り取るか楕円形にする。

❸修理する場所を紙ヤスリの３００番で擦る。接着剤の項で紹介したウルトラフレックス接着剤を混ぜる。少量の混ぜ合わせには楊枝で十分だが、多量の場合はアイスクリーム用の木製スティックを使う。

　修理箇所にパッチより大きく接着剤を塗る。裏側には接着剤が漏れないように、あとで簡単に剝がせるビニールテープを貼っておくとよい。次にパッチにも接着剤を塗り10分間圧着する。小さな穴や傷の場合は、楊枝で傷や穴に接着剤が入るように押し込み、盛りつけるだけで十分である。これで3時間たてば使用強度に達し、もっともじょうぶになるのは翌日というわけだ。

パッチが貼られ、ウルトラフレックスが盛られた長靴

私は修理だけではなく、補強にも接着剤を使う。山スキー用のソーレルのブーツは、締め具との摩擦で磨耗する箇所には、はじめから盛りつけている。

木部の亜麻仁油仕上げの方法

高級な銃はオイルフィニッシュといわれる亜麻仁油仕上げが施されている。高級手作りピッケルも亜麻仁油仕上げ。木の内部にしみ込み硬化した亜麻仁油は水分を寄せつけず、じょうぶである。ものにぶつかり傷がついても、スチームアイロンで蒸気を当てると、木部の凹みは盛り上がり、再度、亜麻仁油を塗れば元通りになる。最近、主流のウレタン塗装は表面にじょうぶな膜をつくるが、ものにぶつかり穴があき傷がつけば、水分はそこから入ってくる。だから高級と名の付く道具の木部の仕上げは、いまだに亜麻仁油仕上げなのである。日本には漆仕上げがあるが、野外で使う道具の仕上げには向かない。

❶亜麻仁油はリンシードオイルと呼ばれ、画材店で購入できる。油絵の具を溶くオイルが亜麻仁油である。早い硬化を望む場合は、画材店で購入できるターペンタインという薬品を混ぜる。また銃砲店では、銃床仕上げオイルと呼ばれるボイルド・リンシードオイルが売られている。これはリンシードオイルを煮つめて、硬化を早くしたものだ。

❷オイルを手に取り、木部にたっぷりと塗り込む。そして1週間放置し、またオイルを塗り込む。そして1週間放置する。

❸400番の紙ヤスリで木部を擦りながら、オイルを含ませていく。汚い削りかすが出たら、木目に沿ってふき取る。紙ヤスリは常にオイルを塗りながら作業をする。そして1週間放置をする。

❹最終仕上げは800番の紙ヤスリで擦りながらオイルを含ませていく。削りかすが出たら、木目に沿ってふき取る。この間に木部の導管は、削った木の微粒子で埋まりふさがってきているはずだ。そして両手にオイルを取り擦り付ける。手が熱くなるように擦る。これで硬化させれば、木部の内部から光る本物の亜麻仁油仕上げの完成だ。

銃の掃除方法

旧日本軍はライフル銃を掃除しすぎて磨耗させたことが知られているが、ライフルの銃身は軟鉄だから、金属ブラシでゴシゴシ擦ると簡単に磨耗してしまう。高級銃身は工作精度をあげるために柔らかい銃身となっている。大量生産のコールドハンマー方式で作られる銃身は、たたかれて成形するために鉄の性質上、硬化してじょうぶになる。

何はともあれ田園生活で銃を持つ人は、銃の掃除の仕方も覚える必要がある。

[空気銃]

現在はエア・ライフルと呼ばれるが、空気銃のことである。50歳以上の人は、荒物店でも買え、自由に持てた時代を覚えているだろうが、今は許可がなければ持てない。スズメさえ20歳になって国家試験に合格しなければ撃つこともできない。

空気銃は基本的に掃除をしない。銃身は柔らかく、ライフリングはか細く、掃除をするとすぐにライフリングを傷めてしまうことになる。弾が鉛なので、銃身内に鉛がコーティングされた状態になり、錆びにくくなる。防錆油を塗りたい人は専用のフェルトでできた弾に油をしみ込ませ発射するだけでよい。

[散弾銃]

ショットガンと呼ばれているが、鉄やビスマス、鉛の粒を飛ばす銃である。現代の散弾銃はワッズというカップに粒が入って飛ぶので、銃身内の汚れは火薬かすだけである。だから真鍮《しんちゅう》ブラシに油を付けて、ゴシゴシ擦り布を通せば掃除は終了する。

自動銃はガスポートと呼ばれる、ガスの噴出孔と機関部のシリンダー部を掃除しなければならない。これを怠るとスムーズに機関部が回転しなくなり、自動銃のはずが単発銃になってしまう。また自動銃の機関部は燃焼ガスが吹き戻されるので、たえず掃除が必要である。機関部の洗浄には、自動車用のキャブレター・クリーナーと呼ばれるスプレー缶を使うと、よく汚れが落ちる。

[ライフル銃]

ライフル銃は薬室側から掃除をする。自動銃やレバー・アクションの銃は、薬室側からは掃除できないので、銃口にプロテクターを当てて、銃口側から行う。このときに銃口側のクラウンと呼ばれる、ライフリングの部分に傷をつけないよう注意しなければならない。傷がついたら、そのライフル銃は当たらなくなるからだ。掃除は基本的にソルベントと呼ばれる薬品を付けて、ギルドメタルと呼ばれる銅の合金を溶かして落とす。このギルドメタルは、銅と違い、ライフリングにフォイル状の金属膜が付着するのを少なくするために開発されたものだ。

プロテクター

ソルベントは鉄を侵さないのが多いが、銅弾専用のソルベントは鉄を侵してしまうので使用には厳重な注意が必要である。私の場合、猟期中の掃除はソルベントをつけた真鍮ブラシを8往復させて、パッチでふき取るだけだ。射撃で多くの弾を撃ったときや、猟期が終了したときは、薬室にチャンバープラグと呼ばれる栓をして、銃身内にソルベントを満たし、すべてのギルドメタルを溶かしてクリーンにする。

チャンバープラグ

ライフル・スコープの取り付け方

スコープは高価な道具だ。このスコープを正しく取り付けないと、チューブがねじれ、ストレスがかかり、本来は長持ちするものも、短期間で寿命を迎えてしまう。また、チューブが変形するほど強い力で締めつけると、変倍にするパワーリングが回転しないことにもなる。チューブは円のときは強いのだが、変形したり傷がつくと、簡単に曲がってしまう。そこで以下の方法をよく読み、ライフル・スコープを偏心なく、変形させることなく取り付ける。

【必要な道具】

スコープアライメント・ロッド、ロックタイトの242と271（ネジ止め剤、工具店で入手できる）、脱脂剤（ヨコモ・モータークリーナー、ラジコン模型店で入手できる）、ボンドG17ゴム糊（コニシ製、文房具店や工具店で入手できる）

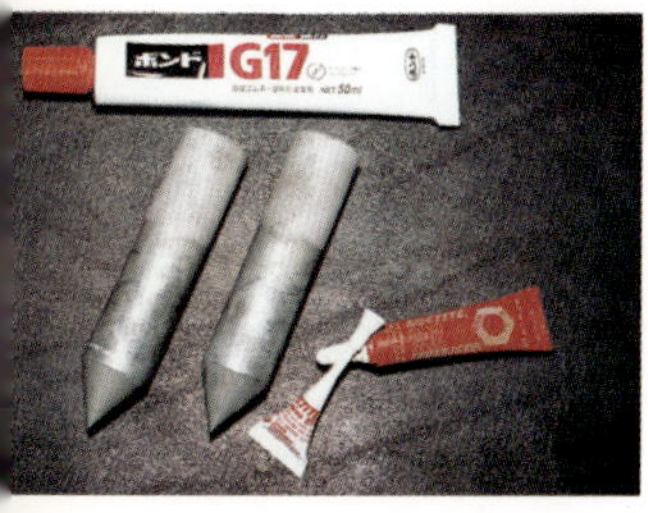

［取り付け方］

❶各社のベースを、説明書に従い取り付ける。脱脂したネジにロックタイト242を塗り、ベースの下側にロックタイト271を少量塗る。機関部のベースと接する面の脱脂も忘れずに行うこと。

❷フロントリングにロッドを装着してフロントベースに捻じり込む。このとき、アライメント・ロッドと銃身が一直線になるようにする。この作業はレッドフィールド、バリス、リューポルド社製のリングとベースを使用している人のためだ。これらのメーカーのベースとリングは互換性がある。

❸リアのリングをベースに装着したら、ロッドを差し込む。装着されたロッド同士の針先が合い、前後のロッドが一直線に並べばベストだ。偏心はゼロとなりスコープを装着する準備が整ったことになる。ちなみにカッターの刃をちょうどよい長さに折り、前後のロッドに当てるとズレが判別しやすい（写真❶）。

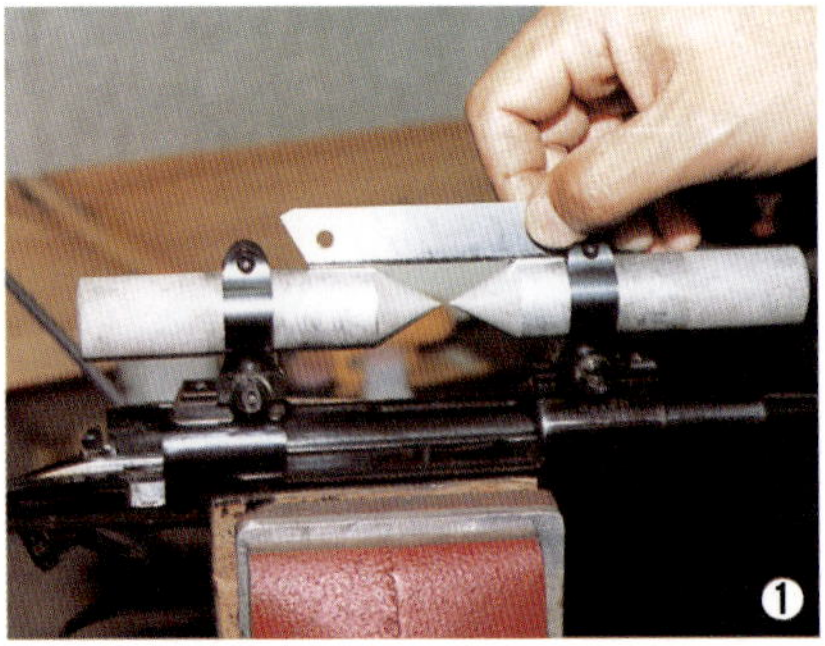

❶

❹レッドフィールドタイプのリングは、リングの上部だけを外しロッドを外す。ロッドを外すとき、リングの上部に印をつけ同じ向きになるようにする。ロッドが直線方向に合っているのに、リアの針先が微妙にずれているときは、ネジを調節して合わせてみる。ロッドが曲がっているときは、ベースのリングを止めていたネジをゆるめ、ロッドが直線上に並ぶよう締め直す。リングは軟鉄なので型がつき、直線を保持できるようになる。それでも直らない場合は、ベースかアクションにあけられたネジ穴の位置がずれていることになる。この場合はベースのネジ穴を広げ、正しくベースを装着し、広がった穴はエポキシ樹脂などで埋める。針先が上下にずれているときは、高さの違いに合ったシムを当てて直す。これは工具店で入手できるリン青銅の薄板で作る。

❺スコープをリングに装着する。まだ仮止めだ。レティクルが直線になっているかをチェックしながら、スコープを正しい位置に仮止めし、印をつけてスコープを外す。

❻リングの内側にボンドG17を多めに塗り、すぐにスコープをリングに取り付ける。ネジを締めつけていくとゴム糊ははみ出るので心配はない。レティクルの位置をチェックしながらネジを

❷

❸

❹

❺

❻

締める。はみ出たゴム糊は半乾きのときに綿棒を回しながら擦り取る。マニキュア落としで除去することもできる。これでスコープの装着は終了。あとは照準調整をする（写真❷〜❻）。

ライフル銃のベッディング方法

ライフル銃の作りが悪くなってきている。とくに出来合いの銃の作りは悪い。木部と機関部のすり合わせが雑で、ガタガタの銃もある。こうなるとロケットの発射台がぐらついているのと同じで、撃つ度に違うところに当たる。そこで命中精度を上げるためにベッディングを行う。デブコンやエポキシ系の接着剤を銃床に流し込み、剥離剤のカーワックスを塗った銃をはめ込む。硬化した後、銃を外すと、機関部の型が取られ、ガタがなくなり機関部にフィットした銃床となり、精度が上がる

のである。

❶銃床の薬室部分より後ろにある木部の内側を全体に3ミリほど、彫刻刀や工具を使って削る。表面の見えるところは削らない。引き金部分はスチロールなどで詰め物をして接着剤が入り込まないようにする（写真❶❷）。

❷機関部から引き金や部品を外し、機関部だけにする。小さな穴や溝には粘土を詰め込む。余分な粘土はカッターで切り取る（写真❸）。

❸ラグと呼ばれる反動受けの前側、下側、横側にビニールテープを貼る。これをしないと、次にはめ込みネジを締めるときに、ピッタリと納まらないことになる。テープなしでベッディングをすると、あまりにピッタリになるので、機関部をはめ込むごとに接着剤が擦れ落ち、ラグの下に溜まるからだ。

❹銃身全体にもビニールテープを貼る。これは、ベッディングをしたのちに精度を上げる、銃身を浮かせるフリフローティング方式にするためだ。ベッディングがされていないライフル銃の銃身を浮かすことは難しいが、ベッディングをすると簡単にできる。

❺機関部と銃身全体に、剥離剤に使う固形カーワックスを塗り磨き上げる。テープを貼った上にもワックスをかける。忘れた場所があると機関部と銃床が離れなくなるので、ぬかりなくチェックをする。銃床の表面にはマスキン

メンテナンス

グテープを貼り、接着剤が付かないようにしておく（写真❹❺）。

❻デブコン、または24時間硬化型のエポキシ接着剤を混ぜ、銃床の機関部が入る場所に盛る。そして機関部をはめ込み圧力をかけ、所定の位置まで入れる。その後ガムテープやゴムひもを巻いたり、テープで止めるなどして機関部が浮き上がらないように固定する。機関部を止めるネジは使わないようにする。ネジを締めつけると機関部が湾曲して固まることがあるからだ。押しても入らない場合は、ネジを使い締める。しかし所定の位置に機関部が入り込んだら、ただちに取り外すこと。ネジにもワックスを塗っておくこと（写真❻❼）。

❼半乾きのときにはみ出た接着剤を小刀状の竹べらで切り取る。固まってからでは取れなくなることがあるので、かならず少し硬くなった時に行う。竹べらを水でぬらすと、エポキシの塊も切り取りやすくなる（写真❽）。

❽一晩、放置したのち機関部を銃床から外す。きついのでゴムハンマーでたたきながら外すとよい。その後、余分な部分を削り、機関部に部品を付け、テープを剥がし組み立てればベッディングの完成である（写真❾❿）。

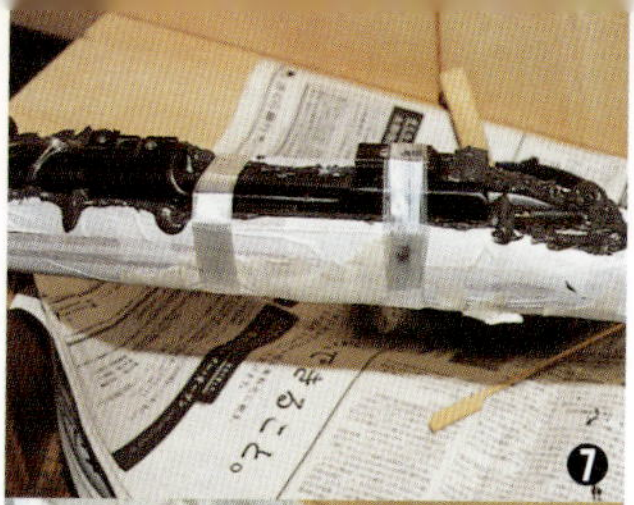

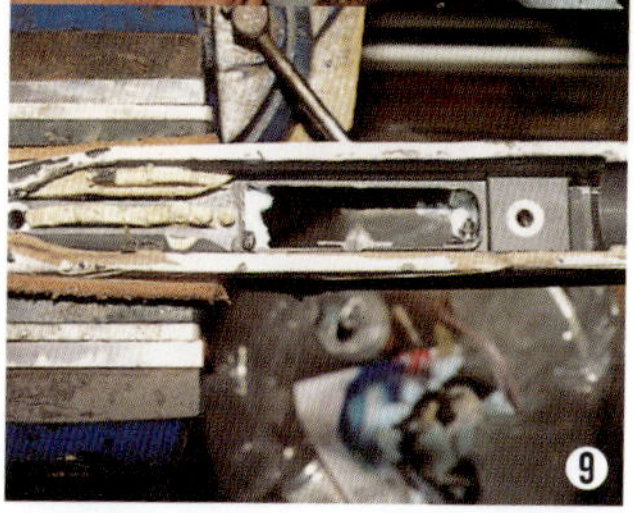

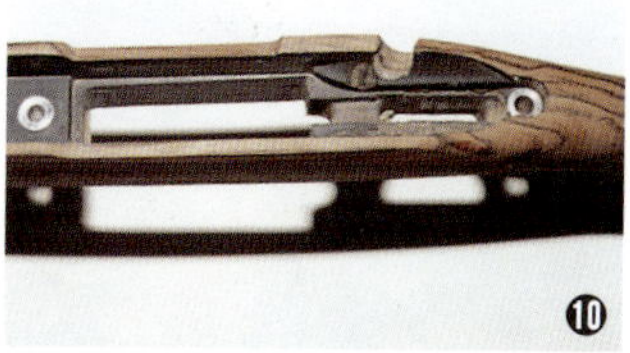

ガンブルーの施し方

私はスローラストブルー（日本では煮色と呼ぶ）という本格的なガンブルーを自分の銃に施す。しかし、本格的なガンブルーは一般の人にはできない。多くの設備が必要だし、習練も必要だ。そこで、銃砲店や工具店、金属細工の趣味の店で入手できる、インスタントガンブルーを使用する方法を覚える。これは銃だけでなく、車のパーツや鉄で作られたさまざまな道具に、錆に強い酸化皮膜を作る。

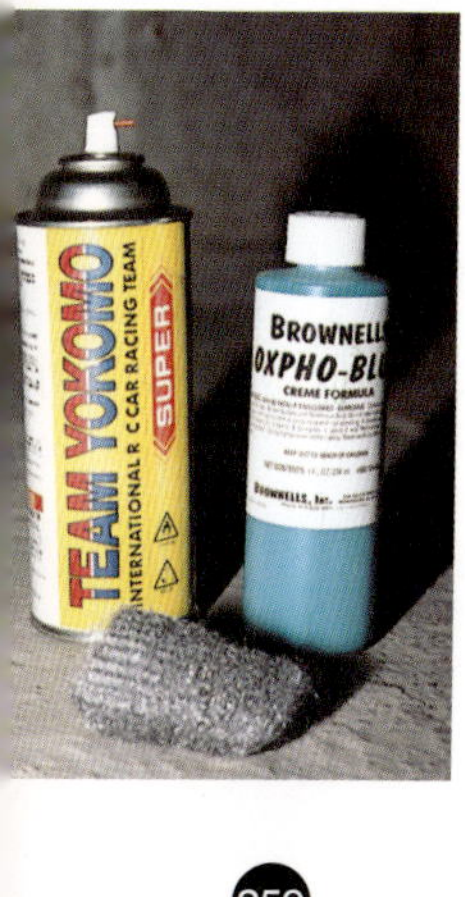

❶最初に鉄を脱脂する。油分が鉄の組織に入り込んでいると、ガンブルーののりが悪くなる。そこで熱湯の中に家庭用の洗濯洗剤を入れ、30分ほど浸け置きして油分を溶かしお湯で洗い流す。または、ヨコモのモータークリーナーで油分を洗い擦り落とす（写真❶）。

❷小さなパーツは、ガンブルーの液体を綿棒に付け円を描くように塗る。色がブルーに変わるが、そのまま塗りつづける。次に脱脂して乾燥したスチールウールにガンブルーの液体を付け、同じように円を描いて塗る。これを数回繰り返すと、摩擦に強いガンブルー仕上げが完成する。最後に中性洗剤で洗い、防錆油を塗り終了（写真❷❸）。

❸大きな部分にも、同じようにスチールウールにガンブルーの液体をしみ込ませ、円を描くようにして塗っていく。

銃身は、ガンブルーの液体が付いたスチールウールでくるみ、全体にガンブルーが行き渡るように、しごく。こうすると色の仕上がりに段差が生じない。1回終わると、ガンブルーをふき取り乾燥させる。この作業を3〜4回繰り返すと完成だ。最後に中性洗剤で洗い、防錆油を塗り終了。

やかんの蒸気の利用方法

産業革命の蒸気機関とは違うが、やかんから出る蒸気は、田園生活でいろいろと役に立つ。

［帽子の形を変える］

ウールやほかの獣毛、麦わらで作った帽子は形がついている。この形が気に入らなければ、蒸気で変える。帽子

をやかんの口に近づけ、蒸気を当てながら好みの形に整える。西部劇風でも、冒険者風でもいい。形が整ったら、帽子を押さえた手はそのままにして冷えるまで待つ。

［潰れたフライの形を直す］

変形したフライを茶漉しに入れ、やかんの口に近づけ、蒸気を当てる。崩れた形は元通りになってしまう。その上、蒸気の熱でフライ針の殺菌までできてしまう。

［木部の凹みを直す］

塗装されていない木の道具に凹みが生じたとき、蒸気を当てると水分を含み膨らむ。そのまま乾燥させると凹みは目立たなくなる。小さな傷の場合は、やかんの蒸気で十分だ。大きな凹みの場合は、スチームアイロンで蒸気を当てる。スチームアイロンがない人は、水を含ませたTシャツのような生地の布を当ててアイロンをかける。蒸気が発生して、凹みを盛り上がらせる。その後、８００番の紙ヤスリで仕上げると目立たなくなる。

［眼鏡のフレームを直す］

眼鏡店で調整する眼鏡のフレームは蒸気発生装置で直している。これもやかんの蒸気で代用できる。フレームに蒸気を当てながら、変形したい方向へ曲げる。形が決まったら、そのまま水に入れ冷やせばできあがり。

［針金フレームにカバーを付ける］

レイバンスタイルの針金フレームは耳が痛くなる。針金が合わず、ずり落ちてくる。そのような場合に使用済みボールペンの芯を使ってフレームカバーを作る。芯をフレームに通して、端をライターで炙り穴をふさぐ。次にやかんの蒸気を当てながら、顔と耳の形に合わせ修正する。これで、耳も痛くない弾力性に富んだフレームができあがる。

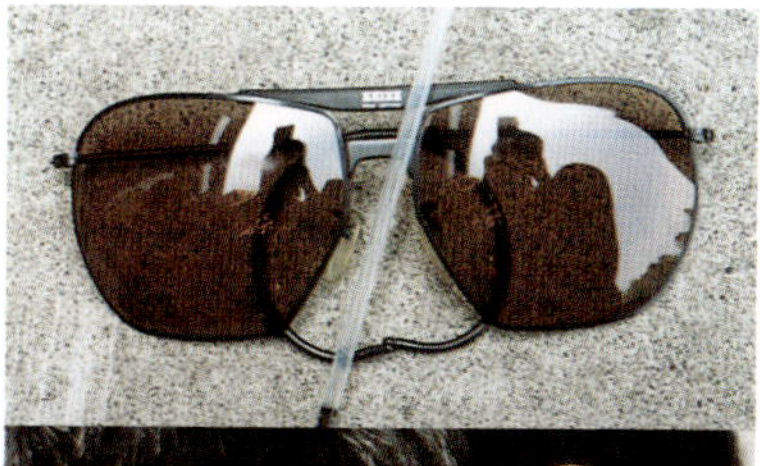

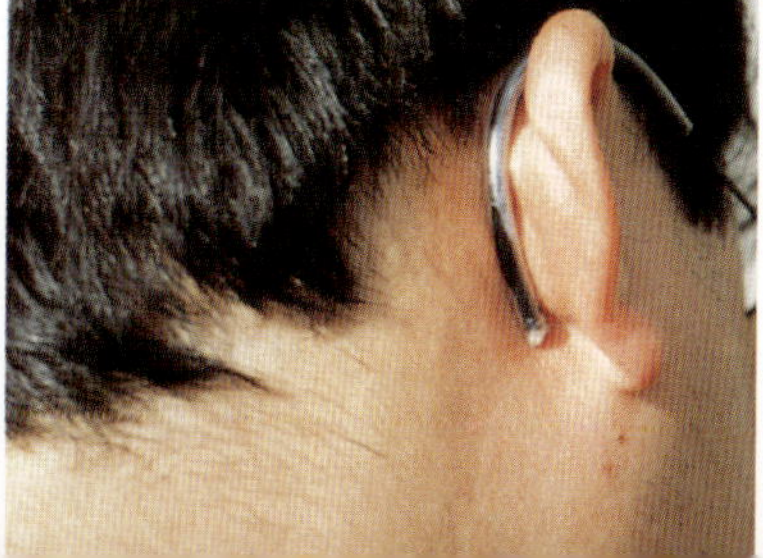

グリップに糸を巻く方法

私のランドール・ナイフのグリップには馬の鞍を縫うビーズワックスを塗ったナイロン糸が巻き付けてある。滑り止め効果は抜群で、強い力で振り下ろしても、握りがずれることはない。この糸の巻き方は、フィッシング・ロッドにガイドを巻き付けるのと同じ方法。覚えておくと役立つことが多い。

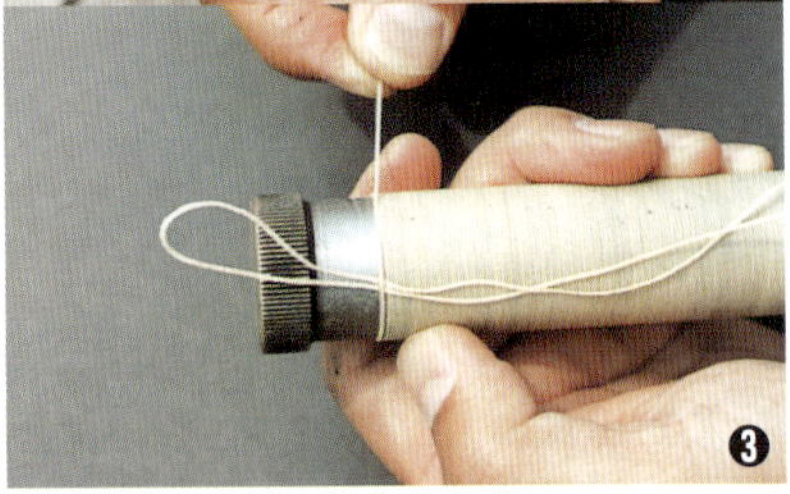

作業を行う前にガムテープを刃に貼り、刃に触れても安全にする

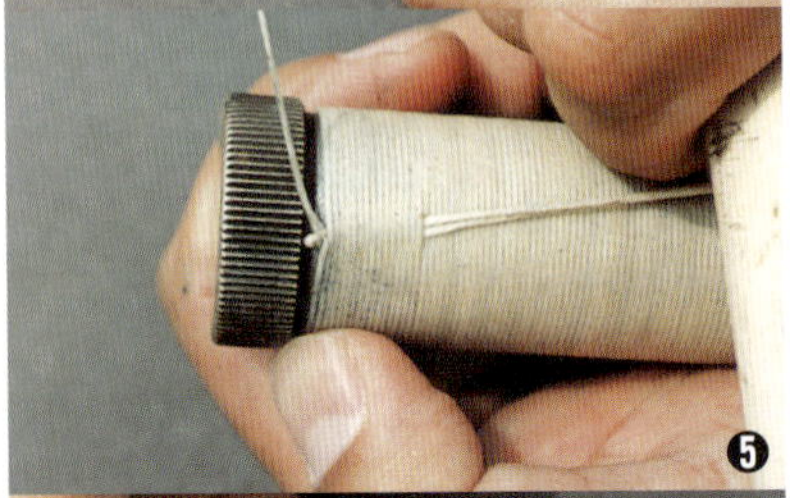

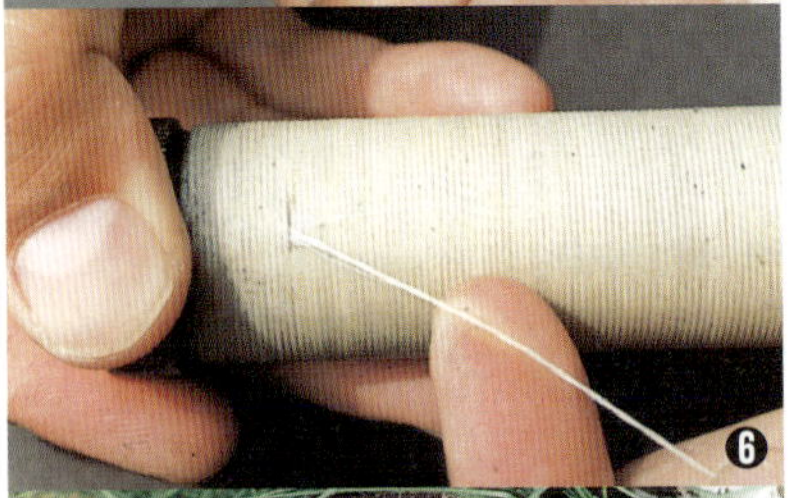

❶じょうぶな手縫い用の糸を用意する。靴の修理店で入手できる。なければ、アウトドア・ショップでステッチングオゥル用のナイロンにワックスを塗った糸を購入する。巻きはじめは内側に折った糸に重なるように巻いていく。10巻きほどで糸の端を表に出し、切らずにそのままにする。20巻きほどしてから引き絞る。すると固く締まる（写真❶❷）。

❷釣り糸のような滑りのよい糸を30センチほどの長さに切り、半分に折っておく。糸の太さは、巻く糸の強さによって変わる（写真❸）。

❸握り部分の端（巻き終わり箇所）より5〜10巻ほど手前で、用意しておいた釣り糸を挟み巻き進める。端まで巻いた糸を、挟んだ釣り糸の輪に通す。釣り糸を2本重ねた状態で引くと、巻き糸が巻いた部分の下に入り込み、表に出てくる。そして、強く巻き糸を引き絞り完成。使いはじめは、表に出した余りの糸を完全に切り落とさない。しばらく使用して、締めなおしてから切り落とす（写真❹〜❼）。

皮やキャンバス地の縫い方

テントがほつれた。ベルトを縫っていた糸が切れた。新しいナイフのケースが欲しい。これらの要望のために大型の専用ミシンを持っている人は皆無に近いだろう。そこで修理は手縫いで行う。高級品のバッグや馬具はいまだに手縫いだ。2本の針を使ったオーソドックスな縫い方だ。

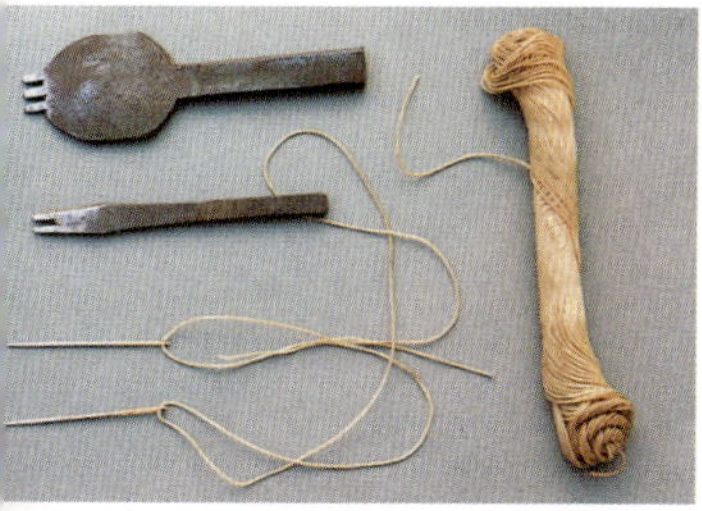
手縫い用の工具と針と糸

❶縫うものによって縫い糸の種類や太さが違うので、適当な糸を選ぶ。修理の場合は、色や太さが似ている糸を選ぶ。厚い皮を縫う場合は、かならずビーズワックスを糸に塗ってから縫いはじめる。これによって、解けにくいじょうぶな糸になる。ビーズワックスは、調剤薬局やアーチェリー（洋弓）用品店で入手できる。太い糸を小さな針穴に通すには、糸先に瞬間接着剤を少し付け、先端を軽くたたき潰し、カッターで細長くカットする。こうすれば針の穴に簡単に通る。

❷修理の場合は穴があいているので、その穴に針を交互に刺して縫っていく。最後の箇所は、ほつれないように重ね縫いをする。

　針の通る穴を新しく作る場合は、端からデバイダーやコンパスで印を付け、レザークラフト材料店で入手できる専用工具で穴をあける。工具は菱形の1つ穴タイプと菱形の3つ穴タイプがあ

る。厚手の皮の場合は物差しで穴の位置を決め、印をつけてからボール盤であけてもよい。

❸2本の針を交互に通し縫っていく。もっともじょうぶに縫いたい場合は、1回ごとにサージャンズ・ノット（P95）で結んでいく。この縫い方をしておくと、途中で切れてもほどけることはない。ミシンは、途中で糸が切れるとほどけてしまう。ステッチングオゥルと呼ばれる小型の手縫い機も、ミシンと同じ縫い方なので、一部が切れるとほどけやすい。

❹縫い終わったら、縫い目をハンマーで軽くたたく。広がった穴をふさぐためだ。これによって縫い目が閉じ、ほどけにくくなる。

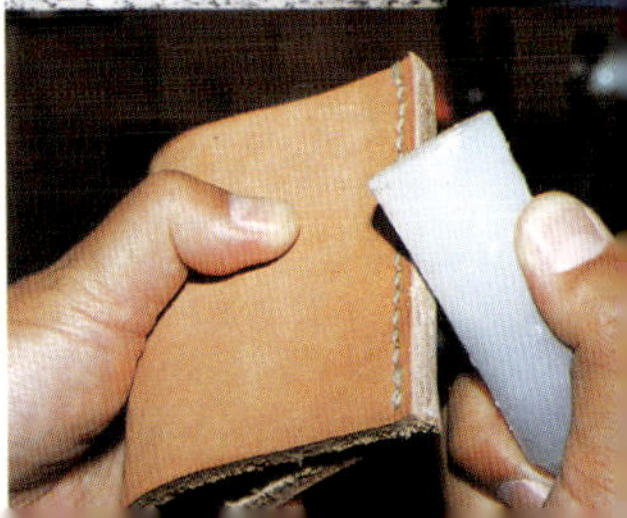

❺端を裁ち落としてワックス（ろうそく）を塗り磨く。これで防水され美しくなる。

プラスチックの染め方

プラスチックを染めることができるとは、ラジコンカー・レースに夢中になった15年前まで知らなかった。私は白いパーツのままで走っていた。ところが、カラフルなパーツをつけたラジコンカーがあるのだ。私は驚き聞いた。そしてわかったのだ。イギリス製のダイロンという染料に適量の水を加えプラスチック・パーツと塩をひとつまみ入れ、30分煮ると色がつくことを。そしてじょうぶにもなるとのことだった。

私は必要なプラスチック・パーツには好きな色を染めてしまう。最近では、購入した山スキー用のポールのグリップとリングが白だったので、モスグリーンに染めた。カモフラージュのために自衛隊用のポールはすべて白。これでは転倒してポールが手から離れたら、見つからない。そこで染めた。この染料はフライフィッシングの毛鉤の材料を染めるのにも役立つのである。

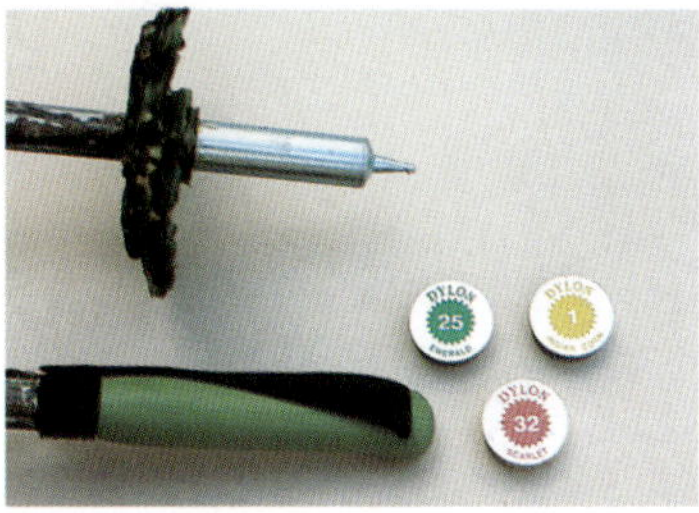

❶ダイロンを入手できるのは手工芸用品を売っている店。ほとんどの男には縁のない店である。ダイロン売り場には多くの色があるから好きな色（缶入り約400～500円）を買い求め、いらない鍋に染料と水を加え、塩をスプーン1杯くらいを入れ溶かす。❷ぐつぐつ煮込み30分経ったら、パーツを取り出し水洗いをする。残った染料は瓶に入れ保存する。何度も使えるからだ。

マニキュア落としは男の必需品

マニキュアを落とすための液体が役立つ。手に付いたゴム糊やエポキシ接着剤を落とす。手に付いた多くの物を手を荒らすことなく落としてくれる。使いやすいのはびん入り徳用ネイルカラー・リムーバー、カネボウ製だ。1びんが120ミリリットル、約300円で化粧品売り場に並んでいる。この商品でないと、香料が入っていて臭いし、よく落ちないのだ。私はシンナーやアセトンも溶剤として使うが、寒い冬には換気が辛い。このマニキュア落としは、室内で使っても頭が痛くなることはないし、塗装面を傷めることも少ない。しかし、ものによっては塗装面が侵される場合もあるので、見えない場所で試してから使うこと。

［ゴム糊の落とし方］

ゴム糊で接着してある場所にマニキュア落としをたっぷりと塗る。30分放置しておくと、簡単に剥がせる。接着面に残ったゴム糊は、布やティッシュペーパーにマニキュア落としを吸わせ、擦り落とす。

［プラスチック表面のマーカーを消す］

ティッシュペーパーにマニキュア落としを十分に吸わせ、マーカーペンで書かれた部分を擦れば落ちてしまう。

［シールを剝がす］

紙製のシールは、全体にまぶし5分も待てば剝がせる。液体を吸わない素材は端を剝がし、その隙間からマニキュア落としをスポイトで注入して剝がしていく。残った糊分はマニキュア落としを吸わせた布やティッシュペーパーで擦り落とす。

魚籠のにおい消しの方法

魚釣りから帰ってくる。魚籠にはおいしい魚がいっぱい。料理して食べて幸せが体を包む。だが翌日、魚籠はひどいにおいとなる。日本の竹製の魚籠は竹の繊維が密なので、においの元となる成分の吸い込みが少なくそれほどでもない。西洋の柳製の魚籠は、におい成分を吸い込みやすく臭くなる。魚のヌルがこびり付き、そこにミミズの乾燥したにおいがプラスされたらもう耐えられない。そこで魚籠を使いはじめる前の準備が必要になる。

❶竹製も柳製も、新品のときに亜麻仁油を吸い込ませ、オイル仕上げにしてしまう。画材店でリンシード・オイルを買い、ターペンタインを混ぜ、魚籠に塗り込み固まらせる。竹は飴色に美しくなり、柳はマホガニー色となる。古い魚籠にオイル仕上げをしたいときは、においを消してから行う。

❷釣りのときは、ふきの葉や青木の葉を敷きつめて魚籠ににおいが付かないようにする。付いた場合は、消臭用家庭洗剤を用いて洗う。これでにおいが取れる。何度も使いオイル仕上げがかすれたら、再度オイルを塗ると元の輝きになる。

いろいろな物を磨く

男たちは磨くのが好きだ。刀を磨き、銃を磨き、釣り竿を磨き、ゴルフ用具を磨き、パイプを磨き、自分を切磋琢磨する。それが生き延びる道だから磨く。野生動物たちはブッシュを駆け抜け、いばらの道を走る。そこで毛はブラッシングされ、磨かれ、光輝く。鳥は大空を飛ぶ。空気の抵抗を受けて羽根が美しく並べられる。ブッシュをものともせずに進入する猟犬の毛並みは、つややかに輝く。磨けば光る。擦れば光る。

【金属やメッキ面を磨く】

大都会は金属を腐食する。空気のきれいな田園地帯では鉄が錆びない。田園地帯と都会では驚くほどの違いがある。しかし、田園地帯でも管理が悪ければ金属は錆びる。そこで研磨をする。ひどい腐食の場合はペーパーで擦り落とし、塗料を塗ったりして再仕上げをする。軽い研磨は、微粒子の研磨剤が入ったコンパンドや金属磨きが使われる。私は、軽い錆は細かい目のスチールウールで落とし、ドイツ製のフリッツという金属磨きを使う。この金属磨きはＤＩＹの店で入手できる。

アメリカのカスタムナイフは、電動バフに付けたグリーンクロムで磨く。日本刀の最終仕上げは、研ぎ師が波紋の内側を磨き上げた鉄棒で擦り、鋼の微細な目をつぶし輝かせることで芸術となる。

【塗装された道具を磨く】

釣り竿、フライフィッシング用のバンブーロッドなど身の回りには塗料でコーティング仕上げをしたものが多い。これらの塗装面は柔らかい。あくまでも塗料の硬さでしかない。鉄板の車も同じこと。柔らかく磨き、ワックスをかける。これがすべてである。

問題は、ワックスも、溶剤も種類が多いこと。巷では１００パーセントカルバナ蠟《ろう》というカーワックスの広告が盛んだが、カルバナ蠟も、溶剤がなければ溶けない。だから、ワックスの溶剤が塗装面を侵さないか事前にかならず調べる。私は釣り竿も銃も車もワックスがけはカルバナ入り。皮膜がじょうぶで摩擦に強く、長持ちするからだ。

【犬と人間を磨く】

草原を訓練で走らせ、猟に連れていく。これが犬を磨く最良の方法。人間とのコミュニケーションも磨かれ以心伝心となる。人間も同じこと。汚れた空気の中で錆びついた肉体と心を、田園生活で磨きなおす。森に鹿を追い、川や海原に魚を求め出かける。するとすべてが磨かれ輝きはじめる。自然が勝手に磨いてくれる。自然の切磋琢磨、これがすべてである。

あとがき

私がカナダに生活していた30年近くも前のことだが、鴨を射止めると、アーミッシュと呼ばれる全身黒ずくめの服を着て生活している人々の村落に持っていった。鴨の羽はきれいにむしられ、いつでも丸焼きにできるようになった。礼は鴨の羽根だけ。彼らはその羽根で羽毛布団を作るのである。私はその時、思った。アーミッシュにはなれないと……。

だからこの本はアーミッシュ風の本ではない。多くの道具を使いこなし、快適な田園生活を求めるためのノウハウを満載した本なのである。

多くの商品名が出てくるが、すべて私が選び、私のお金で購入した物である。ひも付きではないので安心してほしい。

また拙著『父と息子の教科書』(1985年集英社)と一部重複する項目があるが、本書の構成上どうしても必要な項目なので載せることにした。『父と息子の教科書』を持っている人は、復習と思い甘受してほしい。

我々、現代人は、時にシンプルな生活に憧れる。

だから、森の生活や田園生活に憧れる。
しかし、現実として、昔の生活はできないのである。
車に乗らずに田園生活はできない。トラクターなしでは
農業はできない。森林伐採なしに本を出すことはできない。
道具とノウハウなしで田園生活をすることは不可能だ。
　田園地帯で静かに本を読んでいる時も、鹿を追跡している時も、
音もなくドライフライを流している時でも、
我々の体の中を電波が通り抜けている。
怖い話である。
しかし、田園地帯は求める人の心を癒し、エネルギーを与えてくれる。
　私は田園生活を求める心がある人は、一刻も早く始めるべきだと思い、
この本を書き上げた。新しく田園生活を始める人が
フレッシュなエネルギーを得て、1年で田園生活を切り上げるかもしれない。
2年か3年か10年かもしれない。永住になるかもしれない。
それらの人々にいつでも、そして少しでも役立つことを願っている……。

福寿草の咲き始めた21世紀の春

齊藤令介

著者プロフィール◆

齊藤令介（さいとう・れいすけ）。1949年生まれ。
大学中退後、北米大陸を渡り歩き、
弓矢やライフルでの狩猟と魚釣りを続ける。
帰国後、各種雑誌にアウトドア・ルポルタージュを発表し、
日本で唯一のアウトドア・ライターの地位を確立。
著書に『父と息子の教科書』
『アメリカン・カスタムナイフ』（共に集英社）、
『野性学大全』（CBSソニー出版）、
『原始思考法』（講談社）などがある。
42歳の時に“隠れ去る隠去”と称して、
北海道の音更町に移住し、
田園生活を始め現在に至る。

田園生活《でんえんせいかつ》の教科書《きょうかしょ》

2001年4月10日　第1刷発行

著者◆齊藤令介(さいとう れいすけ)

発行者◆谷山尚義

発行所◆株式会社　集英社
〒101-8050　東京都千代田区一ツ橋2の5の10
電話／03(3230)6141・編集部
03(3230)6393・販売部　03(3230)6080・制作部

印刷・製本所◆図書印刷株式会社

ISBN 4-08-781197-2　C-0095